普通高等教育规划教材

环境科学与工程实习教程

主编　李　元　祖艳群

副主编　陈海燕　陈建军　湛方栋

中国环境科学出版社·北京

图书在版编目（CIP）数据

环境科学与工程实习教程/李元，祖艳群主编．—北京：中国环境科学出版社，2012.2

（普通高等教育规划）

ISBN 978-7-5111-0876-0

Ⅰ．①环…　Ⅱ．①李…②…祖　Ⅲ．①环境科学—实习—高等学校—教材②环境工程—实习—高等学校—教材　Ⅳ．①X-45

中国版本图书馆 CIP 数据核字（2012）第 014075 号

责任编辑　黄晓燕
文字编辑　李兰兰
责任校对　唐丽虹
封面设计　何　唯

出版发行　中国环境科学出版社
（100062　北京东城区广渠门内大街 16 号）
网　　址：http://www.cesp.com.cn
联系电话：010-67112735
发行热线：010-67125803
印　　刷　北京市联华印刷厂
经　　销　各地新华书店
版　　次　2012 年 5 月第 1 版
印　　次　2012 年 5 月第 1 次印刷
开　　本　787×960　1/16
印　　张　19.5
印　　数　1—2000
字　　数　350 千字
定　　价　35.00 元

本书编写委员会

主　编　李　元　祖艳群

副主编　陈海燕　陈建军　湛方栋

编　委　王吉秀　李　元　李明锐　何永美

高召华　陈建军　陈海燕　祖艳群

秦　丽　湛方栋

前　言

环境科学与工程是研究人类环境质量以及保护与改善的学科。环境科学与工程是一个庞大的学科体系，是具有较强的交叉性、综合性和实践性的学科。环境科学与工程学科主要包括环境科学专业和环境工程专业。在环境科学、环境工程的教学中，既有理论教学，又有实践教学。对于培养环境科学、环境工程学生的实践能力和创新能力，实践教学就显得越来越重要。实习教学是实践教学的重要基础和重要内容。构建环境科学、环境工程专业的实验教学体系，编写综合、系统、规范的环境科学、环境工程专业实习教程，提高环境科学、环境工程专业的实习教学水平，是环境科学与工程教育工作者面临的重要任务之一。

加强高等学校环境科学、环境工程专业的实习教学，培养学生的实践能力和创新能力，提高实习教学水平，是高校环境科学、环境工程专业教学的重要任务。然而，高等学校环境科学、环境工程专业的教材主要为课堂教学课本，并且，各门课程分别编写实习指导教材，容易带来知识点的重复或漏洞。环境科学、环境工程专业各门课程实习指导教材多为校内印刷，未见到包括环境科学、环境工程专业所有专业基础课和专业课的系统完整的实习指导教程，不能满足实习教学的需要。《环境科学与工程实习教程》就是在这种情况下应运而生的，能弥补该方面的不足。

根据《云南省教育厅　云南省财政厅关于实施云南省高等学校教学质量与教学改革工程的意见》（云教高[2009]6 号）的精神，按照《云南省教育厅关于普通高等学校申报云南省“十二五”规划教材建设立项项目的通知》（云教高[2010]35 号）的要求，经过云南农业大学推荐申报，云南省教育厅组织专家评审通过，根据《云南省教育厅关于公布 2010 年云南省“十二五”规划教材建设立项项目名单的通知》（云教高[2010]110 号），该书被列为云南省普通高等学校“十二五”规划教材。

该教程主要包括环境生态学、环境土壤学、环境工程学、环境监测、农用化学物质污染及防治、环境规划与管理6门课程，共27个实习的教学内容，涉及调查、观测、监测、评价、诊断、规划、工艺、利用、处置、综合整治、效益对策分析等方面。该教程涵盖了环境科学、环境工程专业所有需要实习的课程，所选择的实习内容翔实，针对性强，可操作性强，对学生的实习将起到非常好的指导作用。该教程是一部综合、系统、规范的环境科学、环境工程专业实习指导书，避免了各门课程分别编写实习指导带来的重复或漏洞，能够满足环境科学、环境工程专业所修专业基础课和专业课实习教学的需求。对于环境科学、环境工程专业的实习教学，培养学生的实践能力和创新能力，将具有积极的推动作用。

环境科学与工程实习教程由李元、祖艳群提出编写提纲，编者共同讨论、确定提纲。各位编者执笔编写。陈海燕负责初步统稿。最后，由李元、祖艳群、陈海燕、陈建军、湛方栋共同定稿。

该书在编写过程中，得到云南省教育厅的资助，得到云南农业大学和中国环境科学出版社的大力支持。该书参考了多部相关的实验指导书和有关资料，在此一并向作者致谢。由于我们水平有限，加之实习教材编写经验不足，该教程难免有不足之处，恳请各位专家、学者和读者批评指正，以便改进和完善。

本书主要读者对象为各大专院校环境科学专业、环境工程专业、农业资源与环境专业、生态学专业及相关专业学生、教师等。本书也可作为从事相关专业教学、研究的人员和研究生的实习参考书。

李　元

2011年12月20日

目 录

第一章 环境生态实习……1
实习一 植物群落调查……1
实习二 湿地生态系统调查……14
实习三 磷矿废弃地调查……24
实习四 森林水文生态调查……32
实习五 作物间套作生态功能调查……48

第二章 环境土壤实习……61
实习一 土壤剖面的挖掘与观察……61
实习二 温室大棚土壤性状观察……74
实习三 水土流失与土壤侵蚀调查……85
实习四 土壤重金属污染调查……98

第三章 环境工程实习……109
实习一 滇池水体污染现状调查……109
实习二 城市污水处理工艺流程……115
实习三 参观工业废水处理工艺流程……128
实习四 农业固体废弃物综合利用……138
实习五 城市垃圾焚烧处理工艺……152
实习六 城市垃圾卫生填埋处置……166
实习七 火电厂烟气脱硫脱硝技术……179

第四章 环境监测实习……188
实习一 水质监测……188
实习二 校园空气质量监测……206
实习三 校园噪声监测……216
实习四 公路建设项目环境影响评价……219

第五章 农用化学物质污染及防治实习……232
实习一 农业面源污染调查……232
实习二 农药污染的调查与诊断……241
实习三 蔬菜中农药残留分析……247

第六章 环境规划与管理实习……256
实习一 环境规划实习……256
实习二 城市公园的费用效益分析……268
实习三 农村环境综合治理……282
实习四 环境意识调查与环境教育对策分析……286

第七章 实习报告的写作要求……299

参考文献……301

第一章　环境生态实习

实习一　植物群落调查

一、目的

通过实习让学生熟悉和掌握本地区常见植物种类；通过样方调查掌握群落分析的基本方法，了解群落的组成与结构、种群格局、群落动态；学会对数据进行分析与总结。

二、原理

（一）群落的基本概念

群落（生物群落，biotic community）指一定时间内居住在一定空间范围内的生物种群的集合。它包括植物、动物和微生物等各个物种的种群，共同组成生态系统中有生命的部分。生物群落包括植物群落、动物群落和微生物群落。从目前来看，植物群落学研究得最多，也最深入。

（二）植物群落中物种的分类

在植物群落研究中，根据物种在群落中的作用进行分类。

1．优势种和建群种

优势种（dominant species）：对群落的结构和群落环境的形成有明显控制作用的植物称为优势种。

建群种（constructive species）：优势层中的优势种称为建群种。

在森林群落中，乔木层中的优势种既是优势种，又是建群种；而灌木层中优势种就不是建群种，原因是灌木层在森林群落中不是优势层。

2．亚优势种（subdominant species）

指个体数量与作用都次于优势种，但在决定群落环境方面仍起着一定作用的种类。

3．伴生种（companion species）

伴生种为群落常见种类，它与优势种相伴存在，但不起主要作用。

4．偶见种（rare species）

偶见种是那些在群落中出现频率很低的种类，多半是由于群落本身稀少的缘故。偶见种可能是偶然地由人们带入或随着某种条件的改变而侵入群落中，也可能是衰退中的残遗种。有些偶见种的出现具有生态指示意义，有的还可作为地方性特征种来看待。

（三）植物群落结构

1．植物群落的结构单元

群落空间结构决定于两个要素，即群落中各物种的生活型及相同生活型的物种所组成的层片（synusia），它们可看做群落的结构单元。

生活型（life form）是生物对外界环境适应的外部表现形式，同一生活型的生物，不但体态相似，而且在适应特点上也是相似的。对植物而言，其生活型是植物对综合环境条件的长期适应，而在外貌上反映出来的植物类型。它的形成是植物对相同环境条件趋同适应的结果。

在同一类生活型中，常常包括了在分类系统上地位不同的许多种，因为不论各种植物在系统分类上的位置如何，只要它们对某一类环境具有相同（或相似）的适应方式和途径，并在外貌上具有相似的特征，它们就都属于同一类生活型。例如，生活于非洲、北美、澳洲和亚洲的许多荒漠植物，虽然它们可能属于不同的科，却都发展了叶子细小的特征。细叶是一种减少热负荷和蒸腾失水的适应。Shimper 在 1903 年发现了这一植物的地理规律，即在世界不同地区的相似环境趋于重复地出现相似的生活型植物。一些学者建立了各种植物生活型分类系统，其中应用最广的是丹麦生态学家 Raunkiaer 的生活型分类系统，他以植物体在度过生活不利时期（冬季严寒、夏季干旱）对恶劣条件的适应方式作为分类的基础。具体的是以休眠芽或复苏芽所处位置的高低和保护的方式为依据，把陆生植物划分为五类生活型。

（1）高位芽植物（phanerophytes）：休眠芽位于距地面 25 cm 以上，又依高度分为四个亚类，即大高位芽植物（高度＞30 m）、中高位芽植物（8～30 m）、小高位芽植物（2～8 m）与矮高位芽植物（25 cm～2 m）。如乔木、灌木和一些生长在热带潮湿气候条件下的草本等。

（2）地上芽植物（chamaephytes）：更新芽位于土壤表面之上，25 cm之下，多为半灌木或草本植物。受土表的残落物保护，在冬季地表积雪地区也受积雪的保护。

（3）地面芽植物（hemicryptophytes）：又称浅地下芽植物或半隐芽植物，更新芽位于近地面土层内，在不利季节，地上部分全枯死，即为多年生草本植物。

（4）地下芽植物（cryptophytes）：又称隐芽植物，更新芽位于较深土层中或水中，多为鳞茎类、块茎类和根茎类多年生草本植物或水生植物。

（5）一年生植物（therophytes）：是只能在良好季节生长的植物，以种子的形式度过不良季节。

上述 Raunkiaer 生活型被认为是植物在其进化过程中对气候条件适应的结果，因此，它们的组成可作为某地区生物气候的标志。

统计某个地区或某个植物群落内各类生活型的数量对比关系称为生活型谱。通过生活型谱可以分析一定地区或某一植物群落中植物与生境（特别是气候）的关系。

制定生活型谱的方法，首先是把同一生活型的种类归到一起。按下列公式计算：

某一生活型的百分率=该地区该生活型的植物种数/该地区全部植物的种数×100%

从不同地区或不同群落的生活型谱的比较，可以看出各个地区或各个群落的环境特点，特别是对于植物有重要作用的气候特点。

2. 群落的垂直结构

群落的垂直结构，主要指群落分层现象。陆地群落的分层，与光的利用有关。层（layer）的分化主要决定于植物的生活型，因为生活型决定了该种处于地面以上不同的高度和地面以下不同的深度；换句话说，陆生群落的成层结构是不同高度的植物或不同生活型的植物在空间上垂直排列的结果，水生群落则在水面以下不同深度分层排列。森林群落的林冠层吸收了大部分光辐射，往下光照强度渐减，并依次发展为林冠层、下木层、灌木层、草本层和地被层等层次。

成层性是植物群落结构的基本特征之一，也是野外调查植被时首先观察到的特征。成层现象不仅表现在地上而且也表现在地下。一般来讲，温带夏绿阔叶林的地上成层现象最为明显，寒温带针叶林的成层结构简单，而热带森林的成层结构最为复杂，草本植物群落的结构更为简单。

乔木的地上成层结构在林业上称为林相。从林相来看，森林可分为单层林和复层林。植株上的苔藓、地衣等附生植物、藤本植物等，由于很难将它们划分到某一层次中，因此，通常将其称为层间植物或层外植物。

对群落地下分层的研究，一般多在草本植物间进行。主要是研究植物根系分布的深度和幅度。地下成层性通常分为浅层、中层和深层，研究草原时重视根系的研究。一般来说草原根系的特点是：地下部分较密集，根系多分布在5～10cm处；气候干旱，根系也随着加深；丛生禾草根系的总长度较长，而杂草类的根较重，并有耐牧性。

在层次划分时，将不同高度的乔木幼苗划入实际所逗留的层中。其他生活型的植物也是如此。另外，生活在乔木不同部位的地衣、藻类、藤本及攀缘植物等层间植物（也叫层外植物）通常也归入相应的层中。

成层现象是群落中各种群之间以及种群与环境之间相互竞争和相互选择的结果。它不仅缓解了植物之间争夺阳光、空间、水分和矿质营养（地下成层）的矛盾，而且由于植物在空间上的成层排列，扩大了植物利用环境的范围，提高了同化功能的强度和效率。成层现象越复杂，即群落结构越复杂，植物对环境利用越充分，提供的有机物质也就越多。群落成层性的复杂程度，也是对生态环境的一种良好的指示。一般在良好的生态条件下，成层构造复杂，而在极端的生态条件下，成层结构简单，如极地的苔原群落十分简单。

3. 群落的水平结构

群落的水平结构是指群落的配置状况或水平格局，有人称为群落的二维结构。植物群落水平结构的主要特征就是它的镶嵌性（mosaic）。镶嵌性是植物个体在水平方向上分布不均匀造成的，从而形成了许多小群落（microcoense）。小群落的形成是由于环境因子的不均匀性，如小地形和微地形的变化、土壤湿度和盐渍化程度的差异、群落内部环境的不一致、动物活动以及人类的影响等。分布的不均匀性也受到植物种的生物学特性、种间的相互关系以及群落环境的差异等因素制约。

4. 群落的时间结构

如果说植物种类组成在空间上的配置构成了群落的垂直结构和水平结构的话，那么不同植物种类的生命活动在时间上的差异，就导致了结构部分在时间上的相互配置，形成了群落的时间结构。在某一时期，某些植物种类在群落生命活动中起主要作用；而在另一时期，则是另一些植物种类在群落生命活动中起主要作用。如在早春开花的植物，在早春来临时开始萌发、开花、结实，到了夏季其生活周期已经结束，而另一些植物种类则达到生命活动的高峰。所以在一个复杂的群落中，植物生长、发育的异时性会很明显地反映在群落结构的变化上。因此，周期性就是植物群落在不同季节和不同年份内其外貌按一定顺序变化的过程，它是植物群落特征的另一种表现。植物群落的外貌在不同季节是不同的，随着气候季节性交替，群落呈现不同的外貌，称为季相。如北方的落叶阔叶林，在春季开始抽出新叶，夏季形成茂密的绿色林冠，秋季树叶一片枯黄，到了冬季则树叶全部落地，呈现出明显的四个季相。植物生长期的长短，复杂的物候现象是植物在自然选择过程中适应周期性变化的生态环境的结果，它是生态-生物学特性的具体体现。

（四）亚热带常绿阔叶林

常绿阔叶林是指分布在亚热带大陆东岸湿润地区的、由常绿的双子叶植物所构成的森林群落，又称照叶林、月桂树林、樟栲林等。

常绿阔叶林主要由壳斗科、樟科、山茶科、木兰科和金缕梅科的常绿树种组成，区系成分极其丰富，地理成分复杂，富有起源古老的孑遗植物，或系统进化上原始或孤立的科属及特有植物；乔木层树种具有樟科月桂树叶子的特征：小型叶、渐尖、革质、光亮、无茸毛、排列方向与光线垂直等。外貌终年常绿，林相整齐，季相变化不明显。群落结构较为复杂，林木层、下木层均有亚层次的分化，草本层以蕨类植物为主。藤本植物较为丰富，但多为革质或木质小藤，板根、茎花、叶面附生现象大大减少，附生植物中很少有被子植物。

三、实习地介绍

1. 西山植被

昆明西山古称碧鸡山。为碧蛲山、华亭山、太华山、罗汉山的总称。在昆明西郊，滇池西岸，距市区 15 km，隔滇池与金马山遥遥相对。北起碧鸡关，南至海口，绵延 35 km。最高峰罗汉峰，海拔 2 511 m。

全山森林茂密，植物种类繁多，誉为滇中高原“绿翡翠”。全山除岩石嶙峋的罗汉崖外，均为繁茂的原始次生林，随高度变化森林垂直带谱十分明显。山体下部有以栎类为主的亚热带常绿阔叶林，山体上部是云南松、华山松为主的针叶林，在海拔 2 150 m 以上的石灰岩地带，分布有冲天柏林和多种落叶阔叶林。西山植物多而集中，分布有 167 个科、594 个属、1 086 种灌乔木和其他植物，药用植物也多达 90 余种。木本植物有 80 多科、180 属、近 300 种，主要有云南松、华山松、杉、楸、榆、柏等，还有杜鹃、十里香等野生花木。产白芨、草乌、沙参等药用植物 90 多种。还生长了一些珍稀树种，如台桧、鹅耳枥、化香树、八角枫、滇紫荆、云南樟、长柄桢楠等四季常青的树木。

2. 筇竹寺植被

筇竹寺，位于昆明西北郊蜿蜒起伏的玉案山上，距昆明 7 km，筇竹寺为昆明的佛教圣地，驰誉中外的五百罗汉的彩塑就在这里。

该地有昆明地区为数不多的原生半湿润常绿阔叶林。半湿润常绿阔叶林是滇中、滇北高原山地广泛分布的主要植被类型。其中海拔范围为 1 500～2 500 m。群落垂直结构由乔木上层、亚乔木层、灌木层、草本层构成。组成上层乔木的优势树主要为壳斗科，以滇青冈属、栲属、石栎属中的滇青冈、沅江栲、黄毛青冈、高山栲、滇石栎等为主，区系上主要为中国—喜马拉雅成分；乔木层中常傍生有耐寒耐旱的硬叶高山栎类，如灰背栎、川西栎等，还含有一些落叶树种，其中有我国东部亚热带地区常见的种类，如黄连木、栓皮栎等；还有一些特有树种，如滇朴、滇楸、滇合欢、皮哨子、滇皂角等。乔木层树种一般都具有明显的旱生特征，例如，叶片较小、革质、稍硬、有时叶背具毛，树干多弯曲，树皮稍厚等。由于受人为干扰较少，植被保护较好。林下具有很厚的枯枝落叶层，土体有丰富的有机质，土质肥沃。

四、实习内容

（一）环境调查

在环境生态学野外实习或调查过程中，必须对所要调查的植物或植物群落的周围环境条件进行详细调查和记录，其目的是为了更好地考察、研究环境与植物或植物群落的关系。一般来说，应该对海拔、坡向、坡度、环境状况、人为干扰、群落类型等做较为详细的调查和记录。

将结果记录在表 1-1 和表 1-2 中。

（二）用样方法了解群落的基本特征

样方，即方形样地，是面积取样中最常用的形式，也是植被调查中使用最普遍的一种取样技术。一般地，群落越复杂，样方面积越大。样方的数目一般不少于 3 个，数目越多，取样误差越小。

1．乔木样方

用样方绳围起 10 m×10 m 的正方形（3 个）。记录植物的名称、高度、胸径、株数、盖度、物候期、生活力，填入表 1-3 中。

2．灌木样方

用样方绳围起 5 m×5 m 的正方形（3 个）。记录植物的名称、高度、冠径、丛径、株丛数、盖度、物候期、生活力，填入表 1-4 中。

3．草本样方

用样方绳围起 1 m×1 m 的正方形（3 个）。记录植物的名称、花序高、叶层高、冠径、丛径、株丛数、盖度、物候期、生活力，填入表 1-5 中。

五、方法

1．海拔的测定

用海拔仪可对所在地的海拔进行测定。但应注意的是：在使用海拔仪之前，必须在已知的海拔地点校正海拔仪的准确测高，然后才能使用海拔仪。由于海拔仪的工作受气压影响很大，所以晴天和阴天所测海拔略有差异，应给予必要的校正。

海拔仪中外圈的数字（0～999）表示海拔高度0～999 m，而900数字下方的椭圆形中的数字表示km。如果椭圆形的指针在0和1之间，长指针所指的外圈数字就是当地的海拔高度；如果椭圆形的指针在1和2之间，当地的海拔高度则是1000加上长指针所指的外圈数字，例如，椭圆形的指针在1和2之间，而长指针所指的外圈数字为610，那么当地的海拔高度就是1610 m；如果椭圆形的指针在2和3之间，当地的海拔高度则是2000加上长指针所指的外圈数字；依此类推。

2．坡向的测定

用一般的罗盘仪可对所在地的坡向进行测定。站在坡面上，面对整个下坡，手持罗盘仪，使之保持水平状态，并使罗盘仪与自己的身体呈垂直状态，然后从罗盘仪上读数。注意：缠有紫色铜丝的指针（S极）无论在什么时候都指的是南，而另一指针（N极）指的是北。

罗盘仪中有0°～360°的刻度，认真思考指针和刻度之间的关系，就不难看出自己脚下坡面的坡向。例如，S极所指数字为235°，N极所指数字为45°，那么坡向应该是北坡偏东45°，记作N45°E；S极所指数字为130°，N极所指数字为310°，那么坡向应该是西坡偏北40°，记作W40°N。

3．坡度的测定

用一般的罗盘仪可对所在地的坡度进行测定。站在坡面上，面对整个下坡，将罗盘仪竖起，使罗盘仪中底部的半圈数字向下，让罗盘仪有镜的一方向外，并使罗盘仪的上部平面与坡面呈平行状态，右手扳动罗盘仪背部的杠杆，使得罗盘仪中长形水平管中气泡居中，此时长形水平管下方的指针所指示的数字便是该坡面的坡度。

4．树高和干高的测量

树高指一棵树从平地到树梢的自然高度（弯曲的树干不能沿曲线测量）。通常在做样方的时候，先用简易的测高仪（例如魏氏测高仪）实测群落中的一株标准树木，其他各树则估测。估测时均与此标准相比较。

目测树高的两种简易方法，可任选一种。其一为积累法，即树下站一人，举手为 2 m，然后 2、4、6、8，往上积累至树梢；其二为分割法，即测者站在距树远处，把树分割成 1/2、1/4、1/8、1/16，如果分割至 1/16 处为 1.5 m，则 1.5 m×16 = 24 m，即为此树高度。

干高即为枝下高，是指此树干上最大分枝处的高度，这一高度大致与树冠的下缘接近，干高的估测与树高相同。

5. 胸径和基径的测量

胸径指树木的胸高直径，大约指距地面 1.3 m 处的树干直径。严格的测量要用特别的轮尺（即大卡尺），在树干上交叉测两个数，取其平均值，因为树干有圆有扁，对于扁形的树干尤其要测两个数。在地植物学调查中，一般采用钢卷尺测量即可，如果碰到扁树干，测后估一个平均数就可以了，但必须株株实地测量，不能仅在远处望一望，任意估计一个数值。

如果碰到一株从根边萌发的大树，一个基干有 3 个萌干，则必须测量三个胸径，在记录时要用括弧画在一个植株上。

胸径 2.5 cm 以下的小乔木，一般在乔木层调查中都不必测量，应在灌木层中调查。

基径是指树干基部的直径，是计算显著度时必须要用的数据，测量时，也要用轮尺测两个数值后取其平均值。一般用钢尺也可以。一般树干直径的测量位置是距地面 30 cm 处。

6. 冠幅、冠径和丛径的测量

冠幅指树冠的幅度，专用于乔木调查时树木的测量，严格测量时要用皮尺，先通过树干在树下量树冠投影的长度，然后再测通过树干与长度垂直的树冠投影的宽度。例如，长度为 4 m，宽度为 2 m，则记录下此株树的冠幅为 4 m×2 m。

冠径和丛径均用于灌木层和草本层的调查。冠径指植冠的直径，用于不成丛的单株散生的植物种类，测量时以植物种为单位，选测一个平均大小（即中等大小）的植冠直径，如同测胸径一样，记一个数字即可，然后再选一株植冠最大的植株测量直径记下数字。丛径指植物成丛生长的植冠直径，在矮小灌木和草本植物中各种丛生的情况较常见，故可以丛为单位测量一般丛径和最大丛径。

7. 盖度（总盖度、层盖度、种盖度）的测量

群落总盖度是指一定样地面积内植物覆盖地面的百分率。这包括乔木层、灌木层、草本层、苔藓层的各层植物。总盖度不管重叠部分，只要投影覆盖地面者都同等有效。如果全部覆盖地面，其总盖度为 100%。草地植被的总盖度可以采用缩放尺实绘于方格纸上，再按方格面积确定盖度的百分数。

层盖度指各分层的盖度，乔木层有乔木层的盖度，草本层有草本层的盖度。实测时可用方格纸在林地内勾绘，比估测要准确。

种盖度指各层中每个植物种所有个体的盖度，一般也可目测估计。盖度很小的种，可忽略不计，或记小于 1%。

个体盖度即单株植物的盖度。

由于植物的重叠现象，故个体盖度之和不小于种盖度，种盖度之和不小于层盖度，各层盖度之和不小于总盖度。

8．频度和相对频度

频度=某种植物出现的样方数/样方总数×100%

相对频度是指一个群落中在已算好的各个种的频度基础上，再进一步求出各个种的频度相对值。其计算公式如下：

相对频度=某种植物的频度/全部植物的频度之和×100%

9．多优度-群聚度的估测

多优度和群聚度相结合的打分法和记分法是法瑞学派传统的野外工作方法。它是一种主观观测的方法，要有一定的野外经验。该方法包括两个等级，即多优度等级和群聚度等级。书写格式为先写多优度，再写群聚度，两者之间用圆点隔开。

多优度等级共 6 级，以盖度为主结合多度。

5：样地内某种植物的盖度在 75%以上者（即 3/4 以上者）；

4：样地内某种植物的盖度在 50%～75%者（即 1/2～3/4 者）；

3：样地内某种植物的盖度在 25%～50%者（即 1/4～1/2 者）；

2：样地内某种植物的盖度在 5%～25%者（即 1/20～1/4 者）；

1：样地内某种植物的盖度在 5%以下者，或数量尚多者；

＋：样地内某种植物的盖度很小，数量也少。

单株群聚度等级分 5 级，聚生状况与盖度相结合。

5：集成大片，背景化；

4：小群或大块；

3：小片或小块；

2：丛或小簇；

1：个别散生或单生。

因为群聚度等级也有盖度的概念，故在中、高级的等级中，多优度与群聚度常常是一致的，故常出现 5·5、4·4、3·3 等记号情况，当然也有 4·5、3·4 等情况，中级以下因个体数量和盖度常有差异，故常出现 2·1、2·2、2·3、1·1、1·2、＋·＋、＋·1、＋·2 的记号情况。

10．物候期的记录

这是全年连续定时观察的指标，群落物候反映季相和外貌，故在一次性调查之中记录群落中各种植物的物候期仍有意义。在草本群落调查中，则更显得重要。

物候期的划分和记录方法各种各样，有分5个物候期的，如营养期、花蕾期、开花期、结实期、休眠期。也有分6个物候期的。6个物候期的记录如下：

营养期：——或者不记；

花蕾期或抽穗期：∨；

开花期或孢子期：O（可再分：初花⊃；盛花O：末花⊂）；

结果期或结实期：＋（可再分：初果⊥；盛果＋；末果⊤）；

落果期、落叶期或枯黄期：～～～～（常绿落果$\widetilde{}$）；

休眠期或枯死期：∧（一年生枯死者可记X）。

如果某植物同时处于花蕾期、开花期、结实期，则选取一定面积，估计其一物候期达50%以上者记之，其他物候期记在括号里，例如，开花期达50%以上，又存在花蕾期和结果期，记为O（∨，＋）。

11. 生活力的记录

生活力又称生活强度或茂盛度。这也是全年连续定时记录的指标。一次性调查中只记录该种植物当时的生活力强弱，主要反映生态上的适应和竞争能力，不包括因物候原因而使生活力变化者。

生活力一般分为3级：

强（或盛）：●（营养生长良好，繁殖能力强，在群落中长势很好）；

中：不记（中等或正常的生活力，即具有营养和繁殖能力，长势一般）；

弱（或衰）：○（营养生长不良，繁殖很差或不能繁殖，长势很不好）。

六、工具与仪器

海拔表、地质罗盘、GPS、地形图、望远镜、照相机、样方绳、钢卷尺、昆明植物名录、记录本。

七、思考题

1. 亚热带气候顶级植被类型是什么，有什么特征？
2. 实习观察到的植被是否具备典型的亚热带气候植被特征？

八、记录表

表 1-1　植物群落野外样地记录总表

群落名称						野外编号	
记录者			日期			室内编号	
样地面积		地点					
海拔高度		坡向		坡度			
群落高		总盖度					
主要层优势种							
群落外貌特点							
小地形及样地周围环境							
分层及分层特点	层		高度		层盖度		
	层		高度		层盖度		
	层		高度		层盖度		
	层		高度		层盖度		
突出的生态现象							
地被物情况							
人为影响方式和程度							
群落动态							

表 1-2 植物群落野外样地记录表

群落名称 ________________样地面积________野外编号_____第___页 层次名称________

层高度____________层盖度______________调查时间 ________________ 记录者_________

编号	植物名称	多优度-群集度	高度/m		粗度/cm		物候期	生活力	生活型	附记
			一般	最高	一般	最高				
1										
2										
3										
4										
5										
6										
7										

表 1-3 乔木层野外样方调查表

群落名称 ________________样地面积________野外编号_____第___页 层次名称_________

层高度____________层盖度______________调查时间 ________________ 记录者_________

编号	植物名称	高度/m	胸径/m	株数	盖度/%	物候期	生活力	附记
1								
2								
3								
4								
5								
6								
7								

表 1-4　灌木层野外样方调查表

群落名称 ________ 样地面积 ________ 野外编号 ______ 第___页　层次名称 ________

层高度 ________ 层盖度 ________ 调查时间 ________ 记录者 ________

编号	植物名称	高度/m		冠径/m		从径/m		株从数	盖度/%	物候期	生活力	附记
		一般	最高	一般	最大	一般	最大					
1												
2												
3												
4												
5												
6												
7												

表 1-5　草本层野外样方调查表

群落名称 ________ 样地面积 ________ 野外编号 ______ 第___页　层次名称 ________

层高度 ________ 层盖度 ________ 调查时间 ________ 记录者 ________

编号	植物名称	花序高/m		叶层高/m		冠径/cm		从径/cm		株从数	盖度/%	物候期	生活力	附记
		一般	最高	一般	最高	一般	最大	一般	最大					
1														
2														
3														
4														
5														
6														

实习二　湿地生态系统调查

一、目的

通过对湿地生态系统的调查，观察与认识湿地植物，观察水生植物与陆生植物的不同点，认识湿地的重要性。

二、原理

湿地占地球表面积的 6%～8%，但对解决环境问题却作出了重大的贡献。国际研究表明：湿地在暴雨期间或冰川融化时，能舒缓洪水泛滥；将水分储存，在干旱或雨量稀少时逐渐释放；湿地植物和泥土储存的碳，能够延缓或替代以 CO_2 的形态返回大气，从而减轻对气候的影响；湿地能够净化环境、控制污染，为动植物物种的生态平衡和种群协调发展提供天然保护。

（一）湿地的定义

湿地的定义有多种，目前国际上公认的湿地定义是《湿地公约》作出的。湿地是指不论其为天然或人工、长久或暂时性的沼泽地、泥炭地或水域地带，带有静止或流动、或为淡水、半咸水、咸水水体者，包括低潮时水深不超过 6 m 的水域。湿地包括多种类型，珊瑚礁、滩涂、红树林、湖泊、河流、河口、沼泽、水库、池塘、水稻田等都属于湿地。它们的共同特点是其表面常年或经常覆盖着水或充满了水，是介于陆地和水体之间的过渡带。湿地广泛分布于世界各地，是地球上生物多样性丰富和生产力较高的生态系统。

（二）湿地的特征

1. 系统的生物多样性

由于湿地是陆地与水体的过渡地带，因此，它同时兼具丰富的陆生和水生动植物资源，形成了其他任何单一生态系统都无法比拟的天然基因库和独特的生境，特殊的水文、土壤和气候提供了复杂且完备的动植物群落，它对于保护物种、维持生物多样性具有难以替代的生态价值。

2. 系统的生态脆弱性

湿地水文、土壤、气候相互作用，形成了湿地生态系统环境要素。每一因素的改变，都或多或少地导致生态系统的变化，特别是水文，当它受到自然或人为活动干扰时，生态系统稳定性受到一定程度的破坏，进而影响生物群落结构，改变湿地生态系统。

3．生产力高效性

湿地生态系统同其他任何生态系统相比，初级生产力较高。据报道，湿地生态系统平均每年生产蛋白质 9 g/m^2，是陆地生态系统的 3.5 倍。

4．效益的综合性

湿地具有综合效益，它既具有调蓄水源、调节气候、净化水质、保存物种、提供野生动物栖息地等基本生态效益，也具有为工业、农业、能源、医疗业等提供大量生产原料的经济效益，同时还有作为物种研究和教育基地、提供旅游等社会效益。

5．生态系统的易变性

易变性是湿地生态系统脆弱性表现的特殊形态之一，当水量减少以至干涸时，湿地生态系统演替为陆地生态系统，当水量增加时，该系统又演化为湿地生态系统，水文决定了系统的状态。

（三）湿地的价值与功能

1．湿地的价值

（1）直接价值。湿地生态系统产品所产生的价值，如食品、工农业生产原料、景观娱乐等带来的可直接利用的价值，包括直接实物价值和直接服务价值。

水资源价值。湿地的水源可广泛作为社会生活和生产用水，有时也是海运及内河航运的通道和介质。沿海城市饮用水、工业用水大部分来源于湿地，地下水也与湿地息息相关。

湿地产品价值。湿地产品包括渔业和水产养殖价值、农业生产价值及水生植物生产价值。渔业或水产养殖业生产价值主要体现在渔产品生活区域面积及渔产品捕捞量、养殖量、总产值、渔业从业人数等；农业生产价值主要体现在水稻种植面积、产量、价格，盐产品分布面积、产量、价格等；水生植物生产价值包括（如芦苇、苔草）面积、产量、产值以及劳务费用、运输费用、加工后的纸浆产量、折合节约木材采伐量等。

湿地矿产资源价值。湿地中富含各种沉积物、矿产资源、泥炭、黏土，盐湖、滩涂富集着硼、锂等多种稀有元素。湿地土壤具有很高的肥力，是重要的潜在土地资源。

湿地的旅游价值。湿地中既拥有一些濒危、稀有或受危物种，也拥有不同的湿地生境、景观、自然过程以及丰富的生态系统，这些都使湿地具有休闲娱乐的功能。例如，以观鸟、赏景、垂钓、狩猎、民俗风情、休假疗养等为主题的休闲娱乐服务功能。

（2）间接价值。湿地生态系统的自然生态功能所提供的对经济活动和财产的间接支持和保护功能，以及可调节的服务功能即是湿地的间接价值。

调节气候。湿地是碳的汇集地区，湿地生态系统气候调节价值主要指湿地植被通过光合作用和呼吸作用与大气交换 CO_2 和 O_2，维持大气中 CO_2 和 O_2 平衡作用的能力。湿地系统固定 CO_2 的价值是通过植被固碳功能的价值来表现的，可利用光合作用方程式算出研究区植被固碳总量，再利用碳税法或造林成本法得出固碳的总经济价值。

涵养水源。降雨时湿地可以吸纳大量的水，干旱时能释放出水，还可以调节洪水，减少洪水灾害。湿地水分也来自地下水，可以补充地下水，使地下水水位保持平衡，防止地面沉降，保障人们的生活和生命安全。湿地生态系统涵养水源的价值，可采用影子工程法进行评价，即以水库蓄水量和防洪费用为参数，计算单位面积的水分涵养量，从而得出单位经济价值。

净化水质。湿地生态系统净化环境的价值主要指废弃物处理、污染控制和毒物降解等，在沿海湿地主要表现为营养物质的截留。流水进入湿地后，其中的营养物质会因水流缓慢而沉积，成为湿地植物的养料。湿地沉积的有毒物质可被湿地分解，变成低毒或无毒物质，所以湿地又被称为“地球之肾”。

保持生物多样性。湿地具有巨大食物链及其所支撑的丰富的生物多样性，能为众多野生动植物提供独特的生境，特别是珍稀水禽的繁殖和越冬地，故湿地也被称为“生物超市”。云南省湿地野生动物种类丰富，以鸟类和鱼类为主。

非使用价值。湿地的非使用价值是指湿地所具有的非功能、非用途性质的特征，它既不产生实质性的服务，也不提供产品，只提供人类心理、精神上的某方面的需要，如文化、历史遗产、美学等价值。

研究与教育价值。湿地特殊的生境，丰富的生物多样性，珍稀、濒危物种等，都为科研、教育提供了研究对象、实验基地。湿地可以被用来开展长期的全球环境趋势的研究，如碳、氮循环等。同时，湿地还可以用以与其他地方发现的同物种、化石、生境、群落等进行比较。一些湿地中保留着过去和现在的生物、地理等方面演化进程的信息，在环境演化和古地理研究方面有着极重要的价值。

景观美学价值。湿地常常是一个城市、一个地区景观的关键内容，它的多样性开拓了人们的视野，提高了人们的生活质量，使其具有社会文化意义。

2. 湿地的功能

（1）湿地在生态环境与经济社会发展中具有重要的地位和作用。湿地具有多种生态功能，蕴藏着丰富的自然资源，被人们称为“地球之肾”“物种储存库”“气候调节器”，在保护生态环境、保持生物多样性以及发展经济社会中，具有不可替代的重要作用。首先，湿地是蓄水调洪的巨大储库。每年汛期洪水到来，众多的湿地以其自身的庞大容积、深厚疏松的底层土壤（沉积物）蓄存洪水，从而起到分洪削峰、调节水位、缓解堤坝压力的重要作用。全国天然湖泊和各类水库调洪能力不少于2000亿m^3。长江22个通江湖泊尽管面积锐减，目前容水量仍达600多亿m^3，洞庭、鄱阳两湖蓄洪能力不少于200亿m^3，对于调节长江洪水、削减洪灾依然起着关键作用。同时，湿地汛期蓄存的洪水，汛后又缓慢排出多余水量，可以调节河川径流，有利于保持流域水量平衡。

（2）湿地是重要的水源地。湿地之水，除了江河、溪沟的水流外，湖泊、水库、池塘的蓄水，都是生产、生活用水的重要来源。据估算，我国仅湖泊淡水贮量即达225亿m^3，占淡水总储量的8%。某些湿地通过渗透还可以补充地下蓄水层的水源，对维持周围地下水的水位，保证持续供水具有重要作用。

（3）湿地是生态环境的优化器。大面积的湿地，通过蒸腾作用能够产生大量水蒸气，不仅可以提高周围地区空气湿度，减少土壤水分丧失，还可诱发降雨，增加地表和地下水资源。据一些地方的调查，湿地周围的空气湿度比远离湿地地区的空气湿度要高5%～20%，降水量相对也多。因此，湿地有助于调节区域小气候，优化自然环境，对减少风沙干旱等自然灾害十分有利。湿地还可以通过水生植物的作用以及化学、生物过程，吸收、固定、转化土壤和水中营养物质含量，降解有毒和污染物质，净化水体，削减环境污染。

（4）湿地是重要的物种资源库。我国湿地分布于高原平川、丘陵、海涂多种地域，跨越寒、温、热多种气候带，生境类型多样，生物资源十分丰富。据初步调查统计，全国内陆湿地已知的高等植物有1548种，高等动物有1500种；海岸湿地生物物种约有8200种，其中植物5000种、动物3200种。在湿地物种中，淡水鱼类有770多种，鸟类300余种。特别是鸟类在我国和世界都占有重要地位。据资料反映，湿地鸟的种类约占全国的三分之一，其中有不少珍稀种。世界166种雁鸭中，我国有50种，占30%；世界15种鹤类，我国有9种，占60%，在鄱阳湖越冬的白鹤，占世界总数的95%。亚洲57种濒危鸟类中，我国湿地就有31种，占54%。这些物种不仅具有重要的经济价值，还具有重要的生态价值和科学研究价值。

（5）湿地是重要的物产和能源基地。湿地蕴藏着丰富的淡水、动植物、矿产及能源等自然资源，可以为社会生产提供水产、禽蛋、莲藕等多种食品，以及工业原材料、矿产品等。湿地水能资源丰富，可以发展水电、水运，增加电力和交通运输能力。许多湿地自然环境独特，风光秀丽，也不乏人文景观，是人们旅游、度假、疗养的理想佳地，发展旅游业大有可为。此外，湿地还是进行科学研究、教学实习、科普宣传的重要场所。

（四）《湿地公约》与“世界湿地日”

1971 年 2 月 2 日，一个旨在保护和合理利用全球湿地的公约《关于特别是作为水禽栖息地的国际重要湿地公约》（简称《湿地公约》）在伊朗拉姆萨尔签署。这项公约旨在保护和合理利用全球湿地。

为纪念这一重要国际公约的签署，并提高公众的湿地保护意识，1996 年《湿地公约》常务委员会第 19 次会议决定，从 1997 年起，每年的 2 月 2 日定为“世界湿地日”。

目前该公约已成为国际重要的自然保护公约之一，1 000 多块在生态学、植物学、动物学、湖沼学或水文学方面具有独特意义的湿地被列入国际重要湿地名录。

中国于 1992 年加入这个公约，并于当年通过申请将首批 7 个湿地保护区列入国际重要湿地名录，它们是黑龙江扎龙、吉林向海、海南东寨港、青海鸟岛、江西鄱阳湖、湖南东洞庭湖、香港米埔等 7 处。国家林业局还专门成立了《湿地公约》履约办公室，通过广泛的国内外合作提高中国湿地保护的履约能力。

（五）中国的湿地分类

根据中国的湿地现状以及《湿地公约》分类系统，初步确定了中国湿地分类框架，共分为 5 大类 28 个类型。各湿地类型及其划分标准如下。

1. 沼泽湿地

（1）藓类沼泽：以藓类植物为主，盖度 100%的泥炭沼泽。

（2）草本沼泽：植被盖度≥30%，以草本植物为主的沼泽。

（3）沼泽化草甸：包括分布在平原地区的沼泽化草甸以及高山和高原地区具有高寒性质的沼泽化草甸、冻原池塘、融雪形成的临时水域。

（4）灌丛沼泽：以灌木为主的沼泽，植被盖度≥30%。

（5）森林沼泽：有明显主干、高于 6 m、郁闭度≥0.2 的木本植物群落沼泽。

（6）内陆盐沼：分布于我国北方干旱和半干旱地区的盐沼。由一年生和多年生盐生植物群落组成，水含盐量达 0.6%以上，植被盖度≥30%。

（7）地热湿地：由温泉水补给的沼泽湿地。

（8）淡水泉或绿洲湿地。

2. 湖泊湿地

（1）永久性淡水湖：常年积水的海岸带范围以外的淡水湖泊。

（2）季节性淡水湖：季节性或临时性的洪泛平原湖。

（3）永久性咸水湖：常年积水的咸水湖。

（4）季节性咸水湖：季节性或临时性积水的咸水湖。

3. 河流湿地

（1）永久性河流：仅包括河床，同时也包括河流中面积小于 100 hm^2 的水库（塘）。

（2）季节性或间歇性河流。

（3）洪泛平原湿地：河水泛滥淹没（以多年平均洪水水位为准）的河流两岸地势平坦地区，包括河滩、泛滥的河谷、季节性泛滥的草地。

4. 滨海湿地

（1）浅海水域：低潮时水深不超过 6 m 的永久水域，植被盖度＜30%，包括海湾、海峡。

（2）潮下水生层：海洋低潮线以下，植被盖度≥30%，包括海草层、海洋草地。

（3）珊瑚礁：由珊瑚聚集生长而成的湿地。包括珊瑚岛及其有珊瑚生长的海域。

（4）岩石性海岸：底部基质 75%以上是岩石，盖度＜30%的植被覆盖的硬质海岸，包括岩石性沿海岛屿、海岩峭壁。本次调查指低潮水线至高潮浪花所及地带。

（5）潮间沙石海滩：潮间植被盖度＜30%，底质以砂、砾石为主。

（6）潮间淤泥海滩：植被盖度＜30%，底质以淤泥为主。

（7）潮间盐水沼泽：植被盖度≥30%的盐沼。

（8）红树林沼泽：以红树植物群落为主的潮间沼泽。

（9）海岸性咸水湖：海岸带范围内的咸水湖泊。

（10）海岸性淡水湖：海岸带范围内的淡水湖泊。

（11）河口水域：从近口段的潮区界（潮差为零）至口外海滨段的淡水舌锋缘之间的永久性水域。

（12）三角洲湿地：河口区由沙岛、沙洲、沙嘴等发育而成的低冲积平原。

5. 人工湿地

（1）水产池塘：例如鱼、虾养殖池塘。

（2）水塘：包括农用池塘、储水池塘，一般面积小于 8 hm^2。

（3）灌溉地：包括灌溉渠系和稻田。

（4）农用洪泛湿地：季节性泛滥的农用地，包括集约管理或放牧的草地。

（5）盐田：晒盐池、采盐场等。

（6）蓄水区：水库、拦河坝、堤坝形成的一般大于 8 hm^2 的储水区。

（7）采掘区：积水的取土坑、采矿地。

（8）废水处理场所：污水场、处理池、氧化池等。

（9）运河、排水渠：输水渠系。

（10）地下输水系统：人工管护的岩溶洞穴水系等。

（六）水生植物的分类

水生植物是指生长在水中或潮湿土壤中的植物，包括草本植物和木本植物。我国水系众多，水生植物资源非常丰富，仅高等水生植物就有 300 多种。根据不同的形态和生态习性可分为五大类。

1．沉水植物

其根扎于水下泥土之中，全株沉没于水面之下，常见的有苦草、大水芹、菹草、黑藻、金鱼草、竹叶眼子菜、狐尾藻、水车前、石龙尾、水筛、水盾草等。

2．漂浮植物

其茎叶或叶状体漂浮于水面，根系悬垂于水中漂浮不定，常见的有大漂、浮萍、萍蓬草、凤眼莲等。

3．浮叶植物

根生长在水下泥土之中，叶柄细长，叶片自然漂浮在水面上，常见的有金银莲花、睡莲、满江红、菱等。

4．挺水植物

其茎叶伸出水面，根和地下茎埋在泥里，常见的有黄花鸢尾、水葱、香蒲、菖蒲、蒲草、芦苇、荷花、泽泻、雨久花、水蓑衣、半枝莲等。

5．滨水植物

其根系常扎在潮湿的土壤中，耐水湿，短期内可忍耐被水淹没。常见的有垂柳、水杉、池杉、落羽杉、竹类、水松、千屈菜、辣蓼、木芙蓉等。

三、实习地介绍

（一）昆明滇池国际城市湿地

昆明滇池国际城市湿地（宝象河湿地）位于昆明主城东南，滇池北岸的西亮塘片区，紧临宝象河、广普大沟，地处滇池湖滨生态建设“四退三还一护”的核心范围，距滇池湖岸线最近距离约 100 m。

昆明滇池国际城市湿地，用地规模约为 2 360 亩*，其中湿地公园水质净化区 300 亩，湿地公园游赏区 950.11 亩，湿地公园生态保育区 1 110 亩。预计总投资 7.3 亿元，分三期三年的时间建成。现已建成一期工程，占地 400 余亩，累计投资约 2.2 亿元，其中水面面积 134 亩，种植乔木 1.79 余万株。

建成后的昆明滇池国际城市湿地将成为滇池生物多样性最丰富的场所，也是滇池自净最有作用的区域，是控制入滇污染物的最后一道截污屏障，将在滇池沿岸筑起一道具有一定抵御和调节人类活动与自然环境之间互相干扰能力的生态保护屏障，同时该城市湿地还将提供环境教育的素材，通过开展内容丰富、形式多样的科普教育活动，提升公众的环保意识，成为湿地科普教育基地。

昆明滇池国际城市湿地包括愿景馆、心之湖、水生植物展示区、人工湿地、水上森林等西南地区少有的湿地代表性、功能性景观。

主体建筑愿景馆建筑面积 3 651 m^2，外形为飞翔的水鸟，象征美好的前景。屋顶为景观绿化屋面，不论是外立面还是俯瞰面都能充分体现湿地与自然和谐共融。馆内设湿地展示区、青少年活动体验区、滇池湿地生态环境展示区等。

心之湖水域面积约 35 000 m^2，环绕心形湖的有水上森林、林栈道、曲桥等园林小品，还有桃花岛、月亮岛等依原有土埂和淤泥人工堆筑形成的小岛。

水生植物展示区各水池呈坡层级下降，池内栽植再力花、花叶香蒲、水生美人蕉、常绿菖蒲、常绿彩虹鸢尾、短穗石龙刍、王莲、红鞘竹芋等 37 种植物，约 15 万株（丛），将作为科普宣传的主要基地。

人工湿地通过引入宝象河河水，利用湿地植物自身净化作用对水体进行层级净化，其内种植的季相不同的湿地植物在满足景观要求的同时，也发挥了湿地的生态净化功能。人工湿地建设占地 13 亩，由集水井、厌氧池、好氧池及一级、二级、三级植物处理系统组成。

水上森林的主要植物为墨西哥落羽杉，它也是目前西南片区较大的水上森林植物群落景观。

（二）五甲塘湿地公园

昆明市第一个湿地公园——五甲塘湿地公园于 2008 年 3 月中旬免费向市民开放。昔日荒芜滩涂再现了“鱼穿杨柳叶，灯隐荻花根”的美景，芦苇、睡莲、菖蒲、浮萍，加之成片的美人蕉、蔷薇、薰衣草点缀其中。白鹭、野鸭等水鸟不时掠过水面，那种天然灵动的景致不由得让人心生感叹。这是五甲塘湿地公园利用湖滨湿地对湖泊水源保护和恢复的突出作用，对五甲塘遭受破坏的湖滨带资源进

---

* 1 亩=1/15 公顷。

行梳理建设，结合环湖治污工程和“新昆明”规划发展蓝图，探索出的新型综合治理模式。

五甲塘湿地公园位于官渡镇六甲乡和小板桥境内，南至宝象河，北到五甲河，西接滇池，主要由水面、滩涂、沼泽组成，占地 92.8 hm^2。该工程项目分两期进行，目前占地约 27 hm^2 的第一期工程自 2007 年 3 月 15 日开工至 5 月 1 日前完工，完成了接待中心、停车场、公厕、游客观景通道等设施建设。公园二期工程主要有人工湿地项目和约 53 hm^2 的自然湿地项目以及公园配套景观工程，2008 年 3 月完工。五甲塘湿地公园既是昆明市第一个湿地公园，也是云南省第一个湿地公园，同时它也使人工湿地与天然湿地得到了有机地结合。

五甲塘湿地区生存、繁衍的动植物极为丰富，是滇池沿湖生物多样性的重要地区和鸟类、昆虫以及其他野生动物栖息繁殖地。五甲塘湿地在控制入滇池河道宝象河、五甲河等河道洪水，调节水流方面的功能十分显著。同时对于该地区蓄水、调节河川径流、补给地下水和维持区域水平衡中发挥着重要的作用，能形成蓄水防洪的天然“海绵”。随着城市化进程的加快，六甲、官渡镇、小板桥地区经济发展迅速，工农业的发展和人类其他活动以及径流等自然过程带来农药、工业污染物、有毒物质通过河道流入五甲塘湿地，通过湿地的生物和化学过程可使有毒物质降解和降低污染物含量。有效降低该片区宝象河、五甲河等河流上游带来的污染，起到自然屏障作用，并杜绝在该地区进行工业、农业项目的建设和开发，避免出现新的污染源，对于改善滇池环湖生态，维护湖滨生态平衡有着重要的作用。

四、实习内容

1. 记录参观地的基本情况；
2. 观察与记录湿地植物和动物，填入记录表 1-6 中。

五、方法

1. 参观地基本情况的了解

仔细阅读实习指导书关于实习地的介绍，自己再上网查阅资料进行补充，工作人员讲解时认真听讲，并做好记录。

2. 识别湿地植物与动物

（1）仔细阅读植物上挂的卡片，并认真记录；（2）拍照，回去查资料对比；（3）询问相关老师；（4）查阅昆明植物名录。

六、工具与仪器

望远镜、照相机、昆明植物名录、记录本。

七、思考题

1．为什么说湿地是一种非常重要的生态系统？

2．在滇池附近重建人工湿地是为了处理污水，以保护滇池，对吗？

八、记录表

表 1-6 湿地植物和动物种类

植物				动物	
编号	种类	编号	种类	编号	种类
1		20		1	
2		21		2	
3		22		3	
4		23		4	
5		24		5	
6		25		6	
7		26		7	
8		27		8	
9		28		9	
10		29		10	
11		30		11	
12		31		12	
13		32		13	
14		33		14	
15		34		15	
16		35		16	
17		36		17	
18		37		18	
19		38		19	

实习三　磷矿废弃地调查

一、目的

磷元素是植物生长所必需的三大营养元素之一，我国磷肥用量占世界总消费量的 30%。磷矿是生产磷肥的主要原料，随着磷矿资源的大规模开采，带来了一系列的生态环境问题。主要表现在景观和植被破坏、占用大量的土地资源、重金属污染、地表水和大气污染、生物多样性锐减等方面。本实习通过观察磷矿废弃地现状，分析磷矿废弃地存在的破坏因素及其对应保护措施，以保护磷矿废弃地周围生态环境。

二、原理

（一）磷矿废弃地的基本概念

磷矿废弃地是指在磷矿开采活动中被破坏或污染的，非经一定处理而无法使用的土地，它是一种严重退化接近于裸地的生态系统。

磷矿废弃地是一种特殊的废弃地类型，该废弃地既缺乏土壤基质和结构，又缺乏生物体和有机质，而土壤磷的含量高，因此，其环境胁迫因素往往是综合性的。

（二）磷矿废弃地的成因

（1）磷矿开采时剥离的表土、开采的废石及其一些低品位磷矿石堆积形成的废石堆废弃地。

（2）磷矿开采形成的大量采空区域和塌陷区。

（3）磷矿筛选之后形成的尾矿废弃地。

（4）磷矿开采完之后形成的建筑废弃地。

（三）磷矿废弃地生态环境影响分析

磷矿开采及其废弃地对植被、动植物、土地利用和景观等方面的影响是比较突出的。

1. 对自然景观的影响

（1）开采活动对土地的直接破坏。磷矿多处于山区，在磷矿开采期间占地将改变用地性质，由于许多磷矿开采方式为露天开采，对表土破坏面积大，因此，矿山施工期对矿山的剥离，排土场建设对自然生态环境有一定的影响，随着矿山的开采，山峰被逐渐削平，植物被清除，到开采终了，矿山开采区植被会完全毁灭，原有植被消失，原有土地利用性质改变。在剥离采矿中，山体地表植被、土壤受到破坏，生态受到破坏，剥离废土石的堆放破坏了自然景观风貌。

（2）矿山开采过程中的废弃物（如磷矸石、废弃泥土等）需要大面积的堆置场地，从而导致对土地的过量占用和对堆置场原有生态系统的破坏；由于磷矿地处山区，局部的地表岩移、沉陷和跨落在一定程度上加剧了地表岩土侵蚀速度，增加边坡泥石流灾害发生的危险性，所以开采完成后采空区的影响应引起注意；对于小型矿山开采区，磷矸石堆未加设挡护墙，在一些高危边坡区，可能会有泥石流发生。修建挡护墙后，也存在着经不住特大暴雨、山洪冲击而形成大规模泥石流的潜在危险。磷矸石堆不但存在着滑坡，并构成发生大规模滑坡、泥石流灾害的危险，而且破坏了植被、生态景观。

（3）矿山废弃物中的有害成分，通过径流和大气飘尘，会破坏周围的土地、水域和大气，其污染影响面将远远超过废弃物堆置场的地域和空间。

2．对植被和植物资源的影响

磷矿大量露天开采对植被的影响，首先是开采面上覆盖层的剥离和废石场地上废石的堆置，这将使剥离面和废石场地上生存的植物彻底毁灭，形成裸露地。其次是磷矿资源开发导致人为影响加强，这也是矿区植被类型和组成植物种类发生改变的原因，自然植被遭受破坏，必然影响到矿区附近自然生态系统的稳定。

在矿山附近人为活动对自然植被的影响加强，植物的种类组成也将随着影响程度而发生相应的改变，采矿区附近的一些植物将会逐渐减少。

矿区露天开采及道路运输产生的扬尘落于周围植物叶片表面或落入土壤。落于叶片上的矿尘可使气孔阻塞，影响植物正常的生理活动，叶片上的附尘或土壤中的氟可能被植物吸收，使植物体内氟含量增加，影响植物生长。

3．对野生动物的影响

磷矿开采将占用土地，清除地表植被，将影响或占用兽类、鸟类、爬行类和两栖类动物原有的栖息环境、取食地和巢穴等。同时矿山爆破也会对动物形成惊扰。因此，矿山开采对陆生脊椎动物有一定的影响。但大多数陆生脊椎动物具有趋避的本能，只要磷矿区以外的环境不受破坏，且矿山工作人员不对它们直接捕杀，对动物种群不会有太大的影响，它们会选择适宜的生境继续生存。开采结束后，随着植被的恢复和新的生态系统的建立，动物区系也将得到恢复和发展。

三、实习地介绍

1. 晋宁县

晋宁县是云南省昆明市下属的一个县。晋宁县位于云南省中部，坐落在滇池南岸，三面环山，一面是平坝。属昆明市郊区，位于云南省昆明市南 40 km 处，地处东经 120°13′—120°52′，北纬 24°24′—24°28′。全县辖 3 镇 6 乡，总面积 1230.86 km^2，全县总人口 27.3 万人。晋宁县辖 7 个镇、2 个民族乡。

晋宁县地处滨中高原中心地带。地势南高北低。有蛤蟆、大黑、黑汉、老虎等山，均属于乌蒙山余脉。河流有柴河、大河、东本河等，注入滇池，属金沙江水系。中北部滇池沿岸为湖滨盆地。地处滇东地震带小江地震区。属低纬度高原亚热带季风气候，年平均气温 14.6℃。植被为亚热带常绿阔叶林、云南松林，森林覆盖率 16.13%。有耕地 1.47 万 hm^2，产水稻、小麦、蚕豆、油菜、烟草、玉米和杂豆，为云南主要产粮县之一。

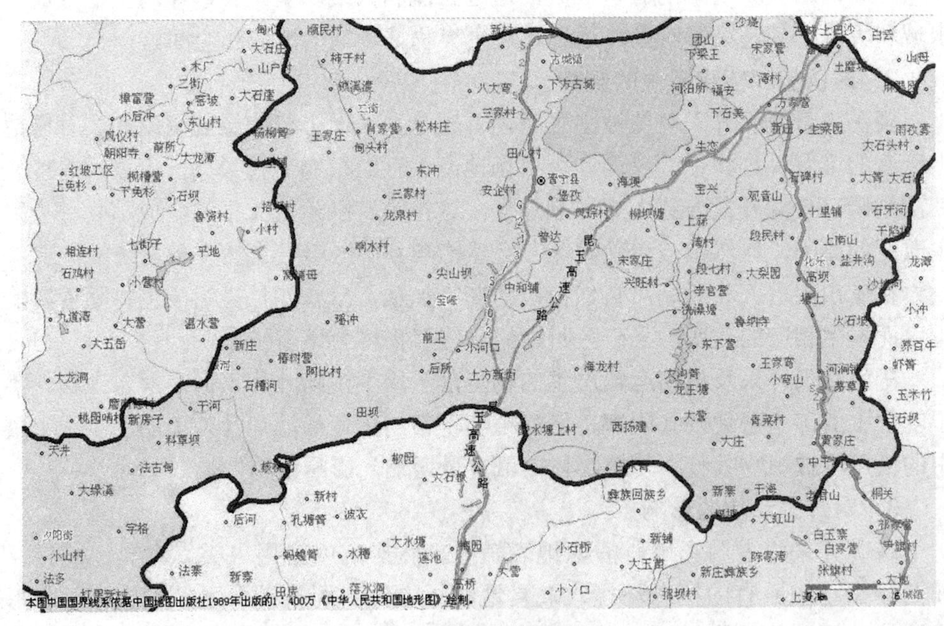

图 1-1　晋宁县地图

2. 晋宁县矿产资源

晋宁县矿产资源十分丰富，已发现磷、铁、铜、铅锌、硅石、石灰岩、地热、矿泉水等 18 种矿产资源，在 18 个矿种中，已开发利用的矿种 9 个。有昆阳磷矿、晋宁磷矿、昆阳磷肥厂、昆明化肥厂、云南轮胎厂等一批大中型企业，形成采矿、化工、冶金、橡胶、建材等数十个门类的工业体系。

（1）磷矿。磷矿是晋宁县的主要矿种，已探明的资源储量约 5.814645 亿 t，主要分布在二街、昆阳、上蒜、六街、晋城五个乡镇。晋宁县磷矿品位高，埋藏浅，易开采，为世界四大磷产地之一。

（2）铁矿。主要分布在夕阳、双河、上蒜、宝峰，探明资源储量约 965.14 万 t。

（3）铅锌矿。主要分布在双河乡，探明资源储量约 21.58 万 t。

（4）硅矿：主要分布在昆阳镇，探明资源储量约 10192.8 万 t。

（5）普通建筑用砂石料（包括石灰岩、石英砂等）：在各乡镇均有分布，以上蒜乡、晋城镇较为集中，探明资源储量约 14662.65 万 t。

（6）黏土矿、泥质页岩：主要分布在晋城、上蒜、宝峰、昆阳等乡镇，目前已探明资源储量约 3076.88 万 t。

（7）地热水：已探明地热水主要分布在新街乡团山一带，该热水井每日出水量为 1 080 m^3。

3．晋宁县磷矿

晋宁磷矿位于昆明市南 75 km，属晋宁县上蒜镇范围。1972 年首次开采，1973 年组建“上蒜磷矿”，先后在Ⅰ、Ⅱ矿段内开采。后来又在Ⅲ、Ⅳ矿段内进行大规模开采。晋宁磷矿扩建工程于 1995 年建成。年采选能力为 100 万 t，可年产精矿 90 万 t，五氧化二磷不低于 30%、氧化镁小于 1%、倍半氧化物小于 3%、粒度小于 25 mm，以满足国内湿法生产高浓度复合肥料的需要。

四、实习内容

（一）磷矿废弃地样方观察

在晋宁上蒜镇段七村磷矿废弃地，按磷矿废弃地坡度走向自下而上设置了宽为 1 m 的平行草本样带，每条草本样带之间的间隔为 1 m，并按自下而上的顺序依次为每条草本样带编号，同时在每条草本样带内均匀设置 3～6 个 1 m×1 m 的草本样方。

磷矿废弃地灌木存在较多的中部地带，选取灌木样方，设置 5 m×5 m 的灌木样方。在每个样方内调查植物的种类、高度、盖度、多度（植物数目），同时对磷矿废弃地物种采集标本进行鉴定，并计算各种植物的优势度和磷矿废弃地的物种多样性指数。并对磷矿废弃地的物种群落结构进行调查分析。

（二）磷矿废弃地土壤调查

在磷矿废弃地中上端和磷矿废弃地周边地区生境地，从上至下分别进行了土壤取样，采集 0～20 cm 的土壤。将所取土样带回实验室进行土壤化学性质分析，所测指标包含 pH 值、有机质、速效磷、碱解氮、速效钾、全氮、全磷等。

五、方法

1. 资料查阅

（1）通过仔细阅读实习指导书，明确实习目的、要求、对象、范围、深度、工作时间、所采用的方法及预期所获的成果；（2）对调查研究地的相关资料（如地区的气象资料、地质资料、土壤资料、地貌水文资料、林业、畜牧业以及社会、民族情况等）进行收集，加以熟悉。

2. 观察

使用肉眼或望远镜，对整个群落的整体特征观察后进行描述。

3. 仪器测定

使用仪器记录下海拔高度等环境特征。

4. 样方法

选地势较平坦的地块做样方，按要求进行记录。通过丰富度指数、Shannon-Wiener 指数、Simpson 指数、生态优势度指数和 Pielou 均匀度指数来评估该调查区内的物种多样性（郑奕等，2008）。

a. 物种丰富度指数：$R=S$

b. Shannon-Wiener 指数（H）：$H=-\sum[n/N\lg(n_i/N)]=-\sum p_i\lg p_i$

c. Simpson 指数（D）：$D=1-\sum p_i^2$

d. Pielou 均匀度指数：$J=H/\ln S=(-\sum[n/N\lg(n_i/N)])/\ln S$

e. 生态优势度：$C=(\sum N_i[N_i-1])/(N[n-1])$（林开敏等，2001）

式中：S —— 出现在样方中的物种数目；

n_i——第 i 个种的个体数目；

N——群落中所有种的个体数；

p_i——第 i 个种的相对多度，$p_i=n_i/N$。

5. 磷矿废弃地土壤调查方法

pH 值：电位测定法；有机质：重铬酸钾滴定法；速效磷：0.5 mol/L 碳酸氢钠浸提—钼锑抗比色法；碱解氮：碱解扩散法；速效钾：浸提—火焰光度计法；全磷：氢氧化钠熔融法；全氮：凯氏定氮法。

六、工具与仪器

凯氏定氮消化炉、凯氏定氮仪、火焰光度计、722 型分光光度计、马弗炉、磁力搅拌器、分析天平、土壤筛、往复式振荡机、电炉、pH 计、抽滤装置、滴定装置、扩散皿、容量瓶、烧杯、量筒、三角瓶、干燥漏斗、无磷滤纸、研钵、小漏斗、定量滤纸、滴管、卷尺、量筒、移液管、记号笔、米尺、标本夹、绳子等。

七、思考题

1．磷矿废弃地的植被类型是什么，有什么特征？

2．实习观察到的植被是否具备典型的低纬高原亚热带季风气候植被特征？

八、记录表

表 1-7　磷矿废弃地样方地理位置表

样地面积________野外编号_____第___页　层次名称_________

调查时间 ______________ 记录者_________

样方号	植物群落名称	海拔/m	经度	纬度	坡度	坡向
1						
2						
3						
4						
5						
6						
7						
8						

表-1-8 森林群落土壤物理性质调查表

样地面积________野外编号_____第___页 层次名称________________________

调查时间 ________________ 记录者__________________

样方号	pH	有机质/（g/kg）	全氮/（g/kg）	全磷/（g/kg）	全钾/（g/kg）	碱解氮/（mg/kg）	速效磷/（mg/kg）	速效钾/（mg/kg）
1								
2								
3								
4								
5								
6								
7								

表 1-9 磷矿废弃地灌木样方野外调查表

群落名称 _______________样地面积_________野外编号_____第___页 层次名称________

层高度_____________层盖度______________调查时间 ________________ 记录者________

样方号	植物群落名称	高度/m		冠径/m		丛径/m		株丛数	盖度/%	物候期	生活力	附记
		一般	最高	一般	最大	一般	最大					
1												
2												
3												
4												
5												
6												
7												

表 1-10　磷矿废弃地草本样方野外调查表

群落名称 ________________样地面积________野外编号_____第____页　层次名称_______

层高度____________层盖度____________调查时间 ________________ 记录者____________

样方号	植物群落名称	花序高/m		叶层高/m		冠径/cm		丛径/cm		株丛数	盖度/%	物候期	生活力	附记
		一般	最高	一般	最高	一般	最大	一般	最大					
1														
2														
3														
4														
5														
6														

表 1-11　磷矿废弃地样方物种多样性调查表

样地面积________野外编号_____第___页　层次名称________

调查时间 ______________ 记录者___________

样方号	植物群落名称	丰富度指数	Shannon-Wiener 指数	Simpson 指数	Pielou 均匀度指数	生态优势度
1						
2						
3						
4						
5						
6						
7						
8						
9						
10						

实习四　森林水文生态调查

一、目的

森林水文调节功能是森林重要服务功能之一。通过对不同森林群落在每次降雨事件过程中养分和水分涵养过程的监测与研究，比较不同森林群落在涵养水源、维持养分能力方面的差异，揭示森林群落水源涵养、水土保持功能与植被结构的关系，定量定性探讨森林生态系统的结构、过程与水文调节功能之间关系，正确认识森林水文生态效应。

二、原理

（一）森林水文学

森林水文学是水文学的分支学科，它研究森林植被对水分循环和环境的影响，包括森林对土壤侵蚀、水源涵养和小气候的影响。它亦是森林生态学和水文学相结合的一门新兴的中间学科，是森林生态学的重要组成部分。

经典森林水文学研究主要涉及的是森林水文状况及与水相关的现象。现代森林水文学则是从森林生态系统的观念出发，结合森林生态系统的结构、功能、生产力的探讨、森林生态系统能量和物质循环的研究，来揭示各种水文现象发生和发展的规律及其内在联系。其具体的研究内容为森林大气降水、森林截留降水、土壤水分、林地总蒸发、径流、水质等。

（二）森林水文生态过程

降落到森林上部的降水，一部分被林冠层的枝叶及树干所吸收或截留，大部分降水从林冠枝叶边缘滴落，或从树冠间隙直接落下，到达灌草层。经灌草层植物表面的吸收截留后余下的降水落入林地枯枝落叶层。被林冠、灌草及枯落物拦截的降水量，除了小部分用于湿润植物体表面外，大部分直接蒸发返回大气中。还有很小一部分沿着树干或植物体表面流入其根际土壤的空隙、裂隙及死树腐根孔道下渗，当降雨强度超过下渗强度，其超渗雨量便在地表漫流，形成地表径流。不断下渗的雨水，遇到土壤中的弱透水层时，便形成饱和含水层，产生沿坡侧向流动的壤中流和地表径流，补充地中和地表径流量。因此，在一个层次发育较完整的森林中，整个系统的降水截留过程包括林冠、灌草植被和枯枝落叶层的截留及土壤蓄水（图 1-2）。

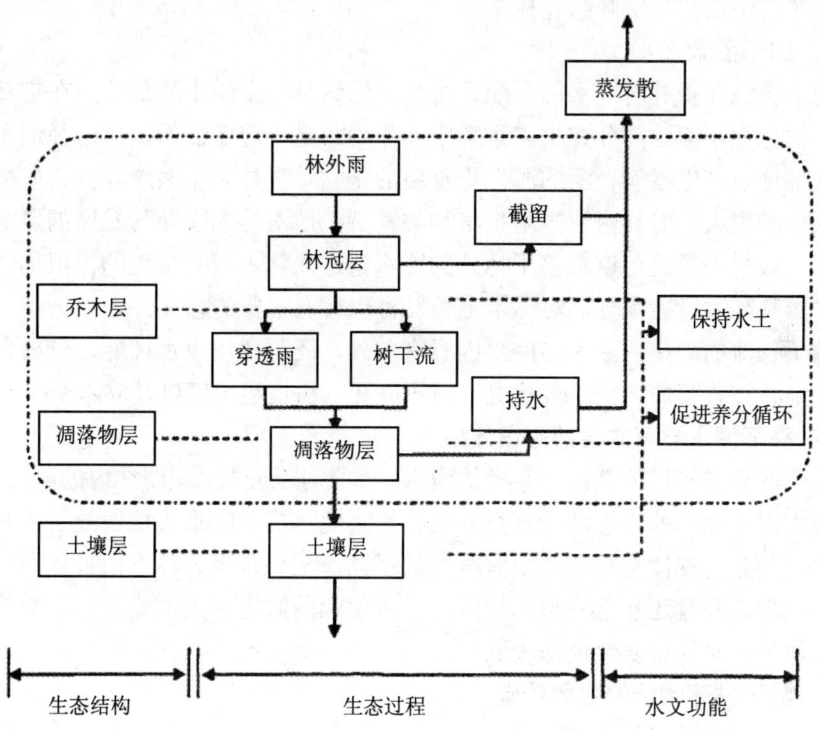

图 1-2　森林水文生态过程

1．林冠截留

林冠层是大气降水进入森林后的第一个作用面，其对降水的截留量是森林水文效应的一个重要方面，直接影响降水在森林生态系统中的整个循环过程。林冠截留主要受包括森林类型、林分特征（如树种、林冠郁闭度、林木密度、林冠储水能力、叶面积系数、枝叶湿润度）、降水特征（降水形态、降水强度、降水过程）等在内的诸多因素影响。

林冠截留的基本特点是，旱季的截留率大于雨季。截留量随着降雨量的增大而增加，但截留率减小，林冠截留率区域性差异明显。我国主要森林生态系统林冠截留量由东南沿海向西北内陆、由南向北逐渐递减。而林冠截留率则与之相反，呈逐渐递增趋势。各类森林生态系统林冠截留率的大小顺序为亚热带西部高山常绿针叶林＞热带半落叶季雨林＞温带山地落叶与常绿针叶林＞热带山地雨林＞寒温带、温带山地常绿针叶林＞亚热带竹林＞亚热带、热带东部山地常绿针叶林＞南亚热带山地季风常绿阔叶林＞寒温带、温带山地落叶针叶林＞温带、亚热带山地落叶阔叶林＞亚热带山地常绿阔叶林＞亚热带、热带西南部山地常绿针叶林＞亚热带山地常绿落叶阔叶林。

2. 树干径流

树干径流在森林对降水的分配各个分量中只是一个微小的部分，在定量研究里常常被忽视，但这部分在生态系统中的作用却是不容低估的。树干径流不仅是引起局部地段产生蓄满径流的源，更重要的是它对森林生态系统养分、矿质元素的输入影响很大，对林内树干附生植物如苔藓、地衣等的生存与发展的影响尤为关键。一般树干径流可以数倍于林外的降水量进入林木根系富集的树根周围，补偿林木蒸腾耗散所需水分，对林木生长发育也有着重要的意义。

树干径流的大小，除了与降雨因素有关外，还与树皮吸水性能、分枝角度、枝条粗细、枝条弯曲或群落等状况、树干胸径、树皮粗糙度以及立木密度有关。

3. 林下灌木与草本层的截留效应

林下灌草层不仅能截留一定量的雨水，而且对于分散、减弱林内的降雨动能，减缓降水对林地面的直接冲击有重要的作用。灌草层对降水的截留处于森林乔木层下面，其截留规律与林冠截留有很大的不同，主要是因为林下植被体积小，无明确的冠形。并且还易于变形，导致进行可信赖的测定相当困难，同时与林冠截留相比，各方面的重要性也都较低。

4. 林下枯落物层的截留效应

森林枯落物是森林生态系统的重要组分和物质循环的一个重要方面。森林枯落物层结构疏松，吸水能力和透水性强，不仅减缓林内降水对地面的直接冲击，阻滞和分散降水，吸收通过林冠而降落至地表的水分，而且能增加地表层的粗糙度，减缓及减少地表径流，增加土壤水分下渗，因此对于防止土壤冲刷和水源涵养具有重要作用。同时，凋落物减少土壤光照，减缓土壤温度变化和土壤水分的蒸发，并通过分解后释放的养分而影响土壤养分动态，这些环境的变化将影响植物的繁殖、更新萌发和生长，群落的组成和不同种类间的竞争。另外，森林枯枝落叶层还影响到穿透雨对土壤水分的补充和植物的水分供应。

森林枯枝落叶层持水量的动态变化对林冠下大气和土壤之间的水分和能量传输有重要影响，其吸持水的能力大小与森林产流机制密切相关，并受枯落物组成、林分类型、林龄、枯落物分解状况、积累状况，林地水分状况、干燥程度、降雨特点的影响。一般的持水量可达自身干重的2～4倍，各类森林枯落物的最大持水率平均为309.54%，变动系数47.21%。枯落物的持水量与其现存量呈极显著的正相关关系，表现为林下枯落物现存量越大，其蓄持的水就越多。

5. 林下土壤层涵蓄效应

森林内土壤层的截留是对降水的第三次分配，其截留效应受乔木层、枯落物层截留的间接影响，森林土壤是水分储蓄的主要场所，其持水量是反映森林水源涵养能力的重要指标之一。在土壤特性研究方面，土壤层的持水蓄水能力主要与土壤容重、孔隙度等物理性质及土层厚度有关。

土壤渗透性能是林分水源涵养功能的重要指标，它与土壤容重、质地、有机质含量、孔隙度大小等密切相关，渗透系数越大，渗透速度越快。森林生态系统地上部分和林地涵蓄的水分，除了部分供应植物生长发育、蒸腾和蒸发外，大部分通过土壤孔隙渗入深层成为地下水，再慢慢汇入江河，由此调节江河径流量，减弱地表径流，抑制土壤冲刷和养分流失。

6. 蒸发散

林地蒸发散是森林生态系统中水分资源损失的主要部分，是森林生态系统水量平衡与能量平衡中最为重要的因素之一，它包括森林群落中全部物理蒸发和生理蒸腾，由林地蒸发、林冠截持水分蒸发和森林植物蒸腾 3 部分组成。森林对蒸发散量的影响作用是不可忽视的，因为它在数量上比较可观并且直接影响到径流量的大小。森林的蒸发散取决于许多因子，如树种、树龄、土壤水分条件以及气象条件等。

（三）森林水文生态功能

1. 水源涵养功能

森林通过林冠层、枯枝落叶层和土壤层 3 个水文作用层对降雨的截留、吸持，削弱了降雨侵蚀力；通过枯枝落叶和根系作用，改善了土壤结构，提高了土壤的抗冲、抗蚀性能，增加了土壤渗透率，延长了径流形成时间，减少了地表径流量，削减了洪峰流量，增加了枯水期流量，起到良好的水源涵养作用，从而有效涵蓄土壤水分、补充地下水和调节河川流量。

2. 养分涵养功能

森林生态系统在其生长过程中不断从周围环境吸收营养元素，固定在植物体中，这些营养元素一部分通过生物地球化学循环以枯枝落叶形式归还土壤，一部分以树干淋洗和地表径流等形式流入江河湖泊，另一部分则以林产品形式输出生态系统，再以不同形式释放到周围环境中。森林生态系统的营养物质通过复杂的食物网再生，并成为全球生物地球化学循环不可或缺的环节。

3. 水土保持功能

森林能有效地减少土壤侵蚀，因为森林土壤的非毛管空隙大，渗透性强，降水时很难形成地表径流（超渗径流），减少了土壤水蚀；森林根系能防止土壤崩溃泻溜；森林可以防风固沙，减少风蚀；森林还可以缓和林内温差的剧烈变化，减少冻融蚀。

（四）森林水文生态研究方法

1. 试验小流域的选择与布设

根据试验研究的目的和内容选择代表性强的流域，同时考虑组合试验和综合试验能集中、可比性强及成果的推广价值。试验流域内的定位观测点，最好能在国家正式的水文站、气象站和森林生态试验站附近，以利于检测试验数据的精度。

试验流域定点前，先调查流域的地形、地质、土壤、植被、气象、水文等环境与背景的基本情况（地界必须清楚），实测或在 1/10000 的地图上勾绘农、林、牧用地面积图。再根据研究的目的和内容、试验小流域的自然特点与实验系统配置时的空间格局进行测验设施的布置，拟定通过水量平衡场或径流场至小集水区，再到小流域分层控制系统的定位观测。

2. 降水观测

由于降水受到地形、海拔、季节、风等因素的影响，时间和空间分布不均匀，因此，观测雨量点的布设直接影响到监测结果的精度。雨量点的布设，多采用泰森法即多边形法或加权平均法。其做法是，按地图上的测点位置连线，构成许多三角形，从三角形各边引出垂直平分线，描绘成许多个多角形，在其中心设置雨量观测点。

在林内水量平衡场上加设林冠上、林冠下和林冠树干截留雨量观测点；在非林地上的径流场和测流堰，面积小于 0.1 km^2 的设 1 个雨量点，设在集水区沟口；面积在 0.1～0.2 km^2 的设 2 个雨量点，1 个设在沟口，1 个设在流域的中上游地段。水量平衡场和径流场上的降雨观测，在每次雨停后 10～30 min 内观测，自记雨量计每日 20 时换纸。

（1）林冠降水量观测。为了避免地形雨的影响，最好在水量平衡中央的林冠上搭架，安放自记雨量计或雨量筒测降水量。架的结构和形式可因地制宜设计，最好作活动架，可随林木生长而向上延伸，还能用来进行气象的梯度观测。

（2）林外降水量观测。在高山陡坡测林冠降水量有困难的地方，可用测林外降水量的方法来代替，即在水量平衡场的附近同一坡向、海拔高度的空旷地上或平均树高两倍的林缘，设自记雨量计或雨量器测降水量。

（3）林内降水量观测。林内降水量包括林冠穿透雨和树冠及其他部分滴下的降水量。雨量点的布设应根据林木的生长情况、树种、立木密度、林冠郁闭度、林龄等具体情况来设置量雨的设备。有 3 种方法：一是在水量平衡场内设置沟槽状的受雨器（长 0.7 m，宽 0.2 m，深 0.25 m，槽口宽 0.3 m，下底宽 0.2 m）。槽形雨量器呈网状分布，应具有一定倾斜度，使降水流入受雨器或自记雨量计内；二是在水量平衡场内选择 3～5 株标准木，在标准木的上下左右设雨量筒（口径

20 cm）或槽形雨量器；三是在水量平衡场的左右方选与场内相同的林分状况约 20 m^2 的林地，用塑料布搭棚铺围在林下植物上，将 20 m^2 的林冠穿透水和树冠其他部分滴下的水置于塑料棚下设的三角堰箱内或自记雨量计内。

（4）树干截留量观测。在水量平衡场内，按林分每个径级（每隔 4 cm 为一个径级），选择 2～3 株树形和树冠中等的标准木进行观测。用软橡皮管缠绕在被测木的胸径下 2～3 环，涂上黄油，用沥青粘牢，再用管子把树干径流接到放置在地面上的雨量筒或量水瓶内。

（5）下层植物截留量观测。郁闭林分的林冠下，灌木或草本植物都很稀少，截留量甚微，可不作林下植物层截留量的观测；如在疏林地有灌木层和高秆（1.0 m 以上）草本层，则应观测灌木草本层的截留量，方法仍用槽形雨量器测定。

（6）林地枯枝落叶截留量观测。大气降水穿透林冠及林下灌木草本层以后，又被枯枝落叶所截留的这部分水量称为枯枝落叶截留量。测定方法：A. 抽取试样在室内用实验方法进行测定和推算。B. 在试验场内选择有代表性的地面，用直径为 19.5 cm 铁丝网，不破坏枯枝落叶的自然分布状态，将枯枝落叶放进铁丝网内，铁丝网放在雨量计上，用相邻的林冠下的雨量计所测雨量相减所得差数即为枯枝落叶截留量。

（7）林分植物群体截流降水的观测。通过上述的观测可计算出整个林地的总截留水量，用以下公式计算：

$$i = i_c + i_u + i_l + s_t$$

式中：i ——林分截留降水量，mm；

i_c、i_u、i_l ——分别为树冠、林下灌草层、枯枝落叶层的截留降水量，mm；

s_t —— 林分植物体与枯枝落叶层的保留降水量，mm。

到达林地地面的降水量可表示为 P-i，等于林外降水量减去被林分植物群体截留降水量的部分。到达地表的一部分水，一是向下渗透，二是沿地表流走，形成地表径流。

3. 下渗与渗透

（1）下渗。

到达林地地面的降水（含降雪），其中一部分渗入到土层中，对于雨水从地面进入土层中的现象称为下渗。下渗速度在地表的不同部位差异较大，在孔隙小而稀少的地方，下渗速度较慢，反之下渗速度较快。降雨继续而雨量雨强在不断地增加，使之大小孔隙不能再下渗时，便出现全面的地表径流。

当一定强度的降雨长时间地继续进行时，下渗率在初期非常大，这时的下渗率称为初期下渗率，简称初渗率，随着降雨的延续和增加，下渗率由大变小，最后保持一定的稳定值，此值称为稳渗率。

下渗率又称为下渗容量。测定方法有以下两种：一是采用灌水型方法；二是采用洒水型方法。灌水型方法一般用同心环法测验，洒水型方法即采用人工降水装置测定土壤下渗量。在流域内选择若干有代表性的区域，测定其下渗容量，再求其平均值；利用已有的流域雨量强度、径流强度等资料，求得流域下渗容量。

（2）渗透。

下渗水在土层中的移动称为渗透。在单位时间内透过单位面积土层的水量（浅层地下水）称为渗透率或渗透强度。

随着降雨的继续，首先在孔隙量多的A层水量增大，并逐渐到达B层、C层、基岩间隙层，这是垂直向下的渗透过程。另一方面，还会出现地中水的横向移动，即A层的水量增加到一定程度时，下部的水分开始倾斜地向低处移动，在B层水量增加到一定程度时，也同样开始横向移动。总之，在非毛管孔隙量发生变化的土层分界面附近，都可能出现重力水沿倾斜面的方向渗透。从A层至B层透下的水分一部分被滞留在母质层或基岩的上缘的间隙层，形成饱和带，即表层含水层。如果基岩深处含有间隙层，水分通过前两种方式在中间联络间隙层继续移动，在基岩中间则可形成多层饱和含水层。把这些含水层中的饱和水称为地下水。又根据地下水的深度，分为浅层地下水与深层地下水。

渗透量的测定方法，当前多采用修建水量平衡场来实测土壤各层渗透量与渗透强度。水量平衡场应修建在林相整齐、林地坡面整齐、土层厚度不大（不超过2 m为宜）、下面是不透水或透水性很小的相对不透水岩层；四周挡水墙要深挖到下面的不透水层，防止水分交换，还需在挡水墙内面铺玻纤布或敷涂一层环氧树脂，以防场内的水分与含钙质的水泥挡水墙发生养分交换；除修建地袭径流的集水槽外，在下面需按土壤的自然分层修建各层的集水槽，测定分层的渗透量（即壤中流量），各层的壤中流量用塑料管汇集到观测小屋的翻斗式自记水位计或自记雨量计上观测其径流过程，过水的塑料管上应套上塑料网罩或纱布，防止泥沙和杂物进入仪器；在水量平衡场上按土壤自然分层安设张力计测土壤湿度；在与水量平衡场相同条件的周围林内修建气象梯度观测铁塔，树冠树干截留场，枯枝落叶收集箱，土壤水分蒸发测定场，土壤水分入渗、湿度和温度观测场。

4. 蒸散发

蒸散是水分循环的重要组成部分。大气的水分通过凝结作用变为液态与固态降水，进而转变为地表水、土壤水与地下水，这些水又通过蒸发与蒸腾的作用上升为水汽进行不断循环。流域内的蒸散量包括整个流域内的林地、非林地、水面、陆面、雪面、冰面、植物、土壤和其他表面的总蒸散发量。而流域内的水面又分两类：一类是流域河网水面。河网中的总入流流出流域的出流断面，参与流域出流量的组成，因此，河网水面蒸发量是流域径流的损失项，应当从河网总入流中扣除。另一类是流域中的库、塘等的水面。在它们所控制的面积内的降水对流域出流没有贡献，计算流域的出流时可以不将这类面积的水面蒸发和它所控制的降水量计入。但是在计算流域的水量平衡时，必须计算这类面积的水面蒸发和所控制的那部分流域面积内的降水量。

自然界的蒸发过程发生在地气界面上液态和气态的转化过程，既可测定液态水分损耗的速率，又可测大气净得的水汽速率。测定上述两类蒸发的方法有：流域水量平衡法、零通量面法、植物生理测定技术、热脉冲法（树液流动法）、示踪同位素法、风调室测定法、波文比—能量平衡法、空气动力学技术的多层梯度法、涡度相关技术法、红外遥感技术等。

5. 土壤水分

渗入林地的水分其中一部分受到土壤固体物质对水分的吸附力和水分子间的相互吸引力作用而保持在土壤中，形成一层非液体状的薄膜。但随着水分增加，吸附力逐渐减小，只保持着水的表面张力。如果水分再增加，则一部分土壤水分完全受重力的作用下渗。

（1）土壤调查。在小流域内按土地利用类型进行土壤调查，即对土壤的外部形态及理化性质进行描述，应在选好的样地上挖好土壤剖面进行。要正确划分土壤层次，因为土壤水分在不同的土壤层次结构中含量各异。按层次记载土层厚度、颜色、湿度、质地、结构、结持力、含石砾量、pH 值、碳酸盐反应、根系分布状况、生物活动、新生体和侵入体以及层次的过渡等。

土壤层次：土壤剖面类型和剖面层次的性质及形成，是土壤属性的外在表现，也是土壤分类系统的基础。依照腐殖质积累、物质淋溶与淀积，一个理想的森林土壤剖面可细分出 O、A、B、C、D 五个土层以及它们的亚层。

O 层：枯枝落叶层，由森林的枯枝落叶及凋落物组成。该层可分 3 个亚层。L 层，未分解的枯枝落叶层；F 层，半分解的枯枝落叶层；H 层，已分解的枯枝落叶腐殖质层。

A 层：腐殖质聚积层，也称淋溶层。该层又可分为 3 个亚层。A_1 层，暗色腐殖质聚积层；A_2 层，淡色、胶体和有机质的淋溶层；A_3 层，往 B 层的过渡层，但形态上像 A 层。

B 层：淀积层，分 3 个亚层。B_1 层，往 B 层的过渡层，有暗红棕色的腐殖质和铁的聚积；B_2 层，大量硅酸盐黏粒聚积及三二氧化物相对残存集中；B_3 层，往 C 层的过渡层。

C 层：母质层，为风化的矿物质松散物所形成的一种物质。

D 层：半风化母岩层。

（2）土壤水分测定方法。常用的方法是干燥重量法：采取土壤试料，在105 ℃下烘干至重量不变时为止 。 注意温度应控制在不致使土壤中的腐殖质或有机质炭化。此外，还有张力计法、热传导测定法、导电测定法、电容率测定法、中子减速测定法等。

6. 径流

降水到地面，超过了下渗强度时即向低处流动，成为地表水流，而流入溪流这个过程称为地表径流，与直接降水到溪河的水量合并称为表面径流，这个量为区别于降水量称为表面径流量。

下渗的水继续在土壤中渗透，一部分沿着土层间隙而转移，向水势（重力势+张力势）小的方向移动，即使土层间隙层被溪岸所截断，土层中的水分却又从溪岸浸出而流入溪流，这个过程称为中间径流或壤中流。下渗水中除去中间径流外剩下的部分，可以继续向下深层渗透，转移到母质或基岩上层的含水层中。如果含水层不厚，则涌出，暂时的、只在降雨时才发生，称为浅表层地下水；如果含水层很厚，经过长期积蓄即构成地下水径流。

径流是在一定时间空间范围内水分循环的输出部分与转化部分，径流观测的主要内容包括地表径流、壤中流、地下径流、试验集水区或流域控制断面与河槽流量等。

三、实习地介绍

1. 元阳梯田

元阳梯田位于云南省元阳县的哀牢山南部，是哈尼族人世世代代留下的杰作。元阳哈尼族开垦的梯田随山势地形变化，因地制宜，坡缓地大则开垦大田，坡陡地小则开垦小田，甚至沟边坎下石隙也开田，因而梯田大者有数亩，小者仅有簸箕大，往往一坡就有成千上万亩。元阳梯田规模宏大，气势磅礴，绵延整个红河南岸的红河、元阳、绿春及金平等县，仅元阳县境内就有 17 万亩梯田，是红河哈尼梯田的核心区。

元阳梯田生态系统呈现着以下特点：每一个村寨的上方，必然矗立着茂密的森林，是水、用材、薪炭之源，其中以神圣不可侵犯的寨神林为典型；村寨下方是层层相叠的千百级梯田，那里提供着哈尼人生存发展的基本条件——粮食；中间的村寨由座座古意盎然的蘑菇房组合而成，形成人们安度人生的居所。这一结构被文化生态学家盛赞为江河—森林—村寨—梯田四度同构的人与自然高度协调的、可持续发展的、良性循环的生态系统。

2. 元阳梯田箐口森林

元阳县新街镇箐口村，海拔 1 709～2 019 m。林区年均气温在 16.4℃，极端最高气温 39℃，极端最低气温–2.6℃，相对湿度 85%，年平均日照时数 1 770.2 h，多年平均降雨量为 1 397.6 mm，全年有雾期 179.5 d，年霜期仅 2 d，属于亚热带季风气候，干湿季分明。森林重要优势植物包括臭牡丹、杉树、茶树和旱冬瓜（表 1-12）。

表 1-12　元阳梯田箐口森林

森林群落名称	海拔/m	经度（E）	纬度（N）	坡度 e	坡向
臭牡丹群落	1 813	102°44′14.0″	23°07′32.7″	10°	北偏东 23°
杉树群落	1 899	102°43′49.0″	23°07′27.0″	25°	北偏东 40°
茶树群落	1 958	102°43′44.9″	23°07′23.3″	22°	北偏东 42°
旱冬瓜群落	2 016	102°44′40.3″	23°07′14.4″	31°	北偏西 22°

四、实习内容

（一）森林群落结构调查

植被调查采用样方法，其中，乔木层样方面积为 20 m×20 m，灌木层样方面积为 5 m×5 m，草本层样方面积为 1 m×1 m。在调查区域内依据森林群落类型共设置 4 个点，每个点设置调查样方 4 个，分别调查乔木层、灌木层、草本层三层植物情况。并记录每个点的环境与生态因子（经度、纬度、海拔、坡度、坡向）和植被特征（优势种、高度、盖度、胸径、多度、显著度、频度、丰富度、重要值、物种多样性指数）。

（二）森林植被水文过程调查

包括大气降水、穿透雨、树干流和截留量测定。

（三）森林土壤调查

森林土壤的蓄水性能主要受土壤结构和土壤孔隙度（包括毛管孔隙度和非毛管孔隙度）的制约。土壤的饱和持水量就是土层本身容纳水分容积量的能力，它相当于土壤的总孔隙度；毛管持水量就是土壤在各层次中可能保持的毛管水的最大可能数量，大体相当于土壤的毛管孔隙度，非毛管持水量主要取决于土壤的非毛管孔隙度。

1. 森林土壤涵养水源功能

森林土壤是森林生态系统中最为重要的界面，是森林涵蓄水分的主体，是森林调节水分分配、吸收、转化降水的第三个作用层。毛管孔隙度、总孔隙度、土壤容重、有机质、最大持水量、1～2 mm 的土壤颗粒、0.5～1 mm 的土壤颗粒是影响土壤储水量的重要因子。

2．凋落物持水特征

取样方的部分凋落物装入网袋后分别浸入水中 0.5 h、1 h、1.5 h、2 h、4 h、6 h、8 h、10 h、12 h 和 16 h 后，捞起并静置到凋落物不滴水时称重，做 3 个重复。凋落物持水率、凋落物持水量和凋落物吸水速率计算分别如下：

凋落物持水量（10^3 $kg \cdot hm^{-2}$）=[凋落物湿重（$kg \cdot m^{-2}$）－凋落物烘干重（$kg \cdot m^{-2}$）]×10

凋落物持水率（%）=（凋落物持水量/凋落物干重）×100

凋落物吸水速率（$g \cdot kg^{-1} \cdot h^{-1}$）= 凋落物持水量（$g \cdot kg^{-1}$）/吸水时间（h）

五、方法

（一）森林群落结构调查方法

经度、纬度、海拔采用 GPS 仪测定；

坡度、坡向采用罗盘仪测定；

高度采用积累法，即树下站一人，举手为 2 m，然后 2、4、6、8，往上积累至树梢；

盖度采用估测法；

胸径指树木的胸高直径，大约指距地面 1.3 m 处的树干直径，采用钢卷尺测量；

多度=样方内某种植物的株数/样方内各种植物的总株数×100；

频度=某种植物出现的样方数/样方总数×100；

林木显著度=某树种的树干基部断面积之和/全部树种树干基部断面积之和×100；

重要值 IV=相对频度＋相对多度＋相对优势度；

其中：相对频度= 一个种的频度/所有种的频度×100

相对优势度= 一个种的优势度/所有种的优势度×100

相对多度= 一个种的个体数/所有种的个体数×100

上述公式中，乔木层相对优势度用胸高断面积计算，草本则用盖度计算。

通过物种丰富度指数、Shannon-Wiener 指数、Simpson 指数、生态优势度指数和均匀度指数来评估该调查区内的物种多样性。

a．物种丰富度指数：$R=S$

b．Shannon-Wiener 指数（H）：$H=-\sum[n/N\lg(n_i/N)]=-\sum p_i\lg p_i$

c．Simpson 指数（D）：$D=1-\sum p_i^2$

d．Pielou 均匀度指数：$J=H/\ln S=(-\sum[n/N\lg(n_i/N)])/\ln S$

e．生态优势度：$C=(\sum N_i[N_i-1])/(N[n-1])$

式中：S——出现在样方中的物种数目；
n_i——第 i 个种的个体数目；
N——群落中所有种的个体数；
p_i——第 i 个种的相对多度，$p_i=n_i/N$。

（二）森林植被水文过程调查方法

1．大气降水的观测

在距离林缘 50 m 处的开阔地设置翻斗式自记雨量计（CR2 型，0.2 mm，记录间隔 15 min）一台，对林外降雨进行自动观测记录。另放置一个承接器，下连储水桶，收集大气降水。另在开阔地设置一台气象站（HOBO），记录湿度、温度、风速、风向和降雨量等气象因子。

2．穿透雨的测定

在每个样地内，沿坡向分两列，放置穿透雨承接器（面积 30 cm×40 cm），每列 4 个，每隔 5 m 一个。其中 4 个用 PVC 管与放置在样地边缘的与 CR2-D 型多通道数据采集系统连接的翻斗雨量计（0.2 mm 和 1 mm，记录间隔 5 min）相连，接口处密封。另 4 个用 PVC 水管与放置于样地外边缘的聚乙烯储水桶相连，为避免沿水管流下的水所造成的误差，用塑料布包裹水管覆盖在储水桶的入口位置。为了避免草本植物对穿透雨的影响，承接器距离地面不低于 0.7 m。在承接器出水口处安装圆筒形筛网，防止凋落物及昆虫进入，定期清理承接器内的凋落物。雨后测定穿透雨体积（cm^3），然后换算成雨量深（mm），并收集穿透雨样品。

3．树干流的测定

采用薄管收集法。监测群落内选取 5 株标准木，布置树干径流装置。自地面高度 0.5 m 起用纵向切开的半圆聚乙烯塑料管蛇形向上缠绕树干 2.5～3.0 圈，用钉子将半圆胶管钉在树干上，用玻璃胶填补其中，对树干粗糙树种的老皮进行适当打平处理，塑料管下端用胶带固定在收集桶内。雨后现场测定树干径流水量及各种水质指标。

4. 截留量计算

采用水量平衡法，计算截留量。计算公式如下：

$$I=P-(TF+SF)$$

式中：I——林冠截留量，mm；

P——林外降雨量，mm；

TF——穿透雨量，mm；

SF——树干流量，mm。

（三）森林土壤调查

1. 土壤剖面和采样

土壤剖面：剖面地点要有代表性，可在标准样地边缘与样地条件相似的地段挖取，注意设在植被均一、未遭受病虫害和人为因子影响的林冠下，距树干基部1～2 m处进行。

剖面挖取：挖掘深度100～120 cm，土层厚度不足100 cm时，挖至母岩风化层。

土壤采样：土壤物理性质测定在剖面自上至下用环刀每层采集，上盖盖住刃口，底盖（有小孔）垫滤纸后盖上，记录编号。

在环刀采样的相近位置另采土样20.0 g左右，装入有盖铝盒，记录编号，与环刀一起装入塑料袋密封，带回室内分别称重，测定含水量（W）。每一层土壤取2个环刀，其中一个测容重和毛重水；另一个测土壤水分，做2个重复。

2. 土壤测定

机械组成测定：称取过2 mm筛的风干土于500 mL锥形瓶中，加水250 mL，再加0.5 mL/L氢氧化钠分散剂50 mL（样品为酸性土样）。摇匀后静置2 h。然后加热，微沸1 h。冷却后分离粒级，小于0.25 mm的用比重计测取数据，大于0.25 mm的分0.25～0.5 mm、0.5～1.0 mm、1.0～2.0 mm三个粒级称取重量。

各粒级含量（%）计算：

粉（砂）粒（0.05～0.02 mm）粒级含量（%）=小于0.05 mm粒级含量（%）－小于0.02 mm粒级含量（%）

粉（砂）粒（0.02～0.002 mm）粒级含量（%）=小于0.02 mm粒级含量（%）－小于0.002 mm粒级含量（%）

黏粒（小于0.002 mm）粒级含量（%）=小于0.002 mm粒级含量（%）－分散剂含量（%）

3. 土壤化学性质测定

在环刀取样的同时，自下而上逐层分层采混合土样1 000 g装入另一塑料袋，样袋内外均附上标签，写明剖面编号、采集地点、样地号、土层深度、采集时间等。封口后带回实验室进行各项理化性质测定。

4. 土壤容重测定

采用环刀法测定。

5. 土壤毛管含水量测定

将测过土壤容重的环刀底盖端（有孔）置于盛薄层水的瓷盘中，盘内水深保持在 2～3 cm，浸入时间砂土 4～6 h，黏土 8～12 h 或更长。到达预定时间后立即称重。称重后用小刀立即从筒中自上到下均匀取出部分样品到铝盒中，置分析天平称重，然后置 105℃烘箱内烘干至绝对干重，换算成环刀内土的绝对干重，计算出烘干土重为基础的百分数即为毛管持水量。

6. 土壤水分的测定

土壤的吸排水量是衡量森林涵养水源能力大小的重要指标，测定指标包括土壤储水量、最大持水量、最小持水量、排水能力。采样方法同容重测定方法。

7. 土壤渗透性测定

在室外用环刀取原状土，带回实验室内，将环刀上、下盖取下，下端换上有网孔且垫有滤纸的底盖并将该端浸入水中，同时注意水面不要超过环刀上沿。一般砂土浸 4～6 h，壤土浸 8～12 h，黏土浸 24 h。到预定时间将环刀取出，在上端套上一个空环刀，接口处先用胶布封好，再用熔蜡黏合，严防从接口处漏水，然后将结合的环刀放在漏斗上，架上漏斗架，漏斗下面承接有烧杯。往上面的空环刀中加水，水层 5 cm，加水后从漏斗滴下第一滴水时开始计时，以后每隔 1 min、2 min、3 min、5 min、10 min、…、n min 更换漏斗下的烧杯（间隔时间的长短，视渗透快慢而定，注意要保持一定压力梯度），分别量出渗入量 Q_1、Q_2、Q_3、Q_5、…、Q_n。每更换一次烧杯要将上面环刀中水面加至原来高度，同时记录水温（℃）。试验一般时间约 1h，渗水开始稳定，否则需继续观察到单位时间内渗出水量相等时为止。

8. 养分含量测定

每次径流水搅拌混匀后，立即在中部采集水样，在瓶上标明日期/编号，在记录本上记下对应的样品编号、取样时间、监测的总径流量。收集径流水后，每瓶滴入浓硫酸 2～3 滴，一周内测试分析；如果近期内不能测试，冷冻保存。测定径流水中的硝态氮与氨态氮、总氮、总磷、水溶性磷、速效钾含量、总固体悬浮物（SS）等污染物含量，计算出单位面积的污染物径流损失量。

9. 土壤养分含量测定

土壤全氮采用半微量凯氏法，碱解氮采用碱解扩散法，磷采用钼锑抗比色法，钾采用火焰光度法，有机质利用 $K_2Cr_2O_7$-外加热法。

六、工具与仪器

海拔表、地质罗盘、GPS、地形图、望远镜、照相机、样方绳、钢卷尺、记录本。

七、思考题

1. 影响不同森林群落水文过程的因素有哪些？其主要影响因素是什么？

2. 针对影响森林水文过程的主要因素，应当如何抚育具有良好涵养水源、保持水土、净化水质等生态功能的森林？

八、记录表

表 1-13 森林群落地理位置表

样地面积__________野外编号______第____页 层次名称________________

调查时间________________ 记录者______________

样方号	植物群落名称	海拔/m	经度	纬度	坡度	坡向
1						
2						
3						
4						
5						
6						
7						
8						

表 1-14 森林群落土壤物理性质调查表

样地面积__________野外编号______第____页 层次名称______________

调查时间________________ 记录者____________

样方号	深度/cm	土壤容重/（kg/m^3）	土壤湿度/%	最大持水量/%	毛管持水量/%	最小持水量/%	非孔隙度/%	毛管孔隙度/%	总空隙度/%
1									
2									
3									
4									
5									
6									

表 1-15 森林群落土壤化学性质调查表

样地面积________野外编号_____第___页 层次名称______________

调查时间 ________________ 记录者________________

样方号	pH	有机质/（g/kg）	全氮/（g/kg）	全磷/（g/kg）	全钾/（g/kg）	碱解氮/（mg/kg）	速效磷/（mg/kg）	速效钾/（mg/kg）
1								
2								
3								
4								
5								
6								

表 1-16 林冠层对降雨的分配调查表

样地面积________野外编号_____第___页 层次名称______________

调查时间 ________________ 记录者________________

降雨场次	总降雨量	穿透雨量	透流率	树干干流量	干流率	林冠截留量	截留率
1							
2							
3							
4							
5							
6							

表 1-17 森林群落枯落物对水分的储蓄调查表

样地面积________野外编号_____第___页 层次名称______________

调查时间________________ 记录者________________

群落名称	总储量	半、已分解层		未分解层	
		储量	比率	储量	比率
1					
2					
3					
4					
5					
6					

实习五　作物间套作生态功能调查

一、目的

作物间套作种植是一种有效利用农业资源的生产技术，在我国粮食生产中具有重要的地位。作物间套作有利于保持土壤肥力，提高作物产量，改善生态环境。间套作具有减少肥料和水分的投入、有效利用有限的水肥资源、防止水土流失等方面的生态功能。通过设置典型的作物单作与间套作汇水小区，监测降雨量、小区地表径流产生量、地表径流 TN、TP、COD、SS、NH_3-N 和 NO_3^--N 等浓度，计算农田地表径流污染输出情况，比较作物单作与间套作种植模式下的地表径流污染输出量，调查作物间套作在削减农业面源污染输出方面的生态功能。

二、原理

（一）作物间套作

1. 作物间套作概念

间作套种模式是在同一农田上多方位、多层次利用时间和空间栽培作物的一种种植方式。间作是指在同一田地上同一生长期内，分行或分带相间种植两种或两种以上作物的种植方式。套作是指在前季作物生长后期的株行间播种或移栽后季作物的种植方式，套作在满足主作物对光、温、水和营养需要的前提下，适当提前了后播作物的生育时间，经济地利用了土地。

2. 作物间套作技术特点

（1）作物及其品种的选配。

①生态适应性的选择。在复合群体中，作物之间的相互关系极为复杂，为了发挥间（混）套作复合群体内作物的互补作用，缓和其竞争矛盾，需要根据生态适应性来选择作物和品种。

首先在作物的选择上要求作物的生态适应性相似，能适应特定地区的大环境；其次要考虑作物的生态位间的关系，合理地选择不同生态位的作物或人工提供不同的生态位的条件，是取得间（混）套作全面增产的依据。即在生态适应性大同的前提下，还要注意生态适应性的小异，使复合群体中的不同作物能各取所需，趋利避害，能够充分地利用生态条件。

②特征特性对应的选配。在间（混）套作的复合群体中，要求选择的作物的

形态特征和生育特性相互适应，以有利于互补地利用环境。例如，植株的高度要高低搭配，株型紧凑要与松散对应，叶子要大小尖圆互补，根系要深浅疏密结合，生长期的长短前后交错。

③要求经济效益高于单作。间、混、套作选择的作物是否合适，在增产的情况下，也得看其经济效益是比单作高还是低。一般来说，经济效益高的作物才能在生产上大面积地推广使用，如我国当前大面积推广的玉米间作大豆、麦棉套作和粮菜间作等。如果某种作物组合的经济效益低，甚至还不如单作高，其面积就会逐渐缩小，而被单作代替。

总之，对间、混、套作的作物和品种的选配，要求“大同小异”“对应互补”和“经济高效”。在实际应用时，必须将它们作为一个整体考虑，综合运用。

（2）田间结构的配置。

在作物种类、品种确定以后，合理配置作物的田间结构是能否发挥复合群体充分利用资源的优势，解决作物之间一系列矛盾的关键。

只有田间结构恰当，才能增加群体密度，又有较好的通风透光条件，发挥其他技术措施的作用。如果田间结构不合理，即使其他技术措施配合得再好，也往往不能解决作物之间争水、争肥，特别是争光的矛盾。作物的田间结构是指作物群体在田间的组合、空间分布及其相互关系构成。间、混、套作的田间结构是复合群体结构，既有垂直结构，又有水平结构。

作物的密度、行数、行株距、幅宽、间距、带宽是构成作物复合群体水平结构的重要组分。

①密度。提高密度，增加叶面积指数和照光叶面积指数是间、套作增产的中心环节。

间、套作时一般高位作物在所种植的单位面积上的密度要高于单作，以充分利用改善了的通风透光条件，发挥密度的增产潜力，最大限度地提高产量。其增加的程度，应视肥力状况、行数的多少和株型的松散与紧凑而定。水肥条件好的，密度可稍大。

不耐阴的矮位作物由于光照条件差，水肥条件也差，一般在所种植的单位面积上的密度较单作略低或与单作相同。

生产中为了达到高位作物的密植增产和发挥边行优势，并能增加副作物的种植密度，提高总产量，高位作物采用宽窄行、带状条播、宽行密株和一穴多株等种植形式，做到“挤中间，空两边”，即以缩小高位作物的窄行距和株距（或较宽播幅），保证要求的密度，以发挥密度的增产效应；用大行距创造良好的通风透光条件，充分发挥高位作物的边行优势，并减少矮位作物的边行劣势。

在生产上，当作物有主次之分时，一般主作物的密度和田间结构不变，以基本上不影响主作物的产量为原则；套作时各作物的密度与单作时相同，当上、下茬作物有主次之分时，要保证主要作物的密度与单作时相同，或占有足够的播种面积。

②行数和行株距的幅宽。一般间套作作物的行数可用行比表示，如二行玉米间作二行大豆，其行比为 2∶2。间作作物的行数要根据计划作物的产量（需要一定的播种面积予以保证）和边行效应来确定，一般高位作物不可多于而矮位作物不可少于边际效应所影响的行数的两倍。矮位作物的行数还与作物的耐阴程度、主次地位有关。耐阴性强的，行数可少，耐阴性弱的，行数可多一些；矮位作物为主要作物时，行数宜多一些，为次要作物时，行数可少。在混作和隔行间套作的情况下，无所谓幅宽，只有带状间套作，作物成带种植，才有幅宽可言。幅宽一般与作物的行数呈正相关关系。

高位作物内的行距一般比单作时窄，所以在与单作相同行数的条件下，幅宽要小于单作时相同行数的行距之和（图 1-3）。

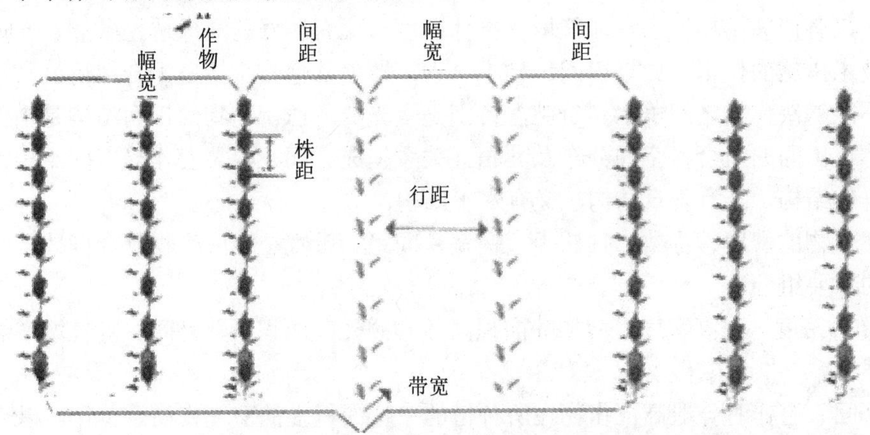

图 1-3 作物间套作水平结构示意

③间距。间距过大，作物行数减少，浪费土地；间距过小，则加剧作物间的矛盾。在水肥条件不足的情况下，两边行矛盾激化。在光照条件差或都达到旺盛生长期的时候，互相争光，严重影响到处于矮位的作物生长发育和产量。

各种组合的间距在生产中一般都容易过小，很少会过大。在充分利用土地的前提下，主要照顾到矮位作物，以不过多影响其生育为原则。

具体确定行距时，一般可根据两个作物行距的一半之和进行调整。在水肥和光照充足的条件下，可适当窄一些，相反可适当宽一些。

④带宽。各种类型的间套作，在不同的条件下都要有一个相对适宜的带宽，以更好地发挥其增产作用。

如果安排得过窄，间套作的作物间会相互影响，特别是造成矮秆作物的减产；安排得过宽，减少了高秆作物的边行，增产不明显，或矮秆作物过多，又往往影响总产量。

间套作的带宽是否适宜是由多种因素决定的。一般可根据作物的品种特性、土壤肥力以及农机具来进行调整。株型高大的作物品种或肥力高的土地，行距和间距都比较大，带宽要加宽；反之，要缩小。机械化程度高的地区一般采用宽带状种植，中型农机具，带宽要大，小型农机具作业可窄一些。

（3）作物生长发育调控技术。

①确定适宜的套作期和共生期。间套作的播种时期与单作相比，具有特殊的意义，它不仅影响到一季作物，而且影响到复合群体中的其他作物。套作时期是套作成败的关键之一。

套作过早或前一作物迟播晚熟，延长了共生期，抑制了后一作物苗期的生长；套作过晚，增产效果不明显。因此，要掌握适宜的套作时期。间作时更需要考虑不同间作作物的适宜的播种期，以减少彼此的竞争，并尽量做到它们的各生长阶段都处在适宜的时期。

间套作的秋播作物的播种比单作要求更加严格，因为在苗期要经过严寒的冬天，不能过早也不能过晚。在前作成熟较晚的情况下，要尽量采取促进早熟的措施，不得已晚播时要加强冬前管理，保全苗、促壮苗。春播作物可采用育苗移栽或地膜覆盖技术，提高有效积温，促进生育。

②加强肥水管理。间、混、套作的作物由于竞争，需要加强管理，促进生长发育。在间混作的田间，由于增加了植株的密度，往往感到水肥不足，应加强追肥和灌水。特别要注意解决好作物共生期间的需水、需肥的矛盾。在套作田中，矮位作物的生育受到抑制，生长弱，发育迟，容易形成弱苗或缺苗断垄。为了确保全苗壮苗，要在套播之前施用基肥，播种时施用种肥，在共处期间做到“五早”，即早间苗、早补苗、早中耕除草、早追肥、早治虫。一旦前作物收获后，及时进行田间管理。

③应用化学调控技术。应用植物生长调节剂，如缩节胺、802 等，对复合群体条件下的作物的生长发育进行调节和控制，具有控上（高层作物）促下（低层作物），协调各种作物正常的生长发育，塑造理想株型，促进生育成熟等一系列综合效应，具有投资少、见效快、效益高的优点。

运用生长调节剂进行调节，可协调各种作物个体发育与群体生长之间的矛盾，促进复合群体条件下高产、稳产。

④早熟早收。为了削弱复合群体内作物间的竞争关系，促进各季作物早熟早收，特别是对高位作物是不容忽视的问题。在间套作多熟种植的条件下，更应给

予注意。

促早熟，除化控技术外，如玉米在腊熟期提前割收，堆放后熟，改收老玉米为青玉米，改收大豆为青毛豆，也不失为一种行之有效的办法。

总之，作物及品种的选配是调整复合群体中作物间的相互关系，实现增产增收的基础；田间结构的优化配置是关键；生长发育的调控技术是协调种间关系，发挥间、套、混作技术优势的保证。

3. 作物间套作的优势

同单作的种植方式相比，间作套种有其明显的优势，可以有效地利用土地资源，提高土地利用率；提高复种指数和单位面积产量。

（1）间套作种植条件下，作物冠层透过的光较多，减少了漏光与反射光，提高了光能利用率；

（2）间作套种使植物根系在垂直深度和水平范围的分布产生差异，大大提高了根系吸收水分的面积，同时，增加了植物对地面的覆盖，降低了土壤水分的蒸发，提高了水分利用效率；

（3）实行高矮作物的间作套种，田间通风状况得到改善，促进了植物的光合作用；

（4）间作套种有效地减少了水、土、肥的淋溶和流失，保持土壤的疏松状态，其保温效应为微生物创造了适宜的生存环境，加速了土壤有机质的分解及腐殖化，提高了土壤肥力；

（5）利用生态系统中生物与生物、生物与环境之间相互依存的关系，建立起多层次、多物种共处的生态农业系统，提高了物质的转化率和利用率；

（6）根据作物对光照的不同要求，把喜阳作物与耐阴作物合理搭配，实行高矮秆作物的间作套种，利用上层作物对下层的荫蔽、下层作物对地面的覆盖及植物的蒸腾作用，改善了近地面大气的温度和湿度。

4. 作物间套作的主要类型与方式

（1）主要间作类型与方式。

①高秆作物和矮秆作物间作。高秆作物与低（矮）秆或无秆作物间作，使太阳光能得到充分利用。

玉米与豆类间作。豆类主要是大豆，其次是花生，少量的为绿豆、赤豆、菜豆、蚕豆等。玉米属禾本科作物，须根系，株高，叶窄长，为需肥较多的作物，而大豆等豆类作物为直根系，株矮，叶小而平展，为需磷钾较多的作物，较耐阴。两种作物共处，除密植效应外，兼有营养异质效应、边行优势、补偿效应、正对应效应，能全面体现间作复合群体的各种互补效应，增产增收效益好。

玉米与薯类间作。薯类主要是甘薯和马铃薯，这也是作物组配较好、应用较广的一种间作类型，具有玉米豆类间作类似的特点。薯类虽不属于豆类，但地下结薯，需磷钾较多，根浅，营养异质效应仍表现得十分明显。再加上薯类的生产潜力大，又比较耐阴，所以合理间作时产量较高。玉米甘薯的间作以山东、河北为多，一般在水肥较好的甘薯地上采用。

此外，还有高粱与黑豆、黄豆间作等模式。

②粮经间作。粮经间作的目的就是在有限的土地上“粮钱双丰收”，实现粮食增产、农民增收。如云南省丘北县发展玉米与豆类、辣椒、花生、马铃薯类、瓜类、魔芋、生姜、中药材、人工菌（地木耳、草菇、竹荪等）等间作模式。玉米与瓜果等蔬菜间作，如玉米行内种黄瓜，可防止黄瓜得花叶病；玉米行内栽种白菜，可减少白菜软腐病和霜霉病的发生。

③棉田间作。棉花的行距较宽，前期生长又较缓慢，因此，在棉花生长前期间作生长期短的作物，可以在稳定棉花生产的条件下，获得较高的经济收益。主要模式有：棉花与早春蔬菜的间作，蔬菜可为矮生速生的大蒜、圆葱、甘蓝、花椰菜、水萝卜等；棉花西瓜间作等。

④多年生作物间作。农林间作：如农桐间作、杉农间作等，对改善农田生态条件和增加农业的经济收入有较好的效果。

果、粮、菜间作：在果树盛果前间作一年生作物，北方地区于苹果、梨、桃等幼树下，间作豆、薯、花生、蔬菜等矮生作物；南方丘陵地区在果树、油茶、油桐、柑橘等的幼林中，间作秋冬菜、花生、大豆或夏季绿肥等。这种类型可以较充分地利用果树生长前期的较大空间生长粮、经、肥等作物，不仅可以增加地面覆盖度，减轻水蚀风蚀，还可借助于农作物投入的水肥，提高幼树的成活率和生产速度。另外，在平原地区的以粮、经作物为主，间作果树（桑）等，典型的为粮枣间作，主要分布在山西、河北、山东、河南、陕西、甘肃等 6 个主要产枣省。在江南地区，桑粮间作也具有一定的代表性。

（2）主要套作类型与方式。

套作具有充分利用时间和空间的双重意义，在生产中比间作有着更明显的增产作用。全国套作类型中，以麦田套作面积最大。

①麦田套作两熟。这种类型主要分布在一年一熟热量有余，接茬复种两熟热量又不足的地区，大面积适用于华北、西南、鄂西等地。麦田套作的作物有各种粮食作物、经济作物、绿肥作物和瓜菜等。

小麦套作玉米：这是我国华北平原玉米产区普遍采用的一种种植方式。

窄背套作主要分布在≥10℃的积温大于 4 100℃、复种玉米热量仍较紧张的地区或两熟热量不足的地区为保玉米的稳产而采用。理论模式是：玉米按栽培特性确定行距，宽窄行或等行距。小麦播种时按夏玉米所需行距预留出套种行，套种行的宽度只要能够进行套种作业即可。预留套种行间的小麦行距依小麦品种丰产的要求而定，从而决定小麦的行数。小麦收获前 10 d 左右套种玉米，使小麦收获时玉米正值 3 叶期。

宽背早套模式是在≥10℃的积温为 3 600～4 100℃的地区采用，目的是能在麦行中早套中、晚熟玉米，以显著提高玉米产量，并保持小麦产量基本不减产时采用。其理论模式为：玉米早套的具体时期，依补足当地麦收后直播玉米所缺少的积温为标准，但套作的最早时期不能使玉米在麦行中进行穗分化，以免小麦直接影响穗分化过程和中下部叶片的生长，降低玉米的产量。小麦玉米共生期为减少小麦对早套玉米的不利影响，必须预留较宽的套作行，但又要保证小麦实播面积和玉米密度，故宜每套种带套作双行玉米，双行玉米间的窄行距宜在 40 cm 左右。确定玉米套作的宽行距，应使全田玉米平均行距不超过单作玉米的最大可能行距（一般为 1 m），这样有利于保证玉米的每亩正常密度，玉米的最小株距可为 13～20 cm。套作带间小麦播种的行距和行数，依小麦品种和地力而定。地力高的，可成畦种植，行数较多；地力差时，可在沟底（垄上种玉米），行数较少。为增加小麦边行优势，可增加边行播量。

②麦田套作三熟。南方盆地丘陵地区，在一年三熟不足、两熟有余的气候带，旱地发展“麦、玉米、甘薯”三熟制，即小麦套玉米、小麦收后在玉米行间套甘薯，简称“旱三熟”。

③粮、饲套作。晚稻套作绿肥，这是南方双季稻田普遍采用的方式，冬季绿肥主要为紫云英。套播绿肥时主要要解决水稻需水与绿肥发芽出苗怕水渍的矛盾。在北方稻田套作的绿肥主要是苕子，面积不大。小麦套作绿肥在西北各省、东北各地都比较普遍，它具有春夏不占地、秋季不争水、粮肥协调、用养结合、农牧兼用的特点。套作的绿肥有草木樨、绿豆、田菁、毛苕子、豌豆等。

④其他套作方式。果菜间套作：葡萄与蘑菇、草莓间作栽培，枣树与豆类、西瓜等果菜间作。另外还有大棚杏与番茄间作栽培，桑套种大蒜、香菜、菠菜等。

花菜间套作：万寿菊、切花菊、郁金香、菊花、玫瑰等与蔬菜间套作。如万寿菊等与蔬菜间作后，对多种害虫有驱避作用。

（二）作物间套作的生态功能

1. 提高水分利用率

间套作对水分需求增加不大，但能提高水分利用率，这可能是通过以下途径实现的：

（1）与单作相比，间作提高了蒸腾量在蒸腾蒸发水分损失总量中的比例。很多研究表明，由于间作种植下作物的种植密度比单作种植下作物密度要高，因此，在生长前期，间作种植下叶面积指数高于单作，间作光截获量要高于单作，CO_2固定量增加。同时，由于增加了植物覆盖，则减少了土壤蒸发，尤其是在作物生长的早期，从而增加了植物蒸腾占蒸腾蒸发量的比例。

（2）在间套作中，具有较高水分利用效率的作物会获取较多的水分。如在间作系统中，水分利用效率高的C4作物，通过与非优势C3作物的竞争，获取到更多的水分，即在间作总吸水量中占有较大的比例，对间作产量增加的贡献较大。

（3）由于间作大都是由不同高度的作物组成，通过高秆作物对低秆作物的遮阴作用，使低秆作物的蒸腾蒸发量相对减少，从而减少单位面积水分的消耗量，不同程度地实现了节水目的。

（4）间套作种植条件下，由于间套作种植模式中的作物生育期长短一般不同，播种期一般也不同，因而需水高峰期一般不同步，这样就可以使间套作种植中相邻两条带间水分侧向运移或根系相互穿插，缓解需水高峰期作物的受旱程度，达到高产高效用水目的。

2．提高养分利用率

作物间套作可以相互利用作物残体分解的或根系分泌的物质活化土壤养分，大大提高作物对养分的吸收量，对作物增产增收有较大的作用。但不同作物对养分的需求与吸收存在着一定的差异：一方面使得土壤中某些养分的利用率提高，减少其残留量，对环境改善有积极的作用；另一方面，也会对某些养分存在竞争吸收，造成养分的亏缺。

3．减少污染输出

在作物生产过程中，化肥、农药大量施用以及污水灌溉、粉尘污染等，造成土壤中硝酸盐、农药和重金属的大量累积，严重威胁着粮食生产和地下水的生态安全。研究表明，玉米与空心菜、玉米与黑麦草、小麦与玉米及蚕豆与玉米、玉米与木薯等间作体系都降低了土壤中的硝酸盐含量。玉米与鹰嘴豆间作可显著减少玉米地下部对铅的吸收。

（三）作物间套作削减农田面源污染输出的机理

1．增加地表覆盖，减少地表径流与养分流失

单一种植制度的径流量大于轮作制度，轮作制度又大于果农间作种植制度。地表覆盖度与径流量呈显著的负相关关系。针对农田地表径流与降雨间的相关性，通过间套作制度增加雨季，尤其是强降雨季节农田地表的植被覆盖，能有效削减农田地表径流产生，减少水土与养分流失，削减农田地表径流导致的污染输出。

2. 促进作物吸收土壤中的营养物质，减少土壤营养物质累积

根据生态位理论，作物各自占据不同的生态位，将会使竞争作用降低，不同作物根系扎根深度不同，作物吸收养分的区域也有所不同，利用不同层次的养分会降低作物间的竞争。通过深根系作物和浅根系作物间作，能降低土壤中或作物中的硝酸盐等营养物质含量。这样既可以提高肥料的利用率，同时减少硝酸盐新的累积。间作可以降低土壤中的硝酸盐等营养物质含量已为一些试验所证实，如蚕豆/燕麦/春小麦、玉米/黑麦草、小麦/玉米、蚕豆/玉米及玉米/空心菜等间作体系都降低了土壤中的硝酸盐等营养物质含量。

三、实习地介绍

1. 滇池流域

滇池流域位于云贵高原中部，地理坐标为东经 102°229′—103°201′，北纬 24°229′—25°228′，地处长江、红河、珠江三大水系分水岭地带，流域面积 2 920 km^2，整个流域为南北长、东西窄的湖盆地，地形可分为山地丘陵、淤积平原和滇池水域三个层次。山地丘陵居多，约占 69.5%；平原占 20.2%；滇池水域占 10.3%。

滇池流域属北亚热带湿润季风气候，多年平均气温 14.7℃，平均降雨量 953 mm，年平均蒸发量 1 409 mm，具有低纬山原季风气候特征，冬无严寒、夏无酷暑、冬干夏湿、干湿分明。流域内自然植被以亚热带常绿阔叶林为主，次生植被以云南松及华山松为主，森林覆盖率 48.9%。

滇池属长江流域金沙江水系，位于昆明市西南，属断陷构造湖泊，是云贵高原湖面最大的淡水湖泊，滇池在 1 887.4 m 高水位运行下，平均水深 5.3 m，湖水面积为 309 km^2，库容 15.6 亿 m^3。多年平均水资源量 9.7 亿 m^3，扣除多年平均蒸发量 4.4 亿 m^3，实有水资源量 5.3 亿 m^3。滇池水域分为草海、外海两部分，现由人工闸分隔。草海位于滇池北部，外海为滇池的主体，面积约占全湖的 96.7%。草海、外海各有一人工控制出口，分别为西北端的西园隧道和西南端的海口中滩闸。据滇池水利志记载，1969—1978 年围海造田约 34 950 亩，使滇池湖面积缩小 23.3 km^2。

注入滇池的主要河流有二十多条，水量较大的有盘龙江、宝象河、新运粮河、老运粮河、船房河、大清河、洛龙河、捞鱼河、梁王河、柴河、大河、东大河、古城河、护城河等。滇池水经螳螂川、普渡河流入金沙江。滇池全流域均在昆明市辖区内，包括昆明市五华、盘龙两城区和西山、官渡、呈贡、晋宁、嵩明五个区县的 38 个乡镇，2000 年滇池流域内户籍人口 220 万人。

滇池流域是云南省花卉和粮食主产区，有耕地面积 34.3 万亩，其中蔬菜和花卉种植面积分别为 23.5 万亩和 7.55 万亩。粮食作物、少量花卉、蔬菜采用传统方

式种植，绝大部分蔬菜、花卉采用大棚方式种植。长期以来大量施用的化肥、农药及农田废弃物、养殖业排泄物等已成为滇池流域农业面源污染的主要因素。

2. 晋宁县农业概况

晋宁县是滇文化发祥地、航海家郑和故里、世界著名磷都之一。地处滇池西南岸，是新昆明规划建设的南城区、西城区所在地。位于云南省昆明市南 40 km 处，地处东经 120°13′—120°52′，北纬 24°24′—24°28′。全县辖 3 镇 6 乡，总面积 1 230.86 km^2，全县总人口 27.3 万人。晋宁县辖 7 个镇、2 个民族乡。县境内属亚热带季风气候，年平均气温 15.7℃，年平均降雨量 907.1 mm，年平均相对湿度 74%，年日照时数 2 316 h，全年无霜期 313 d，冬无严寒，夏无酷暑。

晋宁县是滇池流域的主要农业区，2009 年全县种植粮食作物 18.95 万亩，蔬菜 16.15 万亩，花卉种植面积 4 万亩，传统种植方式占有主导地位。晋宁县凭借良好的自然资源优势，大力发展城郊现代农业，重点发展蔬菜、花卉、奶牛养殖产业。发展至今，蔬菜、花卉、奶牛养殖产业已成为晋宁县的重要优势特色产业。

四、实习内容

通过设计小区和种植模式，在小流域/汇水区的尺度上进行定位观测，测定土壤污染物含量，主要污染物指标为氨态氮、硝态氮、速效磷；监测暴雨径流量和径流水质，主要研究指标为每场降雨的降雨强度、持续时间，径流产生量，径流中 COD、TN、TP、SS 的含量，径流中污染物的含量（通量）按单场降雨、逐日、逐月、逐年分别统计，确定污染物的输出情况，解析作物间套作生态功能。

五、方法

1. 资料查阅

（1）通过仔细阅读实习指导书明确实习目的、要求、对象、范围、深度、工作时间、所采用的方法及预期所获的成果；

（2）对调查研究地的相关资料（如地区的气象资料、地质资料、土壤资料、地貌水文资料、林业、畜牧业以及社会、民族情况等）进行收集，加以熟悉。

2. 设计小区与种植模式

（1）试验小区设计。在试验地分割整理成小区，小区面积设定为 30 m^2。在每个小区底部均开挖一个体积约为 1 m^3（1 m×1 m×1 m）蓄水池，用以测量小区径流量。

（2）间套作模式设计。

①供试作物。当地普遍栽培的玉米、青花、白菜、豌豆等作物。

②种植模式。

A 处理：玉米‖青花（1∶2）—玉米‖豌豆（1∶1）；

B 处理：玉米‖白菜（1∶2）—玉米‖豌豆（1∶1）；

C 处理：青花单作—豌豆单作；

D 处理：白菜单作—豌豆单作；

E 处理：玉米单作。

③种植规格。

A 处理：1 行玉米间作 2 行青花，规格：

玉米：150 cm（行距）×20 cm（株距），栽培密度 2500 株/亩，110 株/小区。

青花：60 cm（窄行）＋90 cm（宽行）×30 cm（株距），栽培密度 2800 株/亩，126 株/小区。

B 处理：1 行玉米间作 2 行白菜，规格：

玉米：150 cm（行距）×20 cm（株距），栽培密度 2500 株/亩，110 株/小区。

白菜：60 cm（窄行）＋90 cm（宽行）×30 cm（株距），栽培密度 2800 株/亩，126 株/小区。

C 处理：青花等行距单作，栽培密度 2800 株/亩，126 株/小区。

规格：80 cm（行距）×30 cm（株距）。

D 处理：白菜等行距单作，栽培密度 2800 株/亩，126 株/小区。

规格：80 cm（行距）×30 cm（株距）。

E 处理：玉米等行距单作，栽培密度 3900 株/亩，175 株/小区。

规格：80 cm（行距）×20 cm（株距）。

3. 作物种植与管理

按当地种植技术水平开展施肥、病虫害防治等方面的田间管理。

4. 测定方法

采样时将集水桶中的水及泥沙搅拌均匀，取中间部分水样，每次采集 1 L 水样。采集后立即运往实验室，放冰箱冷藏保存。剩余水体采用 1.0 L 的量筒测定集水桶中水的体积（V_o），精确至 0.1 L，地表径流产生量（V）按公式 $V=V_o/3$，得到不同种植模式地表径流产生量（m^3/hm^2）。

土壤理化性状分析按土壤农化常规方法进行，氨态氮采用靛酚蓝比色法；硝态氮采用紫外分光光度法；速效磷采用钼锑抗比色法。

参照国家标准，TN 和 TP 在 2 d 内完成测定，其余指标 7 d 内完成测定。水体 SS 采用烘干称重法，水样用 0.45 μm 玻璃纤维微孔滤膜过滤后进行测定 TN、TP 和 COD，TN 采用过硫酸钾氧化-紫外分光光度法，TP 采用钼锑抗分光光度法，COD 采用重铬酸钾法（国家环境保护总局《水和废水监测分析方法》编委会，2002）。

六、工具与仪器

水样采集器、土壤水分含量速测仪、自记雨量计、土壤采集设备。

七、思考题

1．滇池流域作物间套作种植模式有哪些？其生态效益如何？
2．作物间套作削减农田地表径流污染的机制是什么？

八、记录表

表 1-18　面源污染产生量统计表

日期（年月日）	降雨起止时间	降雨量/mm	小区面积/m^2	径流量/m^3	径流中污染物含量/（mg/L）			
					COD	TN	TP	SS

表 1-19　表土养分含量统计表

测定日期（年月日）	样点编号	样品层次（0～20 cm，20～50 cm）	土壤容重/（kg/m^3）	土壤中养分含量/（mg/L）					
				TOC*	TN	TP	TDP**	氨态氮	硝态氮

*TOC：总有机碳；**TDP：总溶解磷。

表 1-20 药肥施用记录统计表

施用日期（年月日）	品名	主要有效成分含量/%	施用量/kg	施用范围/m^2

表 1-21 种植情况统计表

作物（蔬菜）名称	种植日期（年月日）	收获日期（年月日）	种植方式	种植面积/m^2	产量/kg	产值/元

表 1-22 市场调查表

调查日期（年月日）	作物（蔬菜）名称	批发价/（元/kg）	零售价/（元/kg）	当天交易量/t

第二章　环境土壤实习

实习一　土壤剖面的挖掘与观察

一、目的

土壤剖面形态是土壤内部物质性质的外在表现，是土壤长期发育过程中现阶段的标志。观察研究剖面是识别土壤和评价土壤的重要方法之一，现场观察土壤的各种形态特征，可以了解成土因素的影响和土壤特性，是土壤工作的一个重要内容。学会土壤剖面的观察分析技能，有利于确定土壤类型，找出其生产上的问题，从而提出合理利用改良的措施。

在生产实践中，为了建立苗圃和各种种植园，以及在进行各种自然资源调查时，土壤条件是必不可少的调查内容。本实习旨在使学生初步掌握土壤剖面观察的基本方法和技能。

二、原理

（一）土壤剖面介绍

土壤剖面是指从地面向下挖掘所裸露的一段垂直切面，深度一般在 2m 以内，是土壤垂直断面中土层（可包括母岩）序列的总和。通常由人工挖掘而成，供观察和研究土壤形态特征用。因修路、开矿或兴修水利设施时显露的土壤垂直断面称为自然剖面。

不同类型的土壤，具有不同形态的土壤剖面。土壤剖面可以表示土壤的外部特征，包括土壤的若干发生层次、颜色、质地、结构、新生体等。不同的土壤类型有其特征性的土壤发生层组合，从而产生不同的土壤剖面构型。通常按 A、E、B、C 等土壤发生层的出现和序列（即剖面分异和发育阶段）分为 AC 剖面、ABC

剖面、AEBC 剖面、BC 剖面等类型。也可按剖面分异发育状况分为原始剖面、弱分异剖面、正常剖面、侵蚀剖面、异源母质剖面、多元发生剖面、翻动剖面等。

剖面还可按基本发生层在土壤形成上的分异进行细分，用小写字母作为后缀表示该发生层的类型，例如，Ah 表示腐殖质表层，Bh 表示腐殖质淀积层，Bt 表示黏粒淀积层，Ap 表示耕作层等。用这种发生层序列反映的土壤剖面构造类型可作为鉴别成土类型和进行土壤分类的依据。美国土壤工作者在 1960 年提出，并在 1975 年完善了土壤诊断层（diagnostic horizons）的概念，用以反映土壤剖面中最能说明土壤特征、特性并具有明确的形态、数量指标的发生层，作为鉴别各级土壤类型的依据之一。现诊断层的概念已渐为人们所熟悉和采用。

根据剖面构型可分为简单剖面和复杂剖面。

简单剖面包括：

原始剖面：剖面上只有 A 和 AC 层。

弱分异剖面：剖面层次分异不明显，各层之间无明显界线。

侏儒剖面：发生层完整，但每一土层的厚度甚薄。

巨型剖面：热带气候条件下高度风化形成的超深厚剖面，厚度可达数米至 10 余米。

侵蚀剖面：土壤剖面上部部分层次被侵蚀掉。

复杂剖面包括：

异源母质剖面：土壤剖面上部土层的成土物质与底部基岩或母质组成不一致的剖面。

埋藏剖面：由于后来物质覆盖，在土壤剖面的一定深度中出现一个或一个以上埋藏层或埋藏剖面的剖面。

堆叠剖面：原来的土壤剖面多次被沉积物质覆盖，或由于大量使用泥肥、土粪等使土壤表层或耕层不断垫高。

翻动剖面：剖面表土层以下的土层经人为翻动到地表。

人造剖面：在采矿、兴修水利等活动后，将混杂的土壤物质堆积或填回而形成的剖面。

下面介绍几种剖面种类：

1. 自然剖面

由于人为活动而造成的土壤自然剖面，例如，新修公路、铁路，工程或房屋建设，矿产开采，新修水利，平整土地和取土烧砖瓦，以及河流冲刷、塌方等，均可形成土壤自然剖面。自然剖面的优点是垂直面比较深厚，可观察到各个发生土层和母质层，同时暴露范围比较宽广，可见到土层薄厚不等的各种土体构型的剖面，这就有利于选择典型剖面，比较不同类型土体构型的剖面，对分析研究土壤分类、土壤特性、土壤分布规律都比较有利。自然剖面的缺点是暴露在空气中较久，因受风吹日晒雨淋的影响，其剖面形态特征已发生了变化，不能代表当地土壤的真实情况，因而，它只能起参考作用，不宜做主要剖面。但一些最新挖掘的自然剖面，也可选其典型者做主要剖面；如果是形成已久的自然剖面，则在进行观测时，应加整修，以挖除表面的旧土，使其暴露出新鲜裂面。

2．人工剖面

人工剖面是根据土壤调查绘图的需要，人工挖掘而成的新鲜剖面，有的也叫土坑。

3．主要剖面

主要剖面是为了全面研究土壤的发生学特征，从而确定土壤类型及其特性，而专门设置挖掘的土壤剖面，它应该是人工挖掘的新鲜剖面，从地表向下一直挖掘到母质层（或潜水面）出露为止。

4．检查剖面

检查剖面，也叫对照剖面，是为对照检查主要剖面所观察到的土壤形态特征是否有变异而设置的。它一方面可丰富和补充修正主要剖面的不足；另一方面又可以帮助调查绘制者区分土壤类型。检查剖面应比主要剖面数目多而挖掘深度浅，其深度只需要挖掘到主要剖面的诊断性土层为止，所挖土坑也应较主要剖面小，目的在于检查是否与主要剖面相同。如果发现土壤剖面性状与主要剖面不同时，就应考虑另设主要剖面。

5．定界剖面

定界剖面顾名思义是为了确定土壤分布界线而设置的，要求能确定土壤类型即可。一般可用土钻打孔，不必挖坑，但数量比检查剖面还要多。定界剖面只适用于大比例尺土壤图调查绘制中采用，中、小比例尺土壤调查绘制中使用很少。

（二）剖面的形成

土壤剖面各发生层次的形成是成土过程中，原生矿物不断风化，产生各种易溶性盐类、含水氧化铁、含水氧化铝以及硅酸等，并在一定条件下合成不同的黏土矿物。同时通过土壤有机质的分解和腐殖质的形成，产生各种有机酸和无机酸。在降雨的淋洗作用下引起土壤中的这些物质的淋溶和淀积，从而形成了土壤剖面的各种发生层次。

淋溶作用：指土壤中的下渗水，从土壤剖面的上层淋溶或浮悬土壤中某种成分的作用。因此，一般将土壤剖面的上层称为淋溶层或简称 A 层。

淀积作用：指下渗水到达剖面下层沉淀其中某些溶解物或悬浮物的作用。因此，土壤剖面的下层一般称为淀积层或简称 B 层。B 层之下一般是未受淋溶或淀积作用的土壤母质层，简称C层。土壤母质下面，如果是未风化的基岩，称为基岩层或简称D层。

淋溶作用和淀积作用密切联系，是物质转移过程所导致的两种结果。土壤水携带着溶解或悬浮的物质产生的移动，称为物质的转移作用。这种转移作用分为物理性转移和化学性转移。物理性转移是矿物质与有机物质胶粒以及其他微粒，从A层到B层沉淀下来，使B层质地相对变黏，干燥时亦可发生裂隙；化学性转移是矿物在风化过程中产生的可溶性盐类等，从A层随着下渗水下移，或停积在B层或到达地下水层而流失。草原区域因易溶性盐的聚积常生成石灰质和石膏质硬盘。温带森林区域含铁铝的有机和无机胶体可悬浮在渗漏水和毛管水中，从A层移动到B层，亦可形成铁质硬盘。

（三）剖面观察指标

1. 土壤颜色

土壤颜色是土壤内在物质组成外在色彩的表现，是土壤最显著的特征之一，它在一定程度上反映土壤的物理组成和成土过程。由于土壤的矿物组成和化学组成不同，所以土壤的颜色是多种多样的。通常在鉴别土壤层次和土壤分类时，土壤颜色是非常明显的特征。土壤颜色采用芒塞尔颜色命名系统，将土块与标准颜色卡对比，给予命名。给土壤的颜色定名时，用一种颜色常常有困难，往往要用两种颜色来表示，如棕色，有暗棕、黑棕、红棕等。

决定土壤的颜色，主要有以下几种物质：腐殖质含量多时，使土壤颜色呈黑色；含量少时，使土壤颜色呈暗灰色。在土壤中的氧化铁一般多为含水氧化铁，如褐铁矿、针铁矿等，这些矿物使土壤呈铁锈色和黄色。石英、斜长石、方解石、高岭石、二氧化硅粉末、碳酸钙粉末等，它们都能使土壤呈白色。氧化亚铁广泛出现在沼泽土，潜育土中，它使土壤具有蓝色或青灰色，如蓝铁矿，这类矿物为白色，但遇空气中的氧即很快变为青灰色。

除物质成分影响土壤颜色外，土壤的物理性状不同，也会使土色有所差别。例如，土壤愈湿，颜色愈深，土壤愈细，颜色愈浅，光线愈暗，颜色愈深。所以在比较土壤颜色时，必须注明条件。

2. 土壤结构

土壤结构就是土壤固体颗粒的空间排列方式。自然界的土壤，往往不是以单粒状态存在，而是形成大小不同，形态各异的团聚体，这些团聚体或颗粒就是各种土壤结构。根据土壤的结构形状和大小可归纳为块状、核状、柱状、片状、微团聚体及单粒结构等。

土壤的结构状况对土壤的肥力高低，微生物的活动以及耕性等都有很大的影响。同时一些人为的活动将在很大程度上破坏土壤的结构，如森林采伐后，由于重型机械的使用将导致土壤被压实，土壤表层结构被破坏。

3. 土壤质地

土壤质地是土壤中各种颗粒，如砾、砂、粉粒、黏粒的重量百分含量。土壤质地影响土壤肥力，如土壤持水力、土壤通气性、有机质的储存、营养元素的吸附和土壤的耕性，从而影响树木的生长。

准确测定土壤质地要用机械分析来进行，但在野外常用指测法来判断土壤质地，将土壤质地分为砂土、砂壤土、轻壤土、中壤土、重壤土、黏土等。

4. 土壤湿度

土壤水分是植物生长所必需的土壤肥力因素。根据土壤水分含量，在野外将土壤湿度分为干、潮、湿、重湿、极湿等。

5. 新生体

在土壤形成过程中新产生的或聚积的物质称为新生体，它们具有一定的外形和界限。新生体可以按它们的外观分类，也可按它们的化学组成来分类。按外观分，新生体可分为盐霜、盐斑、结核等。按照化学组成分，新生体可由易溶性盐类组成，如氯化钠、硫酸钠、碳酸钙等；还有由晶质或非晶质的化合物组成，如含水氧化铁的化合物、氧化亚铁的化合物、锰的化合物、二氧化硅和有机物等。

新生体是判断土壤性质、土壤组成和发生过程等非常重要的特征。例如，盐结皮和盐霜，表示土壤中有可溶性盐类的存在。锈斑和铁结核是近代或过去，在水影响下产生于干湿交替的特征。

6. 侵入体

位于土体中，但不是土壤形成过程中聚积和产生的物体，称为侵入体。侵入体有砖头、瓦片、铁器和瓷器等。一般常见于耕作土壤中，可判断人为经营活动对土壤层次影响所达到的深度，以及土层的来源等。

三、实习地介绍

昆明西山位于昆明城西约 20 km，最高海拔 2 600 m，龙门绝壁 2 500 m（滇池水面 1 884 m），南北方向延长约 10 km，东侧以峭壁紧邻滇池。

下寒武纪时昆明为一片浅海，气候温和，生物繁盛，与当时的四川海、广西海、贵州海连成一片广海，称扬子海。当时四川西昌至云南元谋以南为一狭长南北向陆地，称康滇古陆，昆明为古陆东侧的一个凹陷盆地，称为昆明边缘凹陷，是沉积物聚集的良好场所，沉积了很厚的下寒武纪地层，为全国下寒武纪地层最发育的地区之一。下寒武纪之后本区地壳缓上升，出露水面，沉积作用停止，接受风化剥蚀，经历了 1.5 亿年左右的陆地历史。缺失了中、上寒武纪、奥陶纪、志留纪、下泥盆纪的沉积。中泥盆纪时，华南大面积的地壳下沉，海水上升，陆地面积缩小，本区再次下沉入水，经历了中、上寒武纪外，其余全为碳酸盐（石灰岩、白云岩）岩类的沉积，总厚度约600多m。在这段时期中，本区曾数次上升为陆地，但总体来说，出露水面时间短暂，大部分时间为水体覆盖。

下二叠统茅口灰岩沉积之后，本区上升为陆地，大面积裂隙性的火山岩浆喷发，形成面积宽、厚度大的玄武岩，该玄武岩在我国西南分布广泛，称为“峨眉山玄武岩”。球状风化、柱状节理都很发育。至中生代时下陷为内陆湖，接受了沉积；第三纪、第四纪主要是处于风化剥蚀阶段。

西山地区，在1.3亿年前，本区地壳运动比较缓慢，以不均匀的断块上升为主，岩层基本保持着水平状态，或微微的倾斜，但后来由于一次对中国影响较大的地壳运动——燕山运动，使本区岩层发生了褶曲，但仍然处在准平原阶段，特别是在2500万年以后，由于地壳运动的影响，复活了南北方向的西山大断层，西盘上升成为西山；东盘下降、凹陷、四方流水汇集形成滇池。断面即为当今的峭壁，壁上尚有两盘相对运动的摩擦痕迹——断层擦痕，及运动时挤压破碎的石灰岩破碎带，经碳酸钙胶结而成断层角砾石。

四、实习内容

（一）土壤剖面的选择

土壤剖面应根据植被、小气候、小地形、岩石和母质类型，选择有代表性的地点；一般不要以路边的断面做观察剖面，也不要在人为影响较大的地方（如肥堆、沟边、陷阱边、路旁等）设置观察剖面或采集土样；水田不能设置在田角和田基旁。林地土壤调查时，应考虑下列几点：

地面植被分布均匀（包括更新幼林、下木、草本及苔藓等），应避免开枯立木、虫腐木等非代表性植物，在疏密度和林冠郁闭度中等、离优势树种干茎1～2 m的地方挖掘剖面。应避开林中空地、林班线和林内道路，设置在较平坦和无积水的地方。在采伐迹地设点时，应考虑残留树、更新幼树的分布和长势情况。

（二）土壤剖面的挖掘

土壤剖面的点选定后，即可开始挖掘，规格一般为：长1.5～2 m，宽0.8～1 m，深度以达到母质、母岩或地下水面，其深度因土而异。对发育于基岩上的土壤，一般挖至露出母岩为止；通常深 1～3 m；对沼泽土、潮土、盐土和水稻土等地下水位较高的土壤以出现地下水为止。挖出的表土与心土要分别堆置于剖面坑的两侧。观察面上沿的地表不能堆土和走动，以免影响观察、采样。观察面上方不要踩踏和堆土，以保持植被和枯落物的完整，观察面应向阳，丘陵山地的观察面应与坡向同向。较平坦的地方，观察面对面应修成阶梯状，以利于观察者上下土坑。

在山坡上挖掘剖面时，应使剖面与等高线平行（与水平面垂直）。农田、苗圃、果园等种植园挖掘剖面时，应将表土与底土分别堆放在剖面两侧，观察结束填埋土坑时，不应使土层搅乱。

剖面挖好后，应用小锄修理观察面，尽量使土壤的自然结构面表现出来，以便正确判别土壤特征。先按形态特征自上而下划分层次，逐层观察和记载其颜色、质地、结构、孔隙、紧实度、湿度、根系分布、动物活动遗迹、新生体以及土层界线的形状和过渡特征。接着根据需要进行 pH 值、盐酸反应、酚酞反应等的速测。最后自下而上地分别观察、采集各层的土样，并将挖出的土按先心底土、后表土的顺序填回坑内。

（三）土壤剖面性态的观察

①土壤颜色。

②土壤质地。在野外鉴定土壤质地可用手测法，采用我国土壤质地分类手测法分类标准（表 2-1）：

表 2-1　我国土壤质地分类手测法

质地组	质地名称	捻磨时的感觉	干燥时的状态	潮湿时的状态
砂土	粗砂土 细砂土 面砂土	有含砂粒的感觉 很粗糙 粗糙 较粗糙	呈散粒	形成流沙
壤土	砂粉土	有细滑、均质感	土块较松散	易沉浆
	粉土 粉壤土 黏壤土 砂黏土	有细滑和含砂的感觉 有细滑感，如摸面粉一样 有细滑、均质感 有均质、微黏感 有砂而黏的感觉	稍用力可弄碎土块	—
黏土	粉黏土 壤黏土 黏土	有细而黏的感觉 较细而黏的感觉 细而黏的感觉 很细而黏的感觉	形成坚硬的土块 土块较坚硬 土块坚硬 土块很坚硬，用工具才能打开	形成泥浆

③土壤结构。野外观察土壤结构应以土壤湿度较小时为准。观察时用手轻捏土块，使之自然破碎，根据土体形态判断土壤结构的类型（表 2-2）。

表 2-2　土壤结构类型及大小的区分

类型	形状	结构单位	大小
结构体沿长、宽、高三轴平衡发展	块状：棱面不明显，形状不规则，界面与棱角不明显	大块状结构 小块状结构	直径＞100 mm 100～50 mm
	团块状：棱面不明显，形状不规则，略呈圆形，表面不平	大团块状结构 团块状结构 小团块状结构	50～30 mm 30～10 mm ＜10 mm
	核状：形状大致规则，界面较平滑，棱角明显	大核状结构 核状结构 小核状结构	＞10 mm 10～7 mm 7～5 mm
	粒状：形状大致规则，有时呈圆形	大粒状结构 粒状结构 小粒状结构	5～3 mm 3～1 mm 1～0.5 mm
结构体沿垂直轴发育	柱状：形状规则，具明显的光滑垂直侧面，横断面形状不规则	大柱状结构 柱状结构 小柱状结构	横截面直径＞50 mm 50～30 mm ＜30 mm
	棱柱状：表面平整光滑，棱角尖锐，横断面略呈三角形	大棱柱状结构 棱柱状结构 小棱柱状结构	＞50 mm 50～30 mm ＜30 mm
结构体沿水平轴发展	片状：有水平发育的节理平面	板状结构 片状结构	厚度＞3 mm ＜3 mm
	鳞片状	鳞状结构	结构体小
	透镜状：结构体上下部均为球面	透镜状结构	

④新生体。土壤新生体是土壤形成过程中产生的物质，它不但反映出土壤形成过程的特点，而且对土壤的生产性能有很大的影响。观察土壤剖面时，要对新生体的种类、形状、数量与出现的部位详细加以记载和描述。土壤新生体通常依附于土壤结构的表面，或填充于空隙、裂隙之中。按其化学成分可分成易溶性盐、碳酸盐、石膏、铁锰氧化物、铁的还原性产物、硅酸等。常见的有砂姜、假菌丝体、锈纹、锈斑、铁锰结核等。

⑤侵入体。侵入体是指机械混入土壤中但不参与成土过程的物质，如石块、砖瓦片、铁木屑、贝壳、炉渣等。它反映了人为因素影响的强度。观察时应注意侵入体的种类、数量及出现的部位，借以了解侵入体的来源和成土环境的某些特点。

⑥土壤干湿度。是指土壤剖面中各土层的自然含水状况。分级标准如下：

干：土壤呈干土块或干土面，手试无凉意，用嘴吹时有尘土扬起。

润：手试有凉意，用嘴吹时无尘土扬起。

湿润：手试有明显潮湿感觉，可捏成土团，但落地即散开。放在纸上能使纸变湿。

潮湿：土样放在手中可使手湿润，能捏成土团，但无水流出。

湿：土壤水分过饱和，用手压土块时有水分流出。

⑦紧实度。野外鉴定时可根据土钻（或竹筷）入土的难易进行大致划分，分级标准如下：

松：不加或稍加压力土钻即可入土。

散：加压力时土钻能顺利入土。

紧：土钻要用力才能入土，取出时稍困难。

极紧：需要用大力土钻才能入土，取出时很困难。

⑧石灰性反应。用10%稀盐酸直接滴在土壤上，观察泡沫反应的有无、强弱。标准如下：

无石灰性反应：滴加盐酸无气泡，无声，以“－”表示。

少量石灰：缓慢发生小气泡或难以发生气泡，但可听到响声，以“＋”表示。

中量石灰：明显放出气泡，以“＋＋”表示。

多量石灰：气泡发生急剧、持久，声音大，以“＋＋＋”表示。

⑨酸碱度。取土样少许，于清洁的白瓷比色盘穴中（土壤约占孔穴的二分之一，约0.5g）滴加混合指示剂，使土样润湿后，再加1～2滴，使混合指示剂有少许余液，轻轻画圆摇动，使土液混合均匀，静置1min后，观察边缘溶液的颜色，与比色卡比色，读数（表2-3）。

表2-3　pH值与颜色对应表

pH	4	5	6	7	8	9	10	11
颜色	红	橙	黄	草绿	绿	暗蓝	紫蓝	紫

（四）土壤剖面性态的记载

记载项目有：

（1）对剖面编号，可按所调查的一系列剖面顺序编号，也可自行编号。

（2）观察点要写明观察剖面的详细位置。

（3）海拔高度可根据地形图上标高点或海拔仪指示的高度来记载，也可根据附近已知海拔高度来估算。

（4）地形可分为大地形和小地形两种类型。大地形指相当大面积内，某一种地形占据很大的地段，海拔高度变化可从数十米至数百米以上。小地形则指某一种地形面积较小，相对高差10m以下，可分为平坦（高差1m以下）、较平坦（高差1～2m）、起伏（高差>2m）等。

（5）坡向、坡度都根据手持罗盘仪确定，坡向均用方向角表示，方向角的读法为自南或北起读偏东或偏西若干度，如南偏东35°应写成“南35°东”或“S35°E”，北偏西60°写成“北60°西”或“N60°W”，方向角均不超过90°。

（6）地类指土地现在的利用情况，如林地、迹地、农田等。

（7）地面侵蚀情况：自然侵蚀主要有水蚀、风蚀、重力蚀三种。一般主要记载水蚀情况，如遇风蚀和重力蚀则另行详细记载。水蚀分为片蚀（土壤流失）和沟蚀（冲刷）两类。

（8）地下水水位可根据剖面挖掘地下水出露的深度来记载或从附近水井中观测。

（9）排灌情况：土壤排水根据地表径流、土壤透水性及土内排水情况分为：①排水不良：在土壤中地下水水面接近地表，土质黏重，呈蓝灰色，或具有大量锈纹锈斑。②排水良好：水分在土壤中容易渗透，多为质地较轻的土壤。③排水过速：在较陡斜的山坡或丘顶，水分沿地表流失，很少进入土壤中，或在某些砂土及砾质土壤中，大孔隙较多，水分一经渗入即行排出，土壤常干燥，植物因缺水面临生长不良。土壤灌溉情况指有无灌溉条件，以及灌溉方式（沟灌、畦灌、漫灌、喷灌或滴灌）和种类（井水、河水、污水、湖水）等。

（10）层次深度及其代表符号：根据土壤颜色、质地、结构、紧实度及根系分布状况等综合表现，把土壤剖面划分成若干层，然后根据层次量出各层的厚度，从地面开始算起一直往下量，如0～5 cm、5～12 cm、12～38 cm、38～84 cm、84 cm以下至110 cm为母质层等，把各层厚度逐层记载下来。当遇有上下两层综合特征的层次时，可用过渡层的符号表示，如AB、BC、C（潜育化的母质层）等。

耕作土壤层次没有代表符号，一般分为4层：耕作层（表土层或熟土层）、犁底层、心土层（半熟土层）、底土层（死土层）。

森林土壤的层次还须标明代表符号（表2-4）：

（11）颜色：颜色是最易辨别的土壤特征，也是区分土壤最明显的标志。颜色可以反映某些土壤的肥力状况。土壤的主要颜色为黑、红、黄、白等色。除单色外，还有许多复色。命名以次要颜色在前，主要颜色在后，如“红棕色”是以棕色为主，红色为次。

（12）结构：结构是由土粒排列，胶结形成的各种大小和不同形状的团聚体，观察土壤结构时可在自然湿度下，将一捧土在手掌中轻轻揉散。然后观察其大小、形状、硬度以及表面情况等。

表 2-4　森林土壤层次代表符号

<table>
<tr><th>土壤层次</th><th>层次特征</th><th>亚层符号</th><th>层次符号</th></tr>
<tr><td rowspan="3">枯枝落叶层</td><td>分解较少的新鲜枯枝落叶层</td><td>A_{01}</td><td rowspan="3">A_0</td></tr>
<tr><td>分解较多，用手易于搓碎的枯枝落叶层</td><td>A_{02}</td></tr>
<tr><td>分解强烈，枯枝落叶已失去原有形态</td><td>A_{03}</td></tr>
<tr><td rowspan="3">淋溶层（腐殖质层）</td><td>泥炭质的泥炭层</td><td></td><td>A（r）</td></tr>
<tr><td>颜色较深的腐殖质聚积层</td><td>A_{11}</td><td rowspan="2">（A_1）</td></tr>
<tr><td>颜色较浅，有淋洗过程的腐殖质层</td><td>A_{12}</td></tr>
<tr><td>灰化层</td><td>颜色灰白不稳固的片状结构变化层</td><td></td><td>A_2</td></tr>
<tr><td>淀积层</td><td>紧实，具有柱状、棱柱状或核状结构的淀积层</td><td>B_1
B_2</td><td>B</td></tr>
<tr><td>母质层</td><td>无明显成土过程</td><td></td><td>C</td></tr>
<tr><td>母岩层</td><td>坚硬的基岩</td><td></td><td>D</td></tr>
<tr><td>其他</td><td>潜育层
碳酸盐聚积层
硫酸盐聚积层</td><td></td><td>C
C_C
C_S</td></tr>
</table>

五、实习方法

实习工具的准备：图件准备（地形图、土壤图）；调查工具准备（卷尺、剖面刀、比色卡、照相机、比样土盒、标签、记录簿、罗盘）。

明确任务，组织队伍，制订计划，资料收集与分析。资料调查是从有关管理、研究和行业信息中心以及图书馆和情报所收集材料，内容包括：①自然环境特征，如气象、地貌、水文和植被等资料；②土壤及其特征，包括成土母质（成土母岩和成土母质类型）、土壤类型（土壤名称、面积及分布规律）、土壤组成、土壤特性（土壤质地、结构、pH 值和 Eh、土壤代换量及盐基饱和度等）；③土地利用状况，包括城镇、工矿、交通用地面积，农、林、牧、副、渔业用地面积及其分布；④水土侵蚀类型、面积分布和侵蚀模数等；⑤土壤环境背景值资料；⑥当地植物种类、分布及生产情况。

实习路线的确定：结合教学内容实习，选择一条有较大土壤变化的线路进行调查，选择的路线应包括当地典型的地带性土壤。

土壤剖面位置的确定：沿实习路线对主要土壤类型进行观察，剖面位置应有代表性。

土壤剖面的要求与准备平地要求：土壤剖面大小为 120 cm（长）×80～100 cm（宽）×100 cm（深），呈一面平直（观测面），另一面为阶梯状土坑，观测面朝阳或在上坡向；挖掘剖面时不同层次的土壤分开堆置，以便观测后按层次填坑。土壤观测面上方严禁践踏、站人和堆土；剖面挖好后，一半用刀铲铲成光面，另一半用剖面刀雕成自然毛面，剖面中间设置一个米尺。

剖面观测与采样：(1) 挖掘剖面的同时，记载剖面所在地的成土条件（母质、地形、气候、生物、时间、自然或人为干扰等）。(2) 根据土壤颜色、根系、松紧度、质地、新生体、孔隙等特点综合划分土壤层次。(3) 根据《土壤剖面描述标准》由上往下描述土壤，记录每层的深度、名称、界线、色斑（新生体或侵入体）、质地、结构等。(4) 根据观察结果概括土壤特性，推测分析土壤成土过程并对土壤进行初步（野外）定名。(5) 根据土壤理化分析的需要从下往上采集土壤样品。(6) 土壤剖面观察分析要点：按整体—局部（细节）—整体进行观察；严格按照《土壤剖面描述标准》描述、记载；多动手、勤观察、勤比较、多讨论（与同组同学）；注意土壤母质、成土环境（局部地段地形、植被、干扰等），仔细分析土壤性质与成土因素之间的关系；全面记载，实习中每组填写一份土壤剖面描述表（该表应包括在每人的实习报告中，并附以文字说明），同时记录实习中遇到的有关土壤的认识和问题，并将这些内容反映在实习报告中，增加实习报告的创造性成分。(7) 土壤在生态系统能量物质流动中的地位（由指导老师讲述，请记笔记）。(8) 土壤系统中生态过程的观测方法（由指导老师讲述并做示范，请记笔记）。(9) 土壤野外考察分析与综合：土壤成土条件概括；土壤剖面特点概括；土壤成土过程推测分析；土壤剖面特点、土壤发育与局部成土环境之间的关系；实习区域内土壤与区域生物气候之间的关系；特殊土壤层次、埋藏土壤与环境变迁、人为活动的相互关系；土壤生态系统的主要生态过程及测定方法；利用土壤生态过程的测定数据预测环境变化（CO_2浓度升高、气温升高、N 沉降、降雨格局的变化等）对生态系统结构功能（如养分循环、生产力、物种组成等）的影响。

六、工具与仪器

短柄锄头、钢卷尺、土壤剖面记载表、测试箱（10%HCl、酸碱混合指示剂）、土壤剖面记载表。

七、思考题

1. 土壤剖面的挖掘应注意的事项有哪些？
2. 土壤剖面层次的划分依据是什么？
3. 简述采集剖面土样的方法。

八、记录表

表 2-5　土壤剖面记录

剖面编号	土壤名称	剖面所在地点	调查时间	调查人

表 2-6　土壤剖面环境条件

地形	成土母质	海　拔	自然植被	农业利用方式	排灌条件	地下水位	侵蚀情况	地下水质

表 2-7　土壤剖面性态描述

剖面图	层次	深度	颜色	质地	结构	新　生　体			干湿度	紧实度	石灰反应	pH
						类别	形状	数量				
土壤生产性能												
土壤剖面综合评述												

实习二 温室大棚土壤性状观察

一、目的

现代农业一方面提高了农业生产效率，但是另一方面又造成了各种各样的污染，对土壤、水体、人体健康带来了严重的危害。同时还面临着不仅是环境资源问题，还有人口增长、资源不足与遭受破坏的综合作用问题。面对这些问题，就需要使用生态工程的方法，合理规划结构，调配资源。

长期在大棚栽培条件下耕种的农业土壤，处在“高温、高湿、高复种指数、高施肥量、无降水淋洗”等特殊环境条件下，它的物理结构和理化性质更易发生变化。随着设施栽培的迅速发展，设施栽培年限的不断增长，设施土壤中出现了酸化板结，土壤容重、质地、水分、温度、盐渍化、养分失调、重金属累积、微生物区系改变等障碍问题日益突出。通过参观呈贡县大棚基地土壤物理性状的实习，让同学更深入地了解设施栽培土壤出现的一系列质量退化与连作障碍等方面的问题。

二、原理

设施农业是现代农业的重要组成部分，美国等发达国家在 20 世纪 70 年代以前已经实现农业现代化，此时的现代农业表现为“石油农业”，即用现代工业装备农业，现代科学技术武装农业，现代经营管理方法管理农业，用开放式的商品经济替代封闭式的自给性传统经济，强调高投入、高产出、高效率，这种生产模式能使经济效益达到最优。美国等发达国家这时的现代农业主要表现为工厂化农业生产，由于受当时认识水平的限制，这时的工厂化农业发展部分地牺牲了生态效益与社会效益。随着“石油农业”对资源的消耗和对环境的破坏，西方一些学者在 20 世纪 70—80 年代提出自然农业思想，具有代表性的有英国的霍华德提出的“有机农业”，美国的艾希瑞克提出的“生态农业”，日本的福冈正信提倡的“自然农业”。这种思想强调运用传统农业技术（如堆肥、轮作），排斥化学制品，尽量减少人为影响。自然农业在生产中不追求效率，土地的产出率低，无法解决人类生存发展问题，很快衰落下去。20 世纪 80 年代中期以后，持续农业（Sustainable Agriculture）成为发达国家农业理论的热点。最初持续农业的含义局限于资源环境的持续性，实际上是自然农业含义的延伸。1985 年美国加利福尼亚州立议会通过的“持续农业研究教育法”中首先提出“持续农业”。1986 年波林塞特将持续农业定义为“通过对可更新资源的利用达到农业的持续发展。”仅注重资源环境的持续性而不注重生产能力的提高，必然被时代淘汰。1988 年以来，由于生存、发展问题是大多数发展中国家的首要问题，所以持续农业的含义由窄变宽，开始注重生产的效率。社会的公平性、粮食安全、消除贫困和保护环境成为持续农业的目标。例如，1988 年 FAO 理事会将持续农业定义为“管理和保护自然资源基础，并调整技术和机构改革方向，以确保获得和持续满足当代人和后代人的需要。这种持续发展能够保护土地、水资源和动植物资源，而且不会造成环境退化，同时要在技术上适宜，经济上可行，能够被社会接受。”1989 年美国农学会、作物学会和土壤学会定义持续农业为“在一个长时期内有利于改善农业所依存的环境与资源，提供人类对食品纤维的基本需要，经济可行，并提高农民以及整个社会生活的一种做法。”1993 年北京国际持续农业与乡村发展大会将持续农业定义为：“一种满足社会需要，不断发展而又不破坏环境的持续性。”这些观点的提出对重新认识设施农业的发展起到了极大的促进作用。

在设施农业的设计中，还必须要考虑地理环境、效率、资源、技术、社会因素等条件。只有把一切考虑其中，才能提前对不利情况作出预测并制定应对措施，以避免实际生产中的损失。

（一）温室大棚介绍

温室（greenhouse）又称暖房，能透光、保温（或加温），用来栽培植物的设施。在不适宜植物生长的季节，能提供生育期和增加产量，多用于低温季节喜温蔬菜、花卉、林木等植物栽培或育苗等。温室的种类多，依不同的屋架材料、采光材料、外形及加温条件等又可分为很多种类，如玻璃温室、塑料温室；单栋温室、连栋温室；单屋面温室、双屋面温室；加温温室、不加温温室等。温室结构应密封保温，但又应便于通风降温。现代化温室中具有控制温湿度、光照等条件的设备，用电脑自动控制创造植物所需的最佳环境条件。

温室大棚是一种室内温室栽培装置，包括栽种槽、供水系统、温控系统、辅助照明系统及湿度控制系统。栽种槽设于窗底或做成隔屏状，供栽种植物；供水系统自动适时适量供给水分；温控系统包括排风扇、热风扇、温度感应器及恒温系统控制箱，以适时调节温度；辅助照明系统包含植物灯及反射镜，装于栽种槽周边，于无日光时提供照明，使植物进行光合作用，并经光线的折射作用而呈现出美丽景观；湿度控制系统配合排风扇来调节湿度及降低室内温度。

温室是以采光覆盖材料作为全部或部分围护结构材料，可在冬季或其他不适宜露地植物生长的季节供栽培植物的建筑。

温室功能分类根据温室的最终使用功能，可分为生产性温室、试验（教育）

性温室和允许公众进入的商业性温室。蔬菜栽培温室、花卉栽培温室、养殖温室等均属于生产性温室；人工气候室、温室实验室等属于试验（教育）性温室；各种观赏温室、零售温室、商品批发温室等则属于商业性温室。

1. 温室的性能指标

（1）温室的透光性能。温室是采光建筑，因而透光率是评价温室透光性能的一项最基本指标。透光率是指透进温室内的光照量与室外光照量的百分比。温室透光率受温室透光覆盖材料透光性能和温室骨架阴影率的影响，而且随着不同季节太阳辐射角度的不同，温室的透光率也在随时变化。温室透光率的高低就成为作物生长和选择种植作物品种的直接影响因素。一般连栋塑料温室的透光率在50%～60%，玻璃温室的透光率在60%～70%，日光温室可达到70%以上。

（2）温室的保温性能。加温耗能是温室冬季运行的主要障碍。提高温室的保温性能，降低能耗，是提高温室生产效益的最直接手段。温室的保温比是衡量温室保温性能的一项基本指标。温室保温比是指热阻较小的温室透光材料覆盖面积与热阻较大的温室围护结构覆盖面积同土地面积之和的比。保温比越大，说明温室的保温性能越好。

（3）温室的耐久性。温室建设必须要考虑其耐久性。温室耐久性受温室材料耐老化性能、温室主体结构的承载能力等因素的影响。透光材料的耐久性除了自身的强度外，还表现在材料透光率随着时间的延长而不断衰减，而透光率的衰减程度是影响透光材料使用寿命的决定性因素。一般钢结构温室使用寿命在15年以上。要求设计风、雪荷载用25年一遇最大荷载；竹木结构简易温室使用寿命5～10年，设计风、雪荷载用15年一遇最大荷载。

由于温室运行长期处于高温、高湿环境下，构件的表面防腐就成为影响温室使用寿命的重要因素之一。钢结构温室，受力主体结构一般采用薄壁型钢，自身抗腐蚀能力较差，在温室中采用必须用热浸镀锌表面防腐处理，镀层厚度达到150～200 μm，可保证15年的使用寿命。对于木结构或钢筋焊接桁架结构温室，必须保证每年作一次表面防腐处理。

2. 温室的类型

（1）塑料温室。大型连栋式塑料温室是近十几年出现并得到迅速发展的一种温室类型。与玻璃温室相比，它具有重量轻、骨架材料用量少、结构件遮光率小、造价低、使用寿命长等优点，其环境调控能力基本上可以达到玻璃温室的相同水平，塑料温室用户接受能力在全世界范围内远远高出玻璃温室，成为现代温室发展的主流。

此类温室在不同国家有不同的结构尺寸。但就总体而言，通用温室跨度在6～

12m，开间在4m左右，檐高3～4m。以自然通风为主的连栋温室，在侧窗和屋脊窗联合使用时，温室最大宽度宜限制在50m以内，最好在30m左右；而以机械通风为主的连栋温室，温室最大宽度可扩大到60m，但最好限制在50m左右；对温室的长度，从操作方便的角度来讲，最好限制在100m以内，但没有严格的要求。

塑料温室主体结构一般都用热浸镀锌钢管作主体承力结构，工厂化生产，现场安装。由于塑料温室自身的重量轻，对风、雪荷载的抵抗能力弱，所以，对结构整体的稳定性要有充分考虑，一般在室内第二跨或第二开间要设置垂直斜撑，在温室的外围护结构以及屋顶上也要考虑设置必要的空间支撑。最好有斜支撑（斜拉杆）锚固于基础，形成空间受力体系。

塑料温室主体结构至少要有抗8级风的能力，一般要求抗风能力达10级。

主体结构的雪荷载承载能力要根据建设地区实际降雪条件和温室的冬季使用情况确定。在北方使用，设计雪荷载不宜小于0.35kN/m^2。

对于周年运行的塑料温室，还应考虑诸如设备重量、植物吊重、维修等多项荷载因素。

（2）玻璃温室。玻璃温室是以玻璃为透明覆盖材料的温室。设计要求如下：

基础设计时，除满足强度的要求外，还应具有足够的稳定性和抵抗不均匀沉降的能力，与柱间支撑相连的基础还应具有足够的传递水平力的作用和空间稳定性。温室底部应位于冻土层以下，采暖温室可根据气候和土壤情况考虑采暖对基础冻深的影响。一般基础底部应低于室外地面0.5m以上，基础顶面与室外地面的距离应大于0.1m，以防止基础外露和对栽培的不良影响。除特殊要求外，温室基础顶面与室内地面的距离宜大于0.4m。

独立基础。通常利用钢筋混凝土。

条形基础。通常采用砌体结构（砖、石），施工也采用现场砌筑的方式进行，基础顶部常设置一钢筋混凝土圈梁以安装埋件和增加基础强度。

钢结构主要包括：温室承重结构和保证结构稳定性所设的支撑、连接件、坚固件等。

我国目前玻璃温室钢结构的设计主要参考荷兰、日本和美国等国的温室设计规范进行。但在设计中必须考虑结构的强度、结构的刚度、结构的整体性和结构的耐久性等问题。

（3）日光温室。前坡面夜间用保温被覆盖，东、西、北三面为围护墙体的单坡面塑料温室，统称为日光温室。其雏形是单坡面玻璃温室，前坡面透光覆盖材料用塑料膜代替玻璃即演化为早期的日光温室。日光温室的特点是保温好、投资低、节约能源，非常适合我国经济欠发达农村使用。

节能型日光温室的透光率一般在60%～80%，室内外气温差可保持在21～25℃。一方面太阳辐射是维持日光温室温度或保持热量平衡的最重要的能量来源；另一方面，太阳辐射又是作物进行光合作用的唯一光源。日光温室的保温由保温围护结构和活动保温被两部分组成。前坡面的保温材料应使用柔性材料以易于日出后收起，日落时放下。

对新型前屋面保温材料的研制和开发主要侧重于便于机械化作业、价格便宜、重量轻、耐老化、防水等指标的要求。

日光温室主要由围护墙体、后屋面和前屋面三部分组成，简称日光温室的"三要素"，其中前屋面是温室的全部采光面，白天采光时段前屋面只覆盖塑料膜采光，当室外光照减弱时，及时用活动保温被覆盖塑料膜，以加强温室的保温。

（4）塑料大棚。塑料大棚能充分利用太阳能，具有一定的保温作用，并通过卷膜在一定范围内调节棚内的温度和湿度。

塑料大棚在北方地区，主要是起到春提早、秋延后的保温栽培作用，春季可提早 30～50 d，秋季能延后 20～25 d，不能进行越冬栽培；在南方地区，除了冬春季节用于蔬菜、花卉的保温和越冬栽培（叶菜类）外，还可更换成遮阳棚，用于夏秋季节的遮阴降温和防雨、防风、防雹等。

塑料大棚一般室内不加温，靠温室效应积聚热量。其最低温度一般比室外温度高1～2℃，平均温度高3～10℃。

塑料大棚透光率一般在 60%～75%。为保证全天平均光照基本平衡，大棚平面布局多为南北延长的形式。

塑料大棚是以塑料薄膜为覆盖材料的不加温、单跨拱屋面结构温室。

塑料大棚特点是建造容易、使用方便，投资较少，是一种简易的保护地栽培设施。随着塑料工业的发展，被世界各国普遍采用。

（5）中、小棚。北面有1 m高的土墙，南面为半拱圆的棚面；或是北面为半拱圆的棚面，南面为一面坡的棚面。这种棚一般为无柱棚，跨度大时，中间设1～2排立柱，以支撑棚面及覆盖防寒的草席。

（二）温室大棚产生的问题

温室大棚的种类多种多样，都具有稳产、高产、反季节高效益等优点。但是，棚室栽培也存在着不利因素，如空间狭小、温度高、湿度大、土地使用频率高、通风透光条件差，尤其是长期种植的土壤发生的次生盐渍化、硝酸盐积聚、土壤养分失衡、土壤酸化明显、微生物种群受损、农药残留富集等。这些问题造成蔬菜产量下降、品质恶化，并严重制约着土地的可持续利用。如果这些不利因素没有引起足够的重视，没有及时采取预防措施，必将给棚室种植带来危害。现在把可能出现的危害归纳为以下几种：

1．肥害

简单地说，肥害就是肥料施用不当对植物生长造成的危害。基肥以有机肥为主，选择充分腐熟的堆肥和厩肥。植物定植前撒在地表，结合土壤深翻进行全层施肥。使肥料均匀地混合在耕作层内达到土肥融合。基肥对改变土壤提高地力有很大的作用；追肥是对基肥的补充，适时适量地进行补充。最好的追肥方法是结合浇水进行地面施肥。进行叶面施肥时的适宜间隔时间为 5～7d。喷施叶面肥应该以喷施叶背为主，喷施量不要太大；缺素症是有针对性地施用相应肥料，保持土壤饱和度。发现肥害时应立即浇大水以减轻肥害对植物的影响。

2．药害和除草剂害

药害是使用农药不当对植物的生长和发育造成影响。产生药害的原因是：（1）施药时未做到对症下药；（2）施药剂量超标、浓度过大；（3）施药时间没把握好；（4）将不能混用的农药混合使用；（5）用了伪劣农药。

防治方法：（1）对症下药，选择高效低毒的农药，禁用伪劣农药；（2）不在作物耐病力弱的时期施药；（3）避免在炎热的中午施药；（4）掌握正确施药技术。

防治措施：（1）种芽幼苗轻微受害可适当补施氮肥，通常每亩使用氮肥 5 kg 左右为宜；（2）叶片或植株受害较重应及时灌水，浇水的同时应该每亩施用硫酸钾 4～5 kg；（3）加强中耕，促进根系发育。应该注意的是无论采用哪种防治方法都应尽早尽快进行，以免延误时机造成不可挽回的损失。

使用除草剂需注意：（1）合理选用除草剂品种剂；（2）用药量要精确；（3）用药时间要准确。

3．气害

在温室大棚蔬菜栽培过程中，由于设施密闭，内外空气对流交换少，产生的有毒气体如氨气、亚硝酸气体、一氧化碳、二氧化硫、氯气等散发不出去，会危害蔬菜的生长发育。

发生气害的补救措施是：按照每亩用 45%的晶体石硫合剂 200～300 g 的标准兑水 300 倍后及时向植株喷洒。氨害是棚室浓度氨剂超过一定数量后对植物造成一定的危害。用 pH 试纸蘸植株测试，pH 值大于 7 时说明棚室内有氨气存在，有可能发生氨气危害。

4．寒害和热害

冬季大棚的温度应保持在 0℃以上，如果经常出现 0℃以下的情况，并且不注意保温，很容易冻死菜苗造成寒害。防治寒害的措施有：冬天在棚室门口安装门帘；温室覆盖棉毡或草帘；在特别寒冷的时候应该使用取暖设备。防止热害发生应该勤看温度计。按照每亩用磷酸二氢钾 100%兑水 800～1 000 倍后对植物叶面进行根外喷肥，既有利于降温又有利于补充水分养分。

5. 病虫害

防止病虫害措施：（1）选择抗害虫品种；（2）选用无病虫种子和种子处理；（3）培养无病虫壮苗；（4）加强栽培管理；（5）采用物理方法防治，常用的设备有土壤电处理机、声波助长仪、空间电场防病系统、电子杀虫灯。

6. 闪苗

“闪苗”是由于环境条件突然改变而造成的叶片凋萎、干枯现象。这种现象在整个苗期都可能发生，而尤以定植前最严重。闪苗与苗质、温度、空气湿度都有关系，如果幼苗在苗畦内长期不进行通风，苗畦内温度较高，湿度较大，幼苗生长幼嫩，这时突然通风，外界温度较低，空气干燥，幼苗会因突然失水出现凋萎现象，进而叶细胞由于突然失水，很难恢复，重者整个叶片干枯，轻者使叶片边缘或网脉之间叶肉组织干黄，叶片像火燎一般。

避免“闪苗”首先要培养壮苗，幼苗经常通风，叶片厚实、浓绿，一般不会出现“闪苗”现象；另外，即便幼苗幼嫩或稍有徒长，只要坚持由小到大逐渐通风锻炼，幼苗逐渐壮实，也可避免。万一幼苗揭开覆盖后发现有凋萎现象，要立即再把覆盖物盖好，短时凋萎还能恢复，这样反复揭盖几次，使幼苗逐渐适应露地气候了，再大揭或撤掉覆盖物。

三、实习地介绍

云南地处我国西南边陲，山地多，盆地少，坝区面积仅占全省国土面积的6%，设施栽培面积已占坝区面积的73.18%，设施栽培作物主要为蔬菜和花卉，土壤类型以水稻土为主，成土母质类型主要是湖积母质和冲积母质。其设施栽培面积已达到1.73万hm2。云南鲜切花占据国内50%以上的市场份额，在国际市场也享有盛誉，但目前设施土壤障碍问题已严重影响了云南设施农业的发展。

呈贡县位于滇池东岸，是昆明市的近郊县，距昆明市区12 km，是“昆明人”的发祥地，滇文明的摇篮。全县总面积461 km^2，耕地面积6 599 hm^2，人口15.45万。县辖4乡3镇，65个村委会，155个自然村。境内气候温和，古有“绿金坝、花果山、七彩田、美食乡”之称，是省内外闻名遐迩的菜乡、花乡、果乡。著名社会学家、全国人大常委会原副委员长费孝通曾留下了“远望滇池一片水，水明山秀是呈贡”的赞词。呈贡县菜、花、果种植面积分别达14.83万亩、2.484万亩、8.3万亩，总产值4亿多元，全县粮经作物种植比例为8∶92。蔬菜以品种多、质量好、四季均衡而著称，年产量达3亿kg，外销量占80%，销往全国各地及新加坡、泰国、香港、澳门、台湾等国家和地区；水果品种70多个，年产量1 600多万 kg，梨中之王宝珠梨久负盛名。花卉系列品种 200 多个，年产鲜切花 12.6 亿枝，销往全国主要大中城市及东南亚国家和地区。花乡斗南名扬海内外，是云南省花卉产业发展的排头兵。2001 年，全县花卉种植面积占全省鲜切花面积 4 万亩的 62.1%；产量 12.6 亿枝，占全省鲜切花产量的 78.5%；实现产值 1.55 亿元。随着种植结构、品种结构的不断优化，“一村一品”进一步形成，农民增收渠道拓宽，农业产业化经营向纵深发展。呈贡县被农业部列为全国“园艺产品出口示范基地”“科技兴农与可持续发展综合示范县”和“跨世纪青年农民科技培训工程实施县”。

四、实习内容

1. 土壤通气性

保护地的土壤由于复种指数高、施肥、灌溉、耕作的频率都超过一般的农田土，并且有机质含量明显高于农田土，所以其土壤容重低于农田土。土壤的总孔隙度增加，但非毛管孔隙度低于农田土。土壤总孔隙度、适耕性的改善有利于有机质的矿化，但同时提高了硝化细菌的活性。

2. 土壤温度

大棚内地温高于露地，同时又有一定的昼夜温差，有利于蔬菜作物体内物质的积累，同时也加速了土壤的成土过程。但地温的增加会提高硝化细菌活性，使土壤残留的硝态氮增加，产生浓度危害。另外，地温的提高会使土壤中的多数微生物种群大量繁殖，促使有机质矿化，还可能造成微生物与根系对根际有机营养的竞争。

3. 土壤水分

大棚种植过程中灌溉次数多，水的用量大，但由于气温、地温较高，易形成较为干旱的土体生态环境。据研究，土壤水吸力是影响农作物生产的重要原因。大棚内水分在土壤中运行有别于农田，土壤水分在耕层内的运行方向除灌水后 1d 左右的时间外都向着地表方向。这主要源于大棚内的温度较高，致使蒸发强烈。这种现状会减少养分的淋溶流失，但易于造成表层土壤的次生盐渍化。

土壤水的运行状况及超量施肥造成了积盐现象。设施栽培条件下，土壤次生盐渍化的主要特点之一是硝酸盐积累。有研究表明，保护地表层土壤中的硝酸根约占阴离子总量的 67%～76%。氮元素富集会污染地下水体，对环境造成危害，致使人和动物体内形成致癌的亚硝酸胺等。目前，控制硝酸盐积累的措施主要集中在合理平衡施肥、定氮施肥、合理轮作、合理耕种、合理灌溉等方面。

4．土壤 pH 值

随着种植年限的增长，保护地土壤 pH 值呈下降趋势，这主要与施肥及耕作措施有关。据报道，粪肥、氮肥（尤其尿素）、硫酸钾等肥料都会造成土壤的酸化。土壤酸化增大了金属离子和部分微量元素的活性，易于造成金属毒害及潜在的微量元素缺乏现象。另外，酸性环境影响硝化作用，也对土壤微生物种群有一定的调节作用，利于有机质的矿化。

5．土壤中的营养元素含量

有机质的含量比棚外土壤有较大提高。辽宁省的调查表明，有机质在保护地土壤中表现为积累。山东省泰安地区分析结果为，棚外土壤有机质含量平均为 1.140%，而棚内有机质含量为 2.297%，是棚外土壤有机质含量的 2.1 倍。有机质对土壤的益处毋庸置疑，但多数农户使用的粪肥未经熟化和杀菌，致使大量的有害菌侵入土体对土壤微生物造成一定的影响。同时。也会引起大肠埃希氏杆菌对地面接收水体的污染。另外，粪肥使用也并非没有极限。有关粪肥的施用带来了土壤微环境的许多变化，诸如硝化细菌种群扩大、有机质矿化率倍数提高、线虫等土壤动物繁衍明显、蔬菜根系病害加重等。

氮、磷的含量过高。山东农科院的高弼模等对山东大棚土壤肥力的调查，棚内速效氮、磷分别为 126.15～196.98 mg/kg，分别是棚外土壤的 1.6 倍。

土壤速效钾既表现为积累但有些土壤也表现出耗损趋势，这与施肥习惯有关。

大棚中微量元素铜、铁、锰等表现为积累，而钙、镁、硅、硼等表现为耗竭。棚内土壤有酸化趋势，锌、铜、铁、锰、镁、硼等微量元素的有效性增强。另外，棚内土壤水分的运行特点使得可溶性钙、硅等微量元素向表层富集，致使根系区的微量元素明显缺乏。目前的调查发现，除了农药中对铜、铁、锰等微量元素的使用外，几乎没有这方面的投入。

6．微生物状况

土壤微生物以细菌为主，随着种植年限的增加，耕层和亚耕层微生物总量都有增加的趋势，细菌和真菌表现为明显的种群扩大。据研究，氨化细菌、硝化细菌和反硝化细菌数量分别比棚外土壤增加了 1.07～2.28 倍、50.47～68.79 倍和 4.33～9.32 倍。真菌表现为腐霉数量增加，木霉数量降低。其主要原因在于大棚土壤温度较高，而土壤的温度影响着土壤微生物的活性。另外，土壤有机质含量较高，促进了土壤微生物的繁衍，放线菌数量随种植年限的增加而降低，并且在总量上，放线菌低于细菌，但高于真菌。

五、方法

野外调查研究区土壤利用类型及大棚所占的比例，分析设施农业对土地利用的影响因素。

（1）土壤调查的任务、目的、要求，调查区的地理位置、行政区划、面积，调查所用的方法，调查人员的构成，土壤物理、化学分析的项目、方法和完成分析数量。

（2）自然与社会经济情况，包括气候（气温、地温、降水量、蒸发量、积温、无霜期、灾害性天气），地貌（海拔、方位、相对高度、地貌类型），水文（河流、湖泊、水库的面积和流域长度、地下水水位的深度及变化），土壤母质类型，植被（人工栽培的作物、林果、自然植被的种类、面积和覆盖率、指示植物），社会经济情况（人口、劳动力、耕地、产量水平、产值、人均收入，土地利用现状、种植制度，肥料种类与施肥水平，水利和农业机械情况）。

（3）土壤分类、发生和分布规律。

（4）土壤特征及评价（剖面形态（用表格反映）、理化性状、肥力水平、生产性能、耕作和利用情况、存在的主要问题、改良利用方向和主要措施）。

（5）土壤调查资料的解释及统计（土壤养分分级标准，主要土壤类型的氮、磷、钾、有机质含量、相互间比例及协调情况，土壤质地、结构、容重、孔隙度、土壤障碍层次及厚度，土壤改良利用分区）。对大棚进行实地考察，记录。听取技术人员的讲解，学习大棚经营者的经验。产生自己的想法，发现别人在生产中的不足或可以改进之处。通过调查、对比、论证设计并提出自己的方案。

六、工具与仪器

物质准备：尽可能详细地掌握呈贡土地利用现状图，采集土壤的工具（铁锹、土层深度指示标，钢卷尺，放大镜，磁盘，采样的塑料袋，标签，铅笔，记录本），测量地形的工具（海拔仪，GPS 定位仪，罗盘），照相机或其他摄影器材等。

测量物量性状的工具：台秤，pH 试纸，温度计，特种土壤比重计，比重瓶（容积 50 mL），环刀（容积为 100cm^3）、削土刀、磁盘、1 000 mL 沉降筒、土壤坚实度计、天平（感量 0.01 g）

七、思考题

1．解释大棚形成的温室效应现象？

2．设施农业土壤的物理结构和理化性质更易发生变化？分析存在的原因？

八、记录表

表 2-8 大棚环境条件

大棚编号	地点	海拔	母质	土壤名称	利用方式	排灌条件	地下水位	侵蚀情况	地下水质

表 2-9 土壤物理性状

大棚编号	地点	层次	深度	颜色	质地	结构	干湿度	紧实度	石灰反应	土壤生产	综合评述

实习三　水土流失与土壤侵蚀调查

一、目的

本实习主要使学生巩固水土流失与土壤侵蚀方面的理论知识，认识土壤侵蚀的基本规律，并掌握水土资源管理及土壤侵蚀监测、调查和评价的基本技能，以及为今后独立解决水土保持与荒漠化防治中的具体问题，奠定坚实的认知基础、理论基础和技术基础。

二、原理

（一）土壤水土流失概念

水土流失（water and soil loss）是指在湿润或半湿润地区由水、重力和风等外引力引起的水、土资源的破坏和损失。土壤侵蚀（soil erosion）是指在水力、风力、冻融、重力等引力作用下，土壤、土壤母质及其他地面组成物质被破坏、剥蚀、搬运和沉积的全部过程，也就是水土流失中的土体损失。狭义的土壤侵蚀指土壤及其母质层的侵蚀过程。广义的土壤侵蚀，除包括水力侵蚀、风力侵蚀、冻融侵蚀、重力侵蚀、化学侵蚀外，还包括土壤的淋溶、坍陷等，被侵蚀的对象也不限于土壤，还包括土壤下面的土体、岩屑及松软岩层。

水土流失一词在中国早已广泛使用。自从土壤侵蚀一词传入中国后，从广义理解常被用做水土流失的同义语。目前对土壤侵蚀的理解，与水土流失的含义基本相同，土壤侵蚀也叫水土流失。但因各地具体条件相差悬殊，研究的目的和范围也不尽相同，作为同义语使用时应注意其异同。

在地质时期自然条件下，陆地表面不断受到的侵蚀过程是在不受人类影响的情况下进行的，是地质侵蚀或古代侵蚀，也叫自然侵蚀。它的发生与发展取决于当时自然因素的变化，如构造运动、冰川活动、气候变化和重力作用等。古代侵蚀形成现代的基本地形和水路网。

人类出现以后因生产活动引起的土壤侵蚀现象称为现代侵蚀，它是在古代侵蚀塑造的地形上发展起来的，包括常态侵蚀和加速侵蚀。常态侵蚀进行的速度非常缓慢，不易被人察觉，常态侵蚀并不破坏土壤，其侵蚀量小于或接近于成土过程形成的物质量。表层土壤的侵蚀与成土作用所形成新的土层之间，存在着暂时的平衡。常态侵蚀一般发生在茂密的林、草地或有良好保土措施的农地上。加速侵蚀是由于人类滥伐森林、耕垦陡坡、过度放牧、筑路开矿等引起的，其侵蚀量大于成土过程形成的物质量。通常所称土壤侵蚀或水土流失，即指加速侵蚀。当土壤的侵蚀速度不超过其成土速度时，土壤不会发生退化，可以无限期地利用。据估计，形成25 mm厚的表土层，不扰动条件下需300～1 000年，耕作扰动情况下有的土壤30年即可。

导致水土流失的原因有自然原因和人为原因。自然原因主要是由地貌、气候、土壤（地面组成物质）、植被等因素造成的。人为原因主要指地表土壤加速破坏和移动的不合理的生产建设活动，以及其他人为活动，如战乱等。引发水土流失的生产建设活动主要有陡坡开荒、不合理的林木采伐、草原过度放牧、开矿、修路、采石等。

（二）水土流失的成因

影响土壤侵蚀的因素很复杂，而且是很多因素综合作用的结果，这些因素包括气候、地形与地质、土壤、植被以及人类的经济活动等。各影响因素可以分为两大类，即自然因素与人类经济活动因素。

1. 气候因素

气候因素对土壤侵蚀的影响，以降水和风最为显著。降水是指空中降落的固体水分与液体水分的总称，其中与侵蚀有关的雨雪，又各有许多次级因子，如雨型、雨量、降雨强度、降雪量等，这些都能对土壤侵蚀造成影响。

（1）降水量：一般地说，降水量多的地方，发生侵蚀的潜在危险就大，反之则小。淮北平原多年平均降水量一般为 750～900 mm。其中南部雨量更为丰富，其西南部，因近大别山，年降水量增至 900～950 mm。无疑，这样集中而丰富的降雨会增加水土流失发生的程度。

（2）降雨强度：降雨强度是引起土壤侵蚀最突出的因子，暴雨强烈击溅土体，使土壤颗粒分散，即随地表紊动的径流快速流失，并在产生径流侵蚀的同时，又与坡面径流物质相互作用而形成面蚀。

（3）暴雨前期降雨：前期降雨也是影响径流和冲刷的重要因素之一。前期降雨会使土壤含水量增大，渗透能力降低。再遇暴雨，加剧了地表径流和产生冲刷，导致水土流失。土壤湿度的增加，对水土流失的影响，一方面表现在减少了土壤吸水量上；另一方面，土壤颗粒在较长时间的湿润情况下吸水膨胀，会使孔隙减缩，尤其是胶体含量大的土壤更为显著。所以，潮湿的土壤与干燥的土壤相比，其径流系数要大得多。

（4）风：风是风力侵蚀土壤和风沙流的动力。风蚀的强弱首先取决于风速。当风速达到 3 m/s 时，粗砂粒就可开始移动；达到 6～8 m/s 时，可把细砂吹得很高；如遇10m/s以上的大风，则能形成沙暴。

2．土壤与地质因素

（1）土壤因素：在土壤侵蚀过程中，土壤是被破坏的对象，所以，土壤的特性就对土壤侵蚀有着重要的影响。在一定的地形和降雨条件下，地表径流的大小以及土壤侵蚀的程度就取决于土壤的性质。土壤的特性包括透水性、抗蚀性、抗冲性等，尤以透水性对土壤侵蚀影响最大。地表径流是水力侵蚀的动力，在其他因素相同的条件下，径流对土壤的破坏性能，除流速外，主要是径流量。径流量的大小，在一定程度上取决于土壤的透水性。土壤渗透性的强弱与土壤质地、容重和孔隙率等因素关系密切。

土壤质地是土壤的机械组成影响到土壤的水分物理、机械物理及物理化学性质。一般，沙质土颗粒较粗。土壤孔隙度较大，因此，透水性强，不易形成地表径流，壤质或黏质土壤则相反。但就不同土类而言，砂姜黑土的黏粒含量一般较高，潮土的黏粒含量较低。根据耕作层黏粒含量的由多到少，各种土壤排列为砂姜黑土＞水稻土＞棕壤＞潮棕壤＞潮土。

土壤容重是土壤紧实程度的重要指标。它影响到土壤的孔隙度、持水性、释水性及透水性等。其大小依土壤颗粒大小及有机质含量的多寡而定：土壤颗粒越小，有机质含量愈高，土粒排列愈松，则土壤容重愈小；相反，土壤颗粒愈粗，有机质含量愈低，土壤排列愈紧，则土壤容重愈大。结构良好的土壤因其孔隙比例适当，透水性强，抗蚀力也很强。腐殖质含量高的土壤，不但土壤结构良好，且土壤疏松多孔，透水保水性能好，所以抗蚀力很强。

土壤的孔隙率，一般耕作层的孔隙度较大，犁底层小于耕作层和心土层。耕作层总孔隙度在50%以上，通气孔隙度一般15%左右，高者可达20%以上。但也有部分土壤因耕作层有机质含量低，结构差，其总孔隙度较低和通气孔隙度低于10%的情况。土壤孔隙度的大小对于土壤吸纳雨水数量、改变径流大小存在重要影响。

土壤的透水性由于受复杂因素的影响，不同土壤类型之间差异很大。但是实际上影响本区土壤透水性的决定性因子是机械组成、有机质含量、结构性和孔隙性等。潮棕壤、碱化青黑土及盐化和碱化潮土等，土壤透水性较小，这就导致降水在短时期内难以入渗，易形成地表径流，产生水土流失。

（2）土壤的抗蚀、抗冲性能：土壤的抗蚀性是指土壤抵抗雨点打击而分散和抵抗在径流过程中的能力。土壤抗冲性则指土壤抵抗地表径流对土壤的机械破坏和推动下移的能力。土壤的抗蚀、抗冲能力和土壤的机械组成、化学特性、土壤被覆等有关，其中以土壤结构性能表现最为显著，经研究证实，土壤结构性愈好，则不仅能够抵抗浸泡崩解，并能抵抗雨滴的打击和径流的冲蚀。这是因为土壤结构最主要的特点是它具有水稳性。土壤结构性比较差的土壤，如砂姜黑土，耕层为屑粒或碎块状结构，极不稳定，干时泥泞，湿时糊状；犁底层为坚实的板状结构；犁底层以下由于长期干湿交替的作用，多为棱柱状结构，结构体密实少孔，并有胶膜防腐，所以其抗蚀、抗冲性能均较弱。

（3）地质因素：地质因素主要是指形成土壤的母质与基岩，淮北平原土壤的机械组成，在很大程度上取决于成土母质及土壤的发育程度，由片麻岩和花岗岩坡积物母质发育的棕壤，由石灰岩坡积残积物母质发育的褐土，以及由黄土性古河流沉积物发育的潮棕壤、青黑土及水稻土等，土壤质地都比较均匀，一般表土为中壤土至重壤土，心土和底土为重壤土至轻黏土。由近期黄泛冲积物发育的潮土，地质剖面比较复杂，一般在泛道附近，沉积物较粗，多为泡沙土和沙土，质地属紧砂土、砂壤土至轻壤土；距泛道远的地方，沉积物较细，多为淤土，质地属重壤土至黏土；中间过渡地带，多为两合土，质地属中壤土，砂黏常成间层。

3．地形因素

地形是影响土壤侵蚀的重要因素之一，它的作用主要受坡度、坡长、坡向、坡形、沟壑密度等次级因子制约。其中以坡度和坡长的影响最大。受地形条件的影响，雨水自高处往低处聚集，在聚集过程中不断冲击土壤，挟带泥沙，在低洼开阔处淤积，从而造成水土流失。一般分为剥蚀构造、剥蚀堆积和堆积地貌，各类地貌又可划分为若干一级或次二级地貌单元。

（1）剥蚀构造地貌：剥蚀构造地貌可分为剥蚀构造低山和剥蚀构造残丘两种类型。

（2）剥蚀堆积地貌：山麓剥蚀缓坡：分布在石灰岩山丘地区的坡残积层，其与基岩的交界线高出平原可达70m左右。表面起伏不平，略有冲沟发育；剥蚀堆积平原：广泛分布于淮北的中南部地区，地势平坦，海拔10～40m，一般均系河间平原；侵蚀河谷：淮北诸河的中下游，河谷地势向谷底缓倾，高差2～5m，宽度数百米至数公里。

（3）堆积地貌：山麓堆积带：分布在山麓外围，为全新世坡积物、洪积物分布，向平原倾斜，坡度小于50°，顺坡宽度一般小于2km，冲沟不发育，浅平，下切深度小于1m，宽1～5m；泛滥带：主要分布在本区北部和主要河流的沿岸，为近代黄河泛滥沉积区域，地势较平坦，偶有起伏，中有高地、坡地和低地等；自然堤：较大河流的两岸，经常有泛滥堆积物形成的缓岗；河漫滩：分布于淮河干流中游及其支流下游。汛期为水所淹，汛后则露出水面；洼地：有背河洼地、河间洼地、坡河洼地和河口洼地等多种，均为河流冲蚀陆地而形成。

坡度和坡长是影响土壤侵蚀的重要次级因素，其中坡度不仅影响水流的速度，还影响着渗透量与径流量的大小。坡度越大，水土流失就越多。当坡度相同时，土壤侵蚀的强度依据坡长发生变化，坡长越长，其汇集的流量越大，其流速也越快，则侵蚀力也越强。

4．植被因素

植被是自然因素中能够积极防止土壤侵蚀的重要因素。在良好的植被环境里，即使在陡坡、抗蚀性弱的土壤以及大雨与暴风的情况下，也不易引起土壤侵蚀。植被抗侵蚀作用主要表现在覆盖地表，截持降雨，缓冲雨滴对土壤的直接打击，延缓径流形成时间，增加渗透量，减少径流量，减低径流对土壤的侵蚀，并能过滤淤泥、丰富土壤有机质、改善土壤理化特性。

5．人类经济活动因素

人类经济活动对土壤侵蚀作用可以朝着促进土壤侵蚀与防止土壤侵蚀两个方向发展。但是随着社会经济的快速发展，各类开发项目兴建，正在给生态环境带来巨大的破坏，由于不合理地扰动、破坏植被，肆意弃土、弃渣，正在造成水土流失。当前，促使土壤侵蚀加剧的人类经济活动因素，主要集中表现在以下几个方面：

（1）乱砍滥伐，破坏森林：森林形态由原来的乔木、灌木、草本等多层次的结构转变成以灌木、草本为主的简单结构，林木高度大幅度下降。由此，加重了水土流失，导致生态环境恶化。

（2）不合理的坡地开发和耕种方式：不合理的坡地开发，主要表现为对坡地开发缺乏科学的思想指导，不能坚持因地制宜地制定坡地开发规划，甚至在>25°的陡坡地上开发果园或进行农作物种植，管理粗放，不采取水土保持措施，特别是很多果园不管坡地朝向、不管坡位一开到顶，形成“光头山”，造成坡地蓄水能力急剧下降，地表径流增大，土壤侵蚀加剧。其次是过度在河湖岸坡上垦殖，采用不合理的顺坡种植，不仅容易造成沿河湖坡地水土流失，而且加速河湖的淤浅，造成水环境条件的恶化。

（3）工矿、交通及基本建设工程中的破坏作用：开矿、建厂、筑路、伐木、挖渠、建库中造成大量弃土、弃渣，不作妥善处理，往往冲进沟河，这也是加速土壤侵蚀的一个人为因素。在采矿中由于技术落后、设备不全、乱挖滥采，不仅造成资源浪费，植被破坏，甚至会引起山体滑坡、崩塌及泥石流，进而淤塞河渠水库、毁坏农田。同时，在采矿过程中产生一些化学物质还会污染周围水体，对动植物正常生长造成威胁。在兴建公路的过程中，大量的弃土、弃石、弃渣破坏植被，侵占农田，周期比较长的工程，植被在短时间内难以恢复，大量的开挖回填工程，势必又会破坏地面土体稳定，干扰水循环，改变植被的生存环境。所有这些，若不采用防护，都会产生水土流失。由于区域经济水平的提高，城乡基本建设日新月异，大量地建房、修路等，拉动了对砖瓦、水泥、石灰、石料等建筑材料的需求，刺激了建筑材料生产的增长。这些建筑材料，如水泥、石灰、石料生产、砖瓦烧制需要采石和取土，因此，基本建设规模扩大不仅造成本身和原材料生产过程中的水土流失，而且还会因剥离表土，堆积废土、废石形成新的水土流失源。加上许多采石场由个人承包，盲目开采，管理不严，不但不采取相应的水土保持措施，而且乱倒废土、废渣，甚至直接倒入河沟，造成严重水土流失。

（4）农田排水系统不配套：农田排水系统不健全也是造成沟道水土流失的一个重要原因。这些未完成配套的农田排水系统，为了应对汛期排水，临时拆坝、挖沟，也会加剧当地的水土流失。

（5）城镇开发建设：随着社会经济的发展，城市发展和开发建设的步伐逐渐加快，在城镇边缘或开辟新区，建设开发区或进行成片土地和房地产开发建设，建设用地迅速向外围扩展和蔓延。如果在开发建设中对自然环境保护、水土流失防治和土地合理开发利用等问题不够重视，便会人为破坏原有的自然生态系统，造成城镇水土流失，例如，水土流失造成的河道淤积，沟渠排水不畅，导致洪涝灾害。尤其凸显的是城镇建设用地多在平坦肥沃的土地上，占用大量的良田；建设过程中的废弃物乱堆滥放；城镇规模扩大后，又将产生更多的生活垃圾，垃圾的不合理堆放还会污染水土资源环境，导致水土质量下降。

综上所述，人类的经济活动对土壤侵蚀的影响，集中表现是对土壤资源的破坏，内容包括对植被的破坏，对土壤肥力的破坏、剥夺了土壤的庇护、降低了土壤的抗蚀能力，因此，大大加速了侵蚀的作用。

（三）水土流失的类型

根据产生水土流失的“动力”，分布最广泛的水土流失可分为水力侵蚀、重力侵蚀和风力侵蚀三种类型。水力侵蚀分布最广泛，在山区、丘陵区和一切有坡度的地面，暴雨时都会产生水力侵蚀。它的特点是以地面的水为动力冲走土壤。重力侵蚀主要分布在山区、丘陵区的沟壑和陡坡上，在陡坡和沟的两岸沟壁，其中一部分下部被水流淘空，由于土壤及其成土母质自身的重力作用，不能继续保留在原来的位置，分散地或成片地塌落。风力侵蚀主要分布在我国西北、华北和东北的沙漠、沙地和丘陵盖沙地区，其次是东南沿海沙地，再次是河南、安徽、江苏几省的“黄泛区”（历史上由于黄河决口改道带出泥沙形成）。它的特点是由于风力扬起沙粒，离开原来的位置，随风飘浮到另外的地方降落。

1. 我国水土流失分布

我国是个多山国家，山地面积占国土面积的2/3。我国又是世界上黄土分布最广的国家。山地丘陵和黄土地区地形起伏。黄土或松散的风化壳在缺乏植被保护情况下极易发生侵蚀。我国大部分地区属于季风气候，降水量集中，雨季降水量常达年降水量的60%～80%，且多暴雨。易于发生水土流失的地质地貌条件和气候条件是造成我国发生水土流失的主要原因。

我国人口多，粮食、民用燃料等需求压力大，在生产力水平不高的情况下，对土地实行掠夺性开垦，片面强调粮食产量，忽视因地制宜的农林牧综合发展，把只适合林、牧业利用的土地也辟为农田。大量开垦陡坡，以至陡坡越开越贫，越贫越垦，生态系统恶性循环；乱砍滥伐森林，甚至乱挖树根、草坪，树木锐减，使地表裸露，这些都加重了水土流失。另外，某些基本建设不符合水土保持要求，例如，不合理修筑公路、建厂、挖煤、采石等，破坏了植被，使边坡稳定性降低，引起滑坡、塌方、泥石流等更严重的地质灾害。

（1）自然因素。主要有地形、降雨、土壤（地面物质组成）、植被四个方面。

①地形。地面坡度越陡，地表径流的流速越快，对土壤的冲刷侵蚀力就越强。坡面越长，汇集地表径流量越多，冲刷力也就越强。

②降雨。产生水土流失的降雨，一般是强度较大的暴雨，降雨强度超过土壤入渗强度才会产生地表（超渗）径流，造成对地表的冲刷侵蚀。

③地面物质组成。

④植被。达到一定郁闭度的林草植被有保护土壤不被侵蚀的作用。郁闭度越高，保持水土的能力越强。

（2）人为因素。人类对土地不合理的利用，破坏了地面植被和稳定的地形，以致造成严重的水土流失。

①植被的破坏。

②不合理的耕作制度。

③开矿。

2. 水土流失的危害

水土流失对工农业生产与整个国民经济建设的危害是巨大的，其主要表现在：

（1）破坏土地资源，土壤肥力减退。土地是人类赖以生存的物质基础，肥沃的土壤遭受侵蚀后，由于水土流失带走大量的土壤颗粒、营养矿物质和有机质，使一些山丘、平原沿河、沿湖坡耕地变成了跑水、跑土、跑肥的“三跑田”，土壤质地粗化，土层变薄，含蓄水源能力降低，有机质和氮、磷、钾等土壤养分显著减少，会导致土壤肥力减退，土地资源的严重破坏。

（2）破坏生态环境，加剧水旱灾害。在林草覆盖度高的情况下，水土流失一般比较轻微或者容易；而在水土流失严重地区，由于水土流失造成纵横沟壑、水环境恶化和生态环境失调，使流域和土壤涵蓄水源能力进一步降低，使地表径流时空分布更加不均，导致水旱灾害频繁。

（3）影响水利工程的使用寿命。由于水土流失加剧，河、湖、沟、塘的泥沙淤积量不断增多，年复一年，致使水利工程寿命缩短，乃至报废。水土流失的主要原因是易受侵蚀地区在强降雨时，土壤受到水力作用，沿坡面形成地表面蚀、沟蚀，严重时发生陷穴、坍塌，危害堤防、水坝、水渠、沟河等建筑物的边坡稳定，甚至能使这些水利工程直接遭受破坏。

（4）河床淤高，降低河道除涝、防洪、航运标准。由于平原坡面土壤受到侵蚀，泥沙随水下泄，填塞河道，使河床迅速淤高、淤浅，会逐渐降低河道的除涝防洪及航运标准。异龙湖原为封闭湖泊，形如葫芦，西大东小，东西长约 13.8 km，南北平均宽 3 km，最宽处 6 km，最窄处 1.4 km，最大水深 6.55 m，平均水深约 2.75 m。

（5）水土流失对水环境的影响。水土流失在破坏土地资源，对沟河、水库、湖泊、渠道产生泥沙淤积以外，还携带大量养分、矿物质和轻重金属元素进入泄水载体，使水体富营养化，浊度增加，受到污染。在一些水土流失严重的地方，往往因为土壤贫瘠，化肥、农药使用量大，致使随水土流失进入水体的各类化学污染物质也更多，从而对水环境造成了更为不利的影响。

3. 水土流失的治理

（1）工程措施：①径流调节工程：a.蓄水工程，建在水土流失形成区上游；b.引排工程，建在形成区上方，侧方。②拦挡工程：a.拦沙坝、谷坊工程；b.挡土墙工程；c.护坡工程，修梯田等；d.变坡工程，对山坡修水平台阶；e.潜坝工程。③排导工程：修导流堤、顺水坝、排导沟、渡槽、急流槽、明硐，改沟工程。④停淤工程：修停淤场，拦泥坝。⑤农田工程：水改旱，水渠防渗，坡改梯。

（2）生物措施：①林业措施：构建人工森林植被，建水土保持林、护床防冲林、护堤固滩林。②农业措施：间套作等。③耕作措施：免耕、少耕等。④牧业措施：适度放牧，改良牧草，改放牧为圈养，选择水土保持好的牧草。

三、实习地介绍

石屏县地处云南省南部、红河州西北部，异龙湖位于石屏县城东南 3 km 处，地理位置位于东经 102°30′—102°38′，北纬 23°39′—23°42′。本区径流面积 360.4 km^2，占全县国土面积的 12%。异龙湖是云南省 9 大高原湖泊中人为破坏最严重的湖泊之一，也是红河州最大的湖泊，是石屏县社会经济发展的依托，被称为石屏县的“母亲湖”。由于大规模放水围湖造田等不合理的开发利用，湖区面积由 1952 年的 53.1 km^2 大大缩减至现在的 31 km^2，水位急剧下降。异龙湖围湖造田前每年有数百万立方米水量过境，不仅灌溉河流两岸良田，而且给流域带来充足的水资源，自改道青鱼湾隧道出流后，泸江河断流加剧，异龙湖出口海口河年年干涸，河道淤积堵塞严重，河面越来越窄，已失去源头作用（图 2-1）。

图 2-1　异龙湖地理位置

异龙湖流域内共有红壤、水稻土、冲积土和紫色土 4 个土类，含 8 个亚类，16 个土属，35 个土种。以红壤分布最广，约占 72.0%，水稻土次之，约占 16.8%。红壤主要分布于山区、半山区和坝子边缘的丘陵地带；水稻土主要分布于坝区、半山区、山区和河谷地区；冲积土主要分布在异龙湖周围的坝区，少部分分布在山区和河谷的冲道中；紫色土是在紫红色成土母岩上形成的特殊土壤类型，分布于异龙镇和坝心镇。

异龙湖流域内主要植被群落有云南松纯林、松栎、松阔混交林等，常见的树种有云南松、油杉、翠柏、栎类木荷、小叶榕、桉树、旱冬瓜、甜龙竹等，森林覆盖率 34.2%（含灌木林）。随着经济社会的发展，筑路、采石、采土、采矿、垦荒等人类活动破坏了天然植被，流域内有林地覆盖率仅为 24.19%，低于全县有林地覆盖率 31%的水平。

近年来，当地政府高度重视异龙湖的生态治理，实施了异龙湖流域防护林工程，完成人工造林 3 508.7 hm^2，封山育林 11 724 hm^2，退耕还林 553.3 hm^2，使异龙湖流域森林覆盖率由 1999 年的 24.19%提高到 2008 年的 34.2%。

异龙湖流域含宝秀、异龙、坝心 3 个乡镇，水土流失率 72.24%，其中，无明显流失的面积 100.32 km^2，轻度流失面积 190.41 km^2，中度流失面积 56.47 km^2，强度流失面积 13.2 km^2。按优、良、中、差、劣来评价，异龙湖流域为差，轻度侵蚀。水土流失以沟蚀为主，有少量为片蚀区，平均侵蚀模数为 1 415 t/km^2，年土壤侵蚀量 100 万 t，流域内每年流失土壤 34.5 万 t。流域内林业用地、有林地覆盖率均低于全县平均水平，有林地覆盖率 24.19%，尤其是湖周成片密林和水资源涵养林非常少。而树种中，蓝桉和云南松占绝对优势，林种单一，保水保土效益差。

由于大规模围垦，导致异龙湖湖滨带遭到严重破坏。南岸众多的湖湾都围垦成田，共造田 14 271 km^2，种植水稻、甘蔗等农作物。如今的南岸是湖堤连湖堤，原始的湖滩环境基本上已不复存在，丧失了湖泊生物的繁衍场所和湖滨带的功能。围垦不仅缩小了湖盆面积和容积，降低了湖泊的环境容量，更破坏了湖滨带的环境连续性和生态稳定性，减小了湖滩湿地面积，削弱了湖滨带对入湖径流携带污染物的净化能力，加剧了湖泊污染，加速了富营养化的发展。在湖的西部、北部，通过围垦滩地建造鱼塘 26.71 km^2，开垦滩地为农田的方式蚕食湖滩湿地的现象依然普遍存在，且有愈演愈烈之势。

四、实习内容

（1）土壤侵蚀现状调查：包括水蚀、风蚀、重力侵蚀类型及强度分布调查，侵蚀形式（面蚀及沟蚀）调查；

（2）水土流失危害调查；

（3）土壤侵蚀影响因子调查：包括气象、水文、植被、地形、土地利用及人为因素调查。

五、方法

（一）技术路线

1. 土壤侵蚀调查

采取人机交互式判读方式，根据 TM 影像、土地利用、地形图、水文、气象等背景资料的数字化成果，按照《土壤侵蚀分类分级标准》（SL 190—96），综合分析土壤侵蚀类型、坡度、植被覆盖度、地表组成物质等要素间的影响关系，依托“3S”（GIS-GPS-RS）技术集成遥感解译系统，运用模型解译与屏幕解译相结合的方法，进行土壤侵蚀综合评价。

2. 植被调查

植被盖度的调查采用标准样区与遥感影像结合的方法进行调查。其主要技术环节是：提取 TM 影像到影像分析平台 Region manage 做监督分类处理，训练区地学资料采用 GPS 静态定位进行实地标准地调查，取得植被盖度数据。标准地设置为投影面积 500 m^2 的长方形，标准地的植被盖度采用世界通用多度分级标准进行。

3．地形调查

地形调查采用比例尺为 1∶10 000 的地形图、TM 影像数据（1∶100 000），通过卫星影像分析平台进行图像去噪、栅格矢量化和图形配准处理，应用空间分析技术对该区不同坡度级别的分布进行统计量算。

4．其他调查

采用考察询问、资料分析、典型调查和抽样调查等地面调查手段进行。异龙湖片区流域 1∶10000 地形图小班调绘；进行水土保持综合防治措施的规划设计，主要有各类挡墙、鱼鳞坑、水平沟、水平阶、淤地坝、谷坊、旱井、涝池、沟头防护工程等；划分面蚀种类及面蚀量的实测方法，沟蚀的沟道类型、沟蚀发育阶段、沟蚀量及发展趋势，重力侵蚀主要调查沟岸崩塌、坍落状况、陡壁高度、沟岸裂隙深度、边距及发展趋势等，并绘示意图。

（二）计算方法

1．侵蚀针法面蚀调查计算

为了便于观测，在需要进行观测的区域，打 5 m×10 m 的小样方，在地形不适宜布设该面积小区时，小区的面积可小些，在样方内将直径 0.6cm、长 20～30cm 的铁钉相距 50cm×50cm 分上中下、左中右纵横沿坡面垂直方向打入坡面，为了避免在钉帽处淤积，把铁钉留出一定距离，并在钉帽上涂上油漆，编号登记入册，每次暴雨后和汛期终了以及时段末，观测钉帽出露地面高度与原出露高度的差值，计算土壤侵蚀深度及土壤侵蚀量。计算公式：

$$A = ZS/1\,000\cos\theta$$

式中：A——土壤侵蚀量；

Z——侵蚀深度，mm；

S——侵蚀面积，m^2；

θ——坡度值。

2．侵蚀沟样方调查计算

在已经发生侵蚀的地方，通过选定样方，测定样方内侵蚀沟的数量、侵蚀深度和断面形状来确定沟蚀量，样方大小取 5～10m 宽的坡面，侵蚀沟按大（沟宽＞100cm）、中（沟宽 30～100cm）、小（沟宽＜30cm）分 3 类统计，每条沟测定沟长和上、中、下各部位的沟顶宽、底宽、沟深，推算侵蚀量。

由于受侵蚀历时和外部环境的干扰，侵蚀的实际发生过程不断发生变化，为了解土壤侵蚀的实际发生过程，在进行侵蚀沟样方法测定的同时，还应通过照相、录像等方式记录其实际发生过程。

六、工具与仪器

铁锹、镐、pH 指示剂、口盅、瓷块两块、卷尺、比色卡、采样袋两个、剖面刀和 GPS。

七、思考题

1．什么是击溅侵蚀？它有何作用？
2．简述降雨在面蚀中的作用。
3．土壤侵蚀包括哪些形式？它们在地表有何分布特征？
4．简述面蚀的影响因素。
5．侵蚀沟是如何形成的？它被分为哪几种类型？

八、记录表

表 2-10　水土保持调查表

编号	河道名称	位置		长度/m	常水位/m	枯水位/m	平均口宽/m		边坡形式	坡比	岸坡绿化情况	岸坡水土流失现状	岸坡水土流失量分类统计				河床水土保持现状	河床自然淤积量/(万 m^3/a)	河床自然冲刷量/(万 m^3/a)	河床现状淤积量/万 m^3	河床冲刷流失量/万 m^3
		起点	终点		（吴淞高程）		规划	现状					自然坍塌/万 m^3	船行波冲刷/万 m^3	降雨冲刷/万 m^3	其他原因/万 m^3					
1																					
2																					
3																					
4																					

表 2-11　植被调查表

流域名称：

______县______乡______村　　调查日期：　　调查员：

地块编号	林业														牧业					
	次生林					人工乔木林						灌木林								
	面积/hm^2	主要树种	郁闭度/%	平均树高/m	平均胸径/cm	面积/hm^2	树种	林龄/a	郁闭度/%	平均树高/m	平均胸径/cm	面积/hm^2	主要灌木	覆盖度/%	面积/hm^2	主要草类	覆盖度/%	割草	放牧	轮牧周期/a

表 2-12　小流域水土保持工程措施调查表

流域名称：

______县______乡______村　　调查日期：　　调查员：

地块编号	塘、堰		谷坊/座	拦沙坝/座	蓄水池、水窖		灌、排水渠		截流沟		沉沙池/个	水平梯田/hm^2
	数量/座	容量/m^3			数量/口	容量/m^3	总长/km	最大允许流量/(m^3/s)	长度/m	断面积/m^2		

表 2-13 小流域水土流失综合因子调查表

流域名称：

________县________乡________村　　　调查日期：　　　调查员：

地块编号	地块面积/hm^2	利用现状	地貌部位	坡度/(°)	海拔高度/m	基岩类型	土壤类型	土层厚度/cm	作物与植被		森林覆盖率/%	林草覆盖率/%	水土流失		治理现状		现场规划意见	
									作物种类	植被类型			类型	强度	水土保持措施	水利水保工程	水土保持措施	水利水保工程

实习四　土壤重金属污染调查

一、目的

通过调查、布点、采样及对农产品产地环境中土壤和农作物重金属含量监测，全面了解污灌区主要农产品及产地环境的重金属污染状况，实习过程中让学生学会重金属污染源的调查方法、土壤和农作物采样的布点方法、重金属的测定方法等，为以后从事科学研究提供基础。

二、原理

（一）土壤重金属污染概述

重金属一般是指原子密度大于 5 g/cm^3 的一类金属元素，大约有 45 种。在环境污染中所说的重金属主要是指 Zn、Cd、Pb、Cr、Cu、Co、Ni、Sn 和 Hg 等生物毒性显著的元素，同时还把类金属 As 以及 Se 和 Al 等也包括在内，由重金属造成的环境污染称为重金属污染。

土壤是人类赖以生存的物质基础，是人类生态环境的重要组成部分。随着现代经济的高速发展，环境污染物的排放量与日俱增，环境污染和生态破坏日趋严重，使人类赖以生存的土壤受到严重的污染。土壤重金属污染是指由于人类活动将重金属带入到土壤中，致使土壤中重金属含量明显高于背景含量并可能造成现存的或潜在土壤质量退化、生态与环境恶化的现象，重金属污染过程具有隐蔽性、长期性和不可逆转等特点而不易分解、转化，却易富集，重金属污染的土壤不仅肥力降低、结构遭到破坏，降低作物的产量和品质，而且会恶化周围的水环境，并通过食物链危及人类的身体健康。据统计，目前中国受重金属污染的耕地面积近 $2\,000\times10^3\ hm^2$，约占耕地总面积的1/5，每年因土壤重金属污染而减少的粮食产量高达 $1\,000\times10^3\ t$，直接经济损失达200多亿元，这些资料表明，土壤的重金属污染已对食品安全、人类健康和社会稳定构成了严重的威胁。因此，土壤重金属污染是当前日益严重和亟待解决的环境问题之一，是当前生态环境保护所面临的紧迫任务，也是我国实施可持续发展战略应优先关注的问题之一。

（二）土壤重金属来源

土壤本身具有一定的重金属含量，称为背景值，与成土母质和成土过程密切相关。一般情况下，背景含量不会对土壤生态系统造成危害。目前土壤重金属污染主要是由人类活动造成的，主要包括以下几个方面：

（1）大气沉降：大气中的重金属主要来源于能源、运输、冶金和建筑材料生产产生的气体和粉尘。除 Hg 以外，重金属基本上是以气溶胶的形态进入大气，经过自然沉降和降水进入土壤。

（2）污水、污泥农用：各种污水，尤其是工矿企业污水，未经分流处理而排入下水道与生活污水混合排放，造成污灌区土壤重金属 Hg、As、Cr、Pb、Cd 等含量逐年增加。沈阳市张士灌区因污灌使超过 $2\,500\ hm^2$ 农田受到 Cd 污染；天津市常年污灌区的土壤 Hg 含量和淮阳污灌区土壤多种重金属都已超过警戒线；其他灌区部分重金属含量也远远超过当地背景值。此外，污水处理厂的污泥农用也是造成土壤中重金属增加的重要原因。

（3）固体废弃物：固体废弃物种类繁多，成分复杂，不同种类其危害方式和污染程度不同。其中，矿业和工业固体废弃物污染最为严重。这类废弃物在堆放或处理过程中，由于日晒、雨淋、水洗，重金属极易移动，以辐射状、漏斗状向周围土壤、水体扩散。

（4）农用物资：有些农药的组成中含有 Hg、As、Cu、Zn 等重金属，不科学生产或不合理使用将会造成土壤重金属污染。同时肥料中含有较多的金属元素，其中氮、钾肥料中重金属含量相对较低，而磷肥中则含有较多的有害重金属，复合肥的重金属主要来源于母料及加工流程所带入。肥料中重金属含量一般是磷肥>复合肥>钾肥>氮肥。施用作为有机肥料的家畜粪便也会造成重金属的污染，我国目前每年约有 1.0×10^5 t 重金属随畜禽粪便排出而污染环境。

此外，随着在生产过程中加入了含有 Cd、Pb 的热稳定剂的地膜大面积推广使用，也增加了土壤重金属污染。

（三）土壤重金属污染特点

1．普遍性

随着工业生产的发展，重金属污染日趋普遍，几乎威胁着每个国家。我国已有很多城市的郊区和污灌区都遭到了不同程度的重金属污染。如我国受重金属污染的耕地近 2 000 万 hm^2，约占总耕地面积的 1/5，其中 Cd 污染耕地 1 133 万 hm^2，涉及 11 个省 25 个地区；被 Hg 污染耕地 312 hm^2，涉及 15 个省 21 个地区。

2．隐蔽性和滞后性

土壤重金属污染由于其无色无味，很难被人的感觉器官所察觉，一般要通过植物进入食物链积累到一定程度时才能反映出来，有时还要通过土壤样品的化验和对农作物的残留检测，甚至需要研究对人畜健康状况的影响才能确定；同时重金属发生的环境毒害往往在经过相当长的时间后才表现出来，如日本的“骨痛病”经过 10～20 年之后才被发现。

3．长期性和累积性

重金属主要以可溶态、碳酸盐结合态、有机结合态、铁锰氧化物态以及残留态五种形态赋存于土壤当中，上述各种形态除可溶态外，其他各种形态均难溶于水，并且由于可溶态所占重金属总量的比例远小于其他形态，使得重金属在土壤中不易迁移以及危害周期变长。正因为土壤中的重金属元素不能为土壤微生物所分解，而可为生物所富集，导致在土壤中不断积累直至超过土壤环境标准。

4．不可逆转性

重金属对土壤的污染基本上是一个不可逆转的过程。由于重金属在土壤中积累到一定程度时，便引起土壤结构与功能的变化，且由于重金属很难迁移和降解，因此，土壤一旦污染很难恢复。

5．表聚性

土壤中重金属污染物大部分残留于土壤耕层，很少向土壤的下层移动。这是由于土壤中存在着有机胶体、无机胶体和有机无机复合胶体，它们对重金属有较强的吸附和螯合能力，限制了重金属在土壤中的迁移能力。

6．多样性和难治理性

土壤中的重金属很少以单元素的形式存在，大多数情况下是元素之间以及重金属与其他污染物联合作用构成的复合污染。同时，不同土壤中的重金属污染源都不尽相同，并且其污染程度也不均匀，再加上土壤种类繁多，其化学组成各具特色，所以不同土壤中对重金属的吸收、转化、累积、淋溶的规律也多种多样，给重金属污染土壤修复带来很大的难度。此外，土壤重金属污染一旦发生，仅仅依靠切断污染源的方法往往很难恢复，有时要靠换土、淋洗土壤等方法才能得到解决。其他治理技术要么见效慢、周期长，要么成本高，导致治理难度大。

三、实习地介绍

螳螂川系金沙江支流，全长 252 km，位于滇池外海西岸，为滇池的唯一出水口。螳螂川自滇池流向西北，经西山区、安宁市、富民县和禄劝县，于禄劝县与东川县交界处注入金沙江。其上游至富民段称为螳螂川，长 93 km，流域面积 1 170 km^2。其下段称为普渡河，其主要水体功能为农灌用水、工业用水，同时也具有牲畜饮用功能。

螳螂川源海口镇，是昆明的工业重镇。该镇所辖石龙坝水电站，是中国第一座水电站，1910 年始建，至今还在运转，受滇池水位和降雨量的影响，螳螂川水体流量变化较大。水体虽然较小，但利用价值较大，它是海口、安宁以及沿岸工业、农业、生活用水的主要水源，也是容纳生产、生活污水的唯一水体。

（一）螳螂川流域主要的农业结构

螳螂川流域主要的农业结构分为两段，从海口镇到安宁主要种植玉米及蔬菜，在西山区团结街道办事处境内总长 19.8 km，流经律则、乐亩、朵亩、蔡家 4 个社区，23 个居民小组。主要以玫瑰种植为主，4 个社区完成 800 亩加工型玫瑰种植区，其中律则 400 亩、乐亩 160 亩、蔡家 160 亩、朵亩 80 亩。

海口镇是滇池西南部一大工业区，光学仪器制造有 50 多年的历史，在国内外享有盛名，素有“光学城”之称。境内有云南北方光学电子集团有限公司、云南西仪工业有限公司、云南圆正轴承有限公司、云南水泥厂、云南省化学工业有限公司、中轻依兰集团公司、云南三环化工有限公司、海口磷矿等中央和省属企业，是云南磷矿资源的主要产地，矿体具有品位高、储量大和便于开采的特点。随着三环公司等一大批以磷资源为加工基础的工矿企业的建成，使海口成为全国较大的磷化工基地。

（二）螳螂川流域地质概况

海口磷矿矿区位于香条冲背斜北翼的中段，它与南翼的昆阳磷矿矿区隔山相望。矿区面积从西北端的山神庙丫口至东北端的柳树箐，南端至鹅毛山脚，共 6.5 km^2，矿层出露在半山腰，倾角平缓，露头线周长约 2.3 km。20 世纪 50 年代初期，西南地质局五二八地质队在勘察香条冲背斜南翼昆阳磷矿矿区的同时，对北翼的磷矿资源作了 1∶50 000 的地质填图和矿产普查评价，对以后确定海口磷矿矿区及进行地质勘探提供了有利条件。

矿区地质概况：

（1）地层矿区出露地层有：震旦系上统灯影组、寒武系下统筇竹寺组一部分。

（2）岩石海口磷矿：矿区位于香条冲背斜北翼的中段，地层倾角平缓，出露地层不多。矿区东、南、西三面由于地形切割较深及受九号断层的影响，大面积出露上震旦统灯影组灰岩，矿区北面地形低洼处，如小黑沟、黄泥沟一带也有出露，矿区内出露地层有下寒武统渔户村组和筇竹寺组的下部。第四系不甚发育。

（3）构造：矿床位于香条冲背斜北翼的中段次一级平缓背斜之两翼，轴部位于 5 号勘探线附近。一、二采区为西北翼，倾角 5°～7°；三采区为东南翼，倾向 120°～150°，倾角 5°～7°，构成了略向北偏东 35°倾没的一对称背斜；四采区为此背斜的倾没端，两翼均有平缓的波状褶曲，东南翼较为明显，轴部和两翼的地层均有筇竹寺组、渔户村组及灯影组构成。断层除 F1 断层和 F2 断层外，其余断层断距都较小，对矿床影响不大。在三采区东南端的 F1 断层东侧灯影灰岩上升，掩覆于筇竹寺组上，构成三采区东南部的天然边界；位于四采区东部大脑包的 F2 断层，走向北偏东，断距大于 50m，东边上盘台遭受剥蚀，使东部的上震旦统灯影组直接超覆于下寒武统筇竹寺组粉砂岩之上，中断了矿床往东的连续延伸并构成了四采区的北东边界。

（4）矿产分布寒武系下统渔户村组为矿区磷块岩矿床的赋存层位，由四个明显的岩（矿）段组成，由上至下为：①含磷硅质白云岩段：呈灰色、灰白色、中厚至厚层状，致密块状构造，夹有 2～3 层硅质条带，致密坚硬，局部发育为石英晶洞。风化后的硅质白云岩多呈黑褐色、咖啡色黏土，含磷含锰增高，富含水分，为上磷矿层直接顶板，厚 2～14 m。②上层磷块岩段：上部为杂色砂质磷块岩；中部为瓦灰色或灰白色白云石条带状磷块岩和条带状白云质磷块岩；下部为灰色、蓝灰色假鲕状磷块岩。全层厚 5～14 m。③砂质白云岩段：俗称夹层。为白色、灰色、中厚层状，中粗粒结构的含磷砂质白云岩，风化后呈砂状感的咖啡色、黑褐色黏土，受风化后碳酸岩流失，含磷增高，一般五氧化二磷含量可达 5%～10%，有的高达 15%，厚度变化较大，一般为 6～10m，最大厚度在 22m 以上，为下磷矿层的主要剥离物。④下层磷矿岩段：上部为灰色、灰黑色生物（软舌螺）碎屑磷矿岩，为下矿层的标志层；中部为深灰色、黑色、风化后呈紫红色的条带状磷矿岩或条带状白云质磷矿岩，其间夹薄层燧石；下部为灰色或蓝灰色假鲕状磷块岩，含硅质成分高，风化后呈蜂窝状，其下有角砾状磷块岩及燧石条带磷块岩。

但从全区来说，分布不甚稳定。本层厚 3～6 m，与下伏震旦系下统灯影组呈整合接触。

（5）矿床地质特征：云南海口桃树箐磷矿区，磷矿层位于寒武系下统的底部，震旦系上统灯影组白云质灰岩之上，为一大型沉积层状磷块岩矿窗，主要含磷层有两层，即上磷层和下磷层，其间有一夹层为含磷砂质白云岩。矿层倾向在一、二、四采区为北偏东，而三采区为南偏东，倾角一般在 5°～7°。矿体边缘部分，由于次生构造的影响，倾向、倾角都有较大的变化。矿层的形态从表面上看，地层由于倾角平缓，加之地表风化侵蚀，地形遭到切割的影响，矿层形态极不规则，矿层露头线大致沿地形等高线延伸，呈环形出露于半山腰，周长约 23 km，上覆岩层像一顶巨型的帽子一样盖戴于矿层之上，形成露天开采的主要剥离对象。矿层形态从垂直方向上来说，由于原始沉积和后期风化、淋滤、重力等多因素的影响，露头及浅部矿层厚度变化较大，中心部分的矿层相对来说，厚度比较稳定，上层矿比下层矿稳定，上层矿的厚度一般为 6～8 m，下层矿一般为 3～6 m。但上下矿层风化与原生矿厚度变化规律基本一致。即矿层随着后期的风化，物质组分的淋失和重新组合，矿层之厚度发生变化，由深部到地表，原生到风化，厚度略有变薄的趋势。上层磷块岩在垂直方向，在 8 线以东地区，从上部砂质磷块岩向下渐变为条带状磷块岩或条带状白云质磷块岩。其 P_2O_5 含量亦随之由低增高，8 线以西地区，由于顶部砂质磷块岩厚度变薄，并被鲕状磷块岩所替代，在垂直厚度方向，由上至下 P_2O_5 含量的变化由高至低再变高。在沿走向和倾向方向，随氧化与原生的不同，总的变化是浅部露头富，深部贫，或者是氧化矿富，原生矿贫。下层磷块岩在垂直厚度方向，由于非矿夹石的增多和分布的不均匀性，其 P_2O_5 含量和矿石品级发生骤变，可以由一、二级品变为三、四级品，亦可由三、四级品变为一、二级品，品级交替发育，无明显的规律。在沿走向和倾向的方向上，P_2O_5 变化在倾角方向大体与上层磷块岩相似。在走向方向上总的变化规律是由矿区北西至南东，即由二采区至一采区 P_2O_5 含量由富变贫，其最富地段在 17 线以西至露头部分，平均 P_2O_5 含量在 25%。为下层磷块岩Ⅱ级富矿的分布地段。最贫地段在 10—12 线范围。

（三）螳螂川流域土壤类型

该流域面积不太大，但共有 3 个土类，3 个亚类，6 个土属、8 个土种。土壤剖面发育完善，土层深厚，质地较重且分异明显，土壤酸性较强，有机质及钾素含量较丰富，该地区土壤有机质含量高（＞15.3 g/kg），最高可达 63.6 g/kg，具有从谷底到山顶逐渐增加的趋势，但人为影响大，侵蚀严重。

四、实习内容

（一）基本情况调查

1. 环境概况

环境概况调查包括自然环境和社会环境，自然环境包括各地自然地理、气候、水文、土壤类型分布、生态环境总体状况等；社会环境包括经济概况、经济发展水平、人口情况、乡镇企业情况等。

2. 农产品产地基本情况

包括各地耕地面积、不同耕地类型的分布情况、农产区作物种植面积、有机肥、化肥和农药使用情况、灌溉、农产品的种类、产量、销售途径等。

3. 重金属污染源情况

本方案主要开展农产品及产地环境 Pb、Cd、As 和 Hg 四种重金属污染状况调查。污染源情况调查的内容主要包括：污染物的来源、途径、数量、分布、主要污染物种类和含量等。

（二）布点方案

本实习以螳螂川流域农作物及相应的土壤为主，为弄清螳螂川灌溉水对土壤污染及农产品安全质量的影响，在土壤监测地块同步采集农产品。农产品采集主要以当季作物为主，布点优先考虑螳螂川作为灌溉水源，兼顾当地主要农作物。

1. 布点原则

（1）全面性原则：调查点位要全面覆盖不同类型的土壤及不同利用方式的土壤，能代表调查区域内土壤环境质量状况。

（2）可行性原则：点位布设应兼顾采样现场的实际情况，充分考虑交通、安全等方面可实施采样的环境保障。

（3）经济性原则：保证样品代表性最大化前提下，最大限度节约采样成本、人力资源和实验室资源。

（4）相对一致性原则：同一采样区域（网格）内的土壤差异性应尽可能小，在性质上具有相对一致性。而不同采样区域（网格）内土壤差异性尽可能大。

（5）名优品种产地优先原则：小麦、油菜、水稻和蔬菜产地是本项目的主要布点区位。但各村主要名优水稻和蔬菜品种有差异，因此，布点宜优先考虑当地的大宗名优品种产地。

2. 布点数量

拟在 20 个村布设 100 个样点，平均每个村布设监测点 5 个，共采集土壤和植株样本各 100 个。

3．野外布点基本要求

（1）进入采样现场，首先考察现场是否属于拟定的采样区域，确定经纬度，对现场进行初步踏勘。

（2）土壤采样点应选择在有利于该土壤类型特征发育的环境，如地形平坦、各种影响因素相对稳定、自然植被良好，具有代表性的、面积在 30 亩以上的地块上；不在多种土类交错分布的、面积较小的边缘地区布设采样点。

（3）不能在住宅周围、路旁、沟渠、粪坑及坟堆附近等人为干扰明显而缺乏代表性的地点设置采样点。

（4）采样点远离铁路、公路至少 300 m 以上。

（5）不在水土流失严重或表土破坏处布设采样点；在坡脚、洼地等具有从属景观特征的地点，不宜作采样点。

4．布点方法

拟监测区域的农作物种植面积根据 2008 年《安宁农村统计年鉴》统计的播种面积确定。原则上各村至少布一个点位，若耕地面积较少且小于平均布点代表面积，分布又零散的县（市、区）可不予考虑布点。布点区位以小麦、油菜、稻谷和蔬菜产地为主。根据野外布点要求，现场勘察后通过 GPS 准确定位初始调查点位，记录经纬度、土壤种植类型等信息。

五、实习方法

（一）土壤和植物样品采集

根据调查区污染源的分布，结合调查现场的具体情况，选择某地部分矿山附近及河流下游有代表性的土地作为研究对象，采集 0～20 cm 耕层土壤和植株样品进行分析。

（二）土壤和植物样品分析

土壤样品进行风干、研磨；植物样品经蒸馏水冲洗后剪取根茎叶，于 105℃杀青、80℃烘干，然后称干重进行粉碎。再将土壤和植物样品过 100 目筛，并以硝酸和高氯酸进行硝化。采用电感耦合等离子体原子发射光谱（ICP-AES）法测定土壤样品中重金属元素含量。

（三）土壤污染评价

1. 污染评价方法

采用单因子污染指数法和综合因子污染指数法进行评价，评价公式如下（孟飞，2008）：

（1）单因子污染指数法

$$P_i = \frac{C_i}{S_i}$$

式中：P_i——土壤中污染物 i 单因子指数；

C_i——污染物 i 实测值，mg/kg；

S_i——污染物评价标准。

（2）综合因子污染指数法（内梅罗综合指数法）

$$P = \sqrt{\frac{\left(\overline{P}_i\right)^2 + \left(P_{i\max}\right)^2}{2}}$$

式中：P ——内梅罗综合指数；

$\overline{P}_i$ ——土壤中各污染指数平均值；

$P_{i\max}$ ——土壤中各污染指数最大值。

2. 质量分级标准

以国家土壤环境质量标准二级质量标准为参照，将其污染程度分级为（表 2-14）（郑茂坤，2010）：

表 2-14　污染程度分级

质量分级	指数范围
无污染（清洁）	$P_i \leqslant 1$
轻度污染	$1 < P_i \leqslant 2$
中度污染	$2 < P_i \leqslant 3$
重度污染	$P_i > 3$

六、工具与仪器

短柄锄头、钢卷尺、土壤剖面记载表、测试箱（10%盐酸、酸碱混合指示剂）、土壤剖面记载表。

七、思考题

1. 简述矿山开采导致的生态破坏。
2. 根据监测结果分析重金属的来源及污染状况。

八、记录表

表 2-15 采样点基本情况记录表

<table>
<tr><td>土壤样品统一编号</td><td colspan="2"></td><td colspan="2">农产品样品统一编号</td><td colspan="2"></td></tr>
<tr><td>野外编号</td><td></td><td>经度</td><td colspan="2"></td><td>纬度</td><td></td></tr>
<tr><td>采样地点</td><td colspan="4">县（市、区） 乡（镇） 村 组</td><td>地块名（土名）</td><td></td></tr>
<tr><td>土壤采样</td><td>采样深度</td><td colspan="2">cm</td><td>土壤类型</td><td colspan="2"></td></tr>
<tr><td colspan="2">是否名优产品产地</td><td colspan="2">是□ 否□</td><td>是否名优产品</td><td colspan="2">是□ 否□</td></tr>
<tr><td>蔬菜品种</td><td>采样部位</td><td></td><td>名称</td><td></td><td>种植面积</td><td></td></tr>
<tr><td>种植制度</td><td colspan="6"></td></tr>
<tr><td>土地利用类型</td><td colspan="6">水田□ 旱地□ 菜地□ 水浇地□
望天田□ 其他</td></tr>
<tr><td>土壤质地</td><td colspan="6">砂土□ 壤土□ 黏土□</td></tr>
<tr><td>成土母质</td><td colspan="6">花岗岩□ 砂页岩□ 坡积物□ 冲积物□ 其他__________</td></tr>
<tr><td>地形地貌</td><td colspan="6">平原□ 丘陵□ 其他__________</td></tr>
<tr><td>灌水水源</td><td colspan="6">水库□ 河流□ 池塘□ 山塘□ 泉水□ 地下水□ 其他__________</td></tr>
<tr><td>灌水方式</td><td colspan="6">漫（畦）灌□ 沟灌□ 淹灌□ 喷灌□ 滴灌□ 微灌□</td></tr>
<tr><td rowspan="2">施肥情况</td><td colspan="3">化肥名称</td><td colspan="3">有机肥名称</td></tr>
<tr><td colspan="3"></td><td colspan="3"></td></tr>
<tr><td>农药施用情况</td><td>杀虫剂名称</td><td></td><td>杀菌剂名称</td><td></td><td>除草剂名称</td><td></td></tr>
<tr><td>废气、废水、废渣污染情况</td><td colspan="4"></td><td colspan="2" rowspan="3">填表人：

时间：</td></tr>
<tr><td>农用固体废弃物污染情况</td><td colspan="4"></td></tr>
<tr><td>备注</td><td colspan="4"></td></tr>
</table>

注 1：样本编号——要求能够准确地确定野外采样的空间位置及其样本的特征属性，同时要求编号系统直观、实用，易于操作。

注 2：种植制度——填写一年一熟、一年两熟或二年三熟，注明作物名称。

注 3：污染情况——主要指采样点周围 5km 内、主导风向 20km 以内工矿企业（包括乡镇村办企业）污染源分布情况（包括企业名称、产品、生产规模、方位、距离），废水、废气及其主要污染物向土地和水体的排污状况，污染事故发生情况，场地的外来填充物，土壤污染事故发生区主要污染物的毒性、稳定性以及如何消除等。

表 2-16 采样点基本信息统计表

______市产地环境样点（共______土 ______植株）

序号	统一编号	县（区）	乡（镇）	村	地块名（土名）	北纬	东经	作物品种	土壤利用类型	备注

表 2-17 ××市农产品产地环境土壤和农作物重金属监测结果

样品统一编号	采样地点	pH	全铅/（mg/kg）	全镉/（mg/kg）	Hg/（mg/kg）	污染等级

第三章　环境工程实习

实习一　滇池水体污染现状调查

一、目的

通过本次实习，要求了解滇池污染的基本情况，通过观察滇池中的水生植物类型，水华（或水花）、赤潮等现象，掌握各种现象出现的基本原因及基本原理。

二、原理

在人类活动的影响下，氮、磷等营养物质大量进入湖泊、河口、海湾等缓流水体，导致水中营养物质过多，特别是氮、磷过多，从而引起水生植物，如浮游藻类，大量繁殖，影响水体与大气正常的氧气交换，加之死亡藻类的分解消耗大量的氧气，造成水体溶解氧迅速下降，导致水质恶化，鱼类及其他生物大量死亡，加速了水体的衰老。这种现象称为水体富营养化。在河流或湖泊中出现称为水华，在海洋中出现称为赤潮。

滇池污染经历了一个长期而复杂的过程。水质污染从20世纪70年代后期开始，进入80年代，特别是90年代，富营养化日趋严重。造成滇池水污染的原因：一是滇池地处昆明城市下游，是滇池盆地最低凹地带；二是生活污水进入滇池；三是工业废水进入滇池；四是农业面源污染；五是滇池流域城镇化迅速发展；六是滇池属于半封闭性湖泊，缺乏充足的洁净水对湖泊水体进行置换；七是在自然演化过程中，湖面缩小，湖盆变浅，进入老龄化阶段，内源污染物堆积，污染严重。

（一）营养物质的来源

水体中过量的氮、磷等营养物质主要来自未加处理或处理不完全的工业废水和生活污水、有机垃圾和畜禽粪便以及农施化肥，其中，农田上施用的大量化肥是较重要的来源之一。

1. 氮源

农田径流携带的大量氨氮和硝酸盐氮进入水体后，改变了其中原有的氮平衡，促进某些适应新条件的藻类种属迅速增殖，覆盖了大面积水面。例如，我国南方水网地区一些湖汊河道中，从农田流入的大量的氮促进了水花生、水葫芦、水浮莲、鸭草等浮水植物的大量繁殖，致使有些河段航运受到影响。在这些水生植物死亡后，细菌将其分解，从而使其所在水体中增加了有机物，导致其进一步耗氧，使大批鱼类死亡。最近，美国的有关研究部门发现，含有尿素、氨氮为主要氮形态的生活污水和人畜粪便，排入水体后会使正常的氮循环变成"短路循环"，即尿素和氨氮的大量排入，破坏了正常的氮、磷比例，并且导致在这一水域生存的浮游植物群落完全改变，原来正常的浮游植物群落是由硅藻、鞭毛虫和腰鞭虫组成的，而这些种群几乎完全被蓝藻、红藻和小的鞭毛虫类（*Nannochloris* 属，*Stichococcus* 属）所取代。

2. 磷源

水体中的过量磷主要来源于肥料、农业废弃物和城市污水。据有关资料说明，在过去的 15 年内地表水的磷酸盐含量增加了 25 倍，在美国进入水体的磷酸盐有 60%来自城市污水。在城市污水中磷酸盐的主要来源是洗涤剂，它除了引起水体富营养化以外，还使许多水体产生大量泡沫。水体中过量的磷一方面来自外来的工业废水和生活污水；另一方面还有其内源作用，即水体中的底泥在还原状态下会释放磷酸盐，从而增加磷的含量，特别是在一些因硝酸盐引起的富营养化的湖泊中，由于城市污水的排入使之更加复杂化，会使该系统迅速恶化，即使停止加入磷酸盐，问题也不会解决。这是因为多年来在底部沉积了大量的富含磷酸盐的沉淀物，它由于不溶性的铁盐保护层作用，通常是不会参与混合的。但是，当底层水含氧量低而处于还原状态时（通常在夏季分层时出现），保护层消失，从而使磷酸盐释入水中。

（二）水体富营养化的危害

富营养化会影响水体的水质，造成水的透明度降低，使得阳光难以穿透水层，从而影响水中植物的光合作用，可能造成溶解氧的过饱和状态。溶解氧的过饱和以及水中溶解氧少，都对水生动物有害，造成鱼类大量死亡。同时，因为水体富营养化，水体表面生长着以蓝藻、绿藻为优势种的大量水藻，形成一层"绿色浮渣"，致使底层堆积的有机物质在厌氧条件分解产生的有害气体和一些浮游生物产生的生物毒素也会伤害鱼类。因富营养化水中含有硝酸盐和亚硝酸盐，人畜长期饮用这些物质含量超过一定标准的水，也会中毒致病。

在形成“绿色浮渣”后，水下的藻类会因得不到阳光照射而呼吸水内氧气，不能进行光合作用。水内氧气会逐渐减少，水内生物也会因氧气不足而死亡。死去的藻类和生物又会在水内进行氧化作用，这时水体会变得很臭，水资源也会被污染得不可再用。

（三）富营养化的防治对策

富营养化的防治是水污染处理中最为复杂和困难的问题。这是因为：①污染源的复杂性，导致水质富营养化的氮、磷营养物质，既有天然源，又有人为源；既有外源性，又有内源性，这就给控制污染源带来了困难。②营养物质去除的高难度，至今还没有任何单一的生物、化学和物理措施能够彻底去除废水中的氮、磷营养物质，通常的二级生化处理方法只能去除30%～50%的氮、磷。

1. 控制外源性营养物质输入

绝大多数水体富营养化主要是外界输入的营养物质在水体中富集造成的。如果减少或者截断外部输入的营养物质，就使水体失去了营养物质富集的可能性。为此，首先应该着重减少或者截断外部营养物质的输入，控制外源性营养物质，应从控制人为污染源着手，准确调查清楚排入水体营养物质的主要排放源，监测排入水体的废水和污水中的氮、磷浓度，计算出年排放的氮、磷总量，为实施控制外源性营养物质的措施提供可靠的科学依据。

2. 减少内源性营养物质负荷

输入到湖泊等水体的营养物质在时空分布上是非常复杂的。氮、磷元素在水体中可能被水生生物吸收利用，或者以溶解性盐类形式溶于水中，或者经过复杂的物理化学反应和生物作用而沉降，并在底泥中不断积累，或者从底泥中释放进入水中。减少内源性营养物质负荷，有效地控制湖泊内部磷富集，应视不同情况，采用不同的方法。

（四）主要的处理方法

1. 工程性措施

包括挖掘底泥沉积物、进行水体深层曝气、注水冲稀以及在底泥表面敷设塑料等。挖掘底泥，可减少以至消除潜在性内部污染源；深层曝气，可定期或不定期采取人为湖底深层曝气而补充氧，使水与底泥界面之间不出现厌氧层，经常保持有氧状态，有利于抑制底泥磷释放。

2. 化学方法

这是一类包括凝聚沉降和用化学药剂杀藻的方法，例如，有多种阳离子可以使磷有效地从水溶液中沉淀出来，其中最有价值的是价格比较便宜的铁、铝和钙，它们都能与磷酸盐生成不溶性沉淀物而沉降下来。例如，美国华盛顿州西部的长湖是一个富营养水体，1980 年 10 月，用向湖中投加铝盐的办法来沉淀湖中的磷酸盐，在投加铝盐后的第四年夏天，湖水中的磷浓度则由原来的 65 μg/L 降到 30 μg/L，湖泊水质有较明显的改善。在化学法中，还有一种方法是用杀藻剂杀死藻类。这种方法适合于水华暴发的水体。杀藻剂将藻杀死后，水藻腐烂分解仍旧会释放出磷，因此，应该将被杀死的藻类及时捞出，或者再投加适当的化学药品，将藻类腐烂分解释放出的磷酸盐沉降。

3．生物性措施

这是利用水生生物吸收利用氮、磷元素进行代谢活动以去除水体中氮、磷营养物质的方法。目前，有些国家开始试验用大型水生植物污水处理系统净化富营养化的水体。大型水生植物包括凤眼莲、芦苇、狭叶香蒲、加拿大海罗地、多穗尾藻、丽藻、破铜钱等许多种类，可根据不同的气候条件和污染物的性质进行适宜的选栽。水生植物净化水体的特点是以大型水生植物为主体，植物和根区微生物共生，产生协同效应，净化污水。经过植物直接吸收、微生物转化、物理吸附和沉降作用除去氮、磷和悬浮颗粒，同时对重金属分子也有降解效果。水生植物一般生长快，收割后经处理可作为燃料、饲料，或经发酵产生沼气。这是目前国内外治理湖泊水体富营养化的重要措施。

近年来，有些国家采用生物控制的措施控制水体富营养化，也收到了比较明显的效果。例如，德国近年来采用了生物控制，成功地改善了一个人工湖泊（平均水深 7 m）的水质。其办法是在湖中每年投放食肉类鱼种（如狗鱼、鲈鱼）去吞食吃浮游动物的小鱼，几年之后这种小鱼显著减少，而浮游动物（如水蚤类）增加，从而使作为其食料的浮游植物数量减少，整个水体的透明度随之提高，细菌减少，氧气平衡的水深分布状况改善。但也发现，浮游植物种群有所改变，蓝绿藻生长数量比例增高，因为它们不能被浮游动物捕食，为此，可以放鲢鱼来控制这种藻类的生长。

三、实习地介绍

滇池位于昆明市南的西山脚下，其北端紧邻昆明市大观公园，南端至晋宁县内，距市区 5 km，历史上这里一直是度假观光和避暑的胜地。滇池古名滇南泽，又名昆明湖，距昆明市约 20 km。滇池东南北三面有盘龙江等 20 余条河流汇入，湖水由西面海口流出，经普渡河而入金沙江。形似弦月，南北长 39 km，东西宽 13.5 km，平均宽度约 8 km。湖岸线长约 200 km，湖面面积 300 km^2，居云南省首位，湖水最大深度 8 m，平均深度 5 m，蓄水量 15.7 亿 m^3，素有“高原明珠”之称，是中国第六大内陆淡水湖。滇池是受第三纪喜马拉雅山地壳运动的影响而构成的高原石灰岩断层陷落湖，海拔 1 886 m。滇池底质有很厚的淤泥、动植物残体，有极臭味，褐黄色；上游河流主要有盘龙江、宝象河、新河、运粮河、马料河、大青河、洛龙河、捞渔河、梁王河等。

滇池过去环湖地区常有洪涝水患，早在 1262 年就在盘龙江上建松华坝，1268 年又开凿海口河，加大滇池的出流量，减轻环湖涝灾。1955 年以后在湖的上游各个河流上修建十余座大中型水库，沿湖修建几十座电力排灌站，解除洪涝灾害，并确保农田灌溉和城市工业、生活用水。湖内产鲤、鲫、金钱鱼等。

滇池属富营养型湖泊，部分呈异常营养征兆，水色暗黄绿，内湖有机污染严重、有机有害污染严重，污染发展较快，外湖部分水体已受有机物污染，有毒有害污染（主要是指重金属污染）尚不突出，氮、磷、重金属及砷大量沉积于湖底，致使底质污染严重，滇池近百年来已处于“老年型”湖泊状况；年均水温 16℃；20 世纪 80 年代末调查结果表明：随着滇池生态环境的变化，导致鱼类产卵、孵化场地的生态环境破坏，并加之过度捕捞和鱼类种群间相互作用等因素影响，使滇池鱼类种群发生巨大变化，土著鱼种仅存 4 种，土著鱼种濒临灭绝，如金线鱼等。目前仍属Ⅴ类重污染湖泊。

海埂距离市区 8 km，“海埂”就是横海之埂，原是一条由东向西横插在滇池中的楔形长堤。东起海埂村，西讫西山脚，全长 5 km，宽 60 m 至 300 m 不等，它把 300 多 km^2 的滇池一分为二。滇池水域分为草海、外海两部分，又称内湖和外湖。草海位于滇池北部，外海为滇池的主体，面积约占全湖的 96.7%。

滇池素有“高原明珠”之称，水面宽阔，周围风景名胜众多，与西山森林公园、大观公园等隔水相望，云南民族村、国家体育训练基地、云南民族博物馆等既相连成片又相对独立，互为依托。1988 年，滇池被国务院批准列入第二批国家级风景名胜区名单。

四、实习内容

（一）滇池草海蓝藻调查

了解滇池草海中各种水生植物，观察蓝藻所占的比例，结合周边环境，分析水中蓝藻泛滥的原因。

（二）滇池草海水生植物调查

滇池草海是滇池的重要组成部分，水质为劣Ⅴ类。本次实习要求调查草海中水生植物的种类及所占比例。

（三）滇池外海湿地调查

外海拥有 128 种水生植物、184 种鸟类，其中，仅国家一级保护鸟类就有黑颈鹤、白头鹤、白尾海雕等 7 种，每年越冬的鸟类总数近 20 万只，由此成为西南最大的候鸟越冬地、最重要的高原湿地。水质为劣V类。本次实习要求认识并记录湿地特有的动植物，讨论湿地在生态系统中的重要作用。

五、方法

湿地野生动物资源调查的主要对象是在湿地生境中生存的脊椎动物和该湿地内占优势或数量很大的某些无脊椎动物，包括鱼类、两栖类、爬行类、鸟类、兽类以及贝类、虾类等。充分利用现有资料，进行野外核实，确定湿地现有植被类型及所占比例。

（一）背景资料准备

1．明确实习目的、要求、对象、范围、深度、工作时间、所采用的方法及预期所获的成果；

2．收集研究地的相关资料并加以熟悉。

（二）调查记录表的准备

对污水的来源、污染物种类进行详细调查和记录，了解污染物对水体造成的危害，熟悉水中污染物的测定方法，完成样品中污染物的测定。

六、工具与仪器

取样瓶、记录本。

七、思考题

1．为什么湿地有利于野生动植物的生存？

2．水体污染常见的现象有哪些？

八、记录表

表 3-1　水生植物和动物调查记录表

区域	植物类型及所占比例/%				动物类型及所占比例/%			
	类型一	比例	类型二	比例	类型一	比例	类型二	比例

实习二　城市污水处理工艺流程

一、目的

通过本次参观实习，熟悉污水处理的基本工艺流程，结合所学理论知识，掌握污水处理的基本方法，包括物理处理、化学处理和生物处理。

二、原理

（一）污水处理基本方法概述

污水处理是将污水中所含的各种污染物质与水分离或加以分解，使其变质而失去污染物质的特性。一般来说，污染物质可分三种形态：悬浮物质、胶体物质、溶解性物质。但严格划分很困难，通常是根据污染物质粒径的大小来划分。悬浮物粒径为 1～100 μm，胶体粒径为 1 nm～1 μm，溶解性物质粒径小于 1 nm。

污水处理时，污染物质粒径大小的差异，对处理难易有很大的影响。一般来说，最易处理的是悬浮物，而粒径较小的胶体物质和溶解性物质比较难处理。也就是说，悬浮物易通过沉淀、过滤与水分离，而胶体物质和溶解性物质则必须利用特殊的物质使之凝聚或通过化学反应使其增大到悬浮物的程度，再利用生物或特殊的膜，经吸附、过滤与水分离。

污水处理的基本方法，就是采用各种技术手段，将污废水中所含的污染物质分离去除、回收利用，或将其转化为无害物质，使水得到净化。

现代污水处理技术，按原理可分为物理处理法、化学处理法和生物化学处理法三类。

物理处理法：利用物理作用分离污水中呈悬浮状态的固体污染物质。方法有：筛滤法、沉淀法、上浮法、气浮法、过滤法和反渗透法等。

化学处理法：利用化学反应的作用，分离回收污废水中处于各种形态的污染物质（包括悬浮的、溶解的、胶体的等）。主要方法有中和、混凝、电解、氧化还原、汽提、萃取、吸附、离子交换和电渗析等。

上述两种方法合并称为物理化学处理法。

生物化学处理法：利用微生物代谢作用，使污废水中呈溶解、胶体状态的有机污染物转化为稳定的无害物质。主要方法可分为两大类，即利用好氧微生物作用的好氧法（好氧氧化法）和利用厌氧微生物作用的厌氧法（厌氧还原法）。前者广泛用于处理城市污水及有机性生产污水，其中有活性污泥法和生物膜法两种；后者多用于处理高浓度有机污水与污水处理过程中产生的污泥，现在也开始用于处理城市污水与低浓度有机污水。

除上述两类生物处理法外，还有利用池塘和土壤处理的自然生物处理法。自然生物处理法又分为稳定塘和土地处理两种方法。稳定塘又称“生物塘”，是经过人工适当修整的土地，设围堤和防渗层的污水塘，主要依靠自然生物净化功能使污水得到净化的一种污水生物处理技术。稳定塘又分为好氧塘、厌氧塘、精度处理塘、曝气塘等；土地处理是在人工控制条件下，将污水投配在土地上，通过土壤-植物，使污水得到净化的一种污水处理的自然生物处理技术。土地处理法又可分为湿地、慢速渗滤、快速渗滤、地表漫流、污水灌溉等（图 3-1）。

城市污水与生产污水中的污染物是多种多样的，往往需要采用几种方法组合，才能处理不同性质的污水与污泥，达到净化的目的与排放标准。

现代城市污水处理技术，按处理程度划分，可分为一级、二级和深度处理。

一级处理主要是去除污水中的漂浮物和悬浮物的净化过程，主要为沉淀。

二级处理为污水经一级处理后，用生物方法继续去除没有沉淀的微小粒径的悬浮物、胶体物和溶解性有机物质以及氮和磷的净化过程。由机械处理以及生化处理构成的系统属于二级处理系统，其 BOD_5 和 SS 去除率可达到 90%～98%。只去除有机物的称为普通二级处理，去除有机物外，同时具有生物除磷脱氮功能的称为二级强化处理。

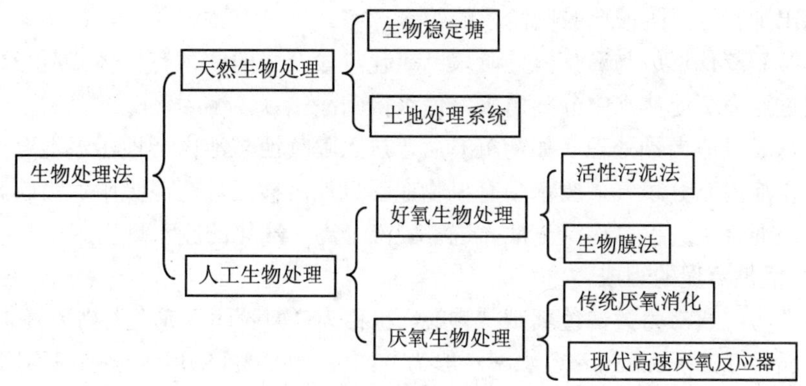

图 3-1　生物化学处理方法的分类

为进一步去除二级处理未能去除的污染物，或为了去除特定的物质，在二级处理之后设置的处理系统属三级处理，也称深度处理，例如，化学除磷、絮凝过滤、活性炭吸附、离子交换、膜技术等。

在目前的污水处理中起中心作用的生物处理装置，按处理所必需的微生物的保持形态，大致可分为活性污泥法和生物膜法两类。活性污泥法微生物保持悬浮状态，在沉淀池分离成处理水和微生物絮体。生物膜法则根据微生物的保持方式、供氧方式等，又可分为生物滤池、生物接触氧化池、生物转盘、好氧生物流化床等。

（二）活性污泥法

1．活性污泥法的基本原理

活性污泥法是利用悬浮生长的微生物絮体处理污水的一类好氧生物处理方法。这种生物絮体叫做活性污泥，它由好气性微生物（包括细菌、真菌、原生动物和后生动物）及其代谢的和吸附的有机物、无机物组成，具有降解废水中有机污染物的能力，显示生物化学活性。

活性污泥去除水中有机物，主要经历三个阶段：

（1）吸附阶段：污水与活性污泥接触后的很短时间内水中有机物（BOD）迅速降低，这主要是吸附作用引起的。由于絮状的活性污泥表面积很大（2 000～10 000 m^2/m^3 混合液），表面具有多糖类黏液层，污水中悬浮的和胶体的物质被絮凝和吸附，迅速去除。活性污泥的初期吸附性能取决于污泥的活性。

（2）氧化阶段：在有氧的条件下，微生物将吸附阶段吸附的有机物一部分氧化分解获取能量，一部分则合成新的细胞。从污水处理的角度看，不论是氧化还是合成都能从水中去除有机物，只是合成的细胞必须易于絮凝沉淀，从而能从水中分离出来。这一阶段比吸附阶段慢得多。

（3）絮凝体形成与凝聚沉淀阶段：氧化阶段合成的菌体有机体絮凝形成絮凝体，通过重力沉淀从水中分离出来，使水得到净化。

废水经过适当预处理（如初沉）后，进入曝气池与池内活性污泥混合成混合液，并在池内充分曝气，废水中有机物在曝气池内被活性污泥吸附、吸收和氧化分解后，混合液进入二次沉淀池，进行固液分离，净化的废水排出。

2．活性污泥的组成

活性污泥通常为黄褐色絮绒状颗粒，也称为“菌胶团”或“生物絮凝体”，其直径一般为 0.02～0.2 mm；含水率一般为 99.2%～99.8%，密度因含水率不同而异，一般为 1.002～1.006 g/cm^3（略大于水）；活性污泥具有较大的比表面积，一般为 20～100 cm^2/mL。

活性污泥由活性的微生物（M_a）、微生物自身氧化的残留物（M_e）、吸附在活性污泥上不能被生物降解的有机物（M_i）和无机物（M_{ii}）三部分组成。其中微生物是活性污泥的主要组成部分。活性污泥中的微生物又是由细菌、真菌、原生动物、后生动物等多种微生物群体相结合所组成的一个生态系统。细菌是活性污泥组成和净化功能的中心，是微生物的最主要部分。

3．活性污泥的性能指标

（1）混合液悬浮固体浓度（MLSS）（Mixed Liquor Suspended Solids）。混合液是曝气池中污水和活性污泥混合后的混合悬浮液。混合液固体悬浮物数量是指单位体积混合液中干固体的含量，单位为 mg/L 或 g/L，工程上还常用 kg/m^3，也称混合液污泥浓度（一般用 X 表示），它是计量曝气池中活性污泥数量多少的指标。

$$\text{MLSS} = M_a + M_e + M_i + M_{ii}$$

一般活性污泥法中，MLSS 浓度一般为 2～4 g/L。

（2）混合液挥发性悬浮固体浓度（MLVSS）（Mixed Liquor Volatile Suspended Solids）。指混合液悬浮固体中的有机物的浓度，单位为 mg/L、g/L 或 kg/m^3。把混合液悬浮固体在 600℃焙烧，能挥发的部分即是挥发性悬浮固体，剩下的部分称为非挥发性悬浮固体（MLNVSS）。

一般在活性污泥法中，用 MLVSS 表示活性污泥中生物的含量。

$$\text{MLVSS} = M_a + M_e + M_i$$

在条件一定时，MLVSS/MLSS 是较稳定的，对城市污水，一般是 0.75～0.85。

（3）污泥沉降比（SV）（Sludge Volume）。是指将曝气池中的混合液在量筒中静置 30 min，其沉淀污泥与原混合液的体积比，一般以%表示；能相对地反映污泥数量以及污泥的凝聚、沉降性能，可用以控制排泥量和及时发现早期的污泥膨胀；正常数值为20%～30%。

（4）污泥体积指数（SVI）（Sludge Volume Index）。曝气池出口处混合液经30 min静沉后，1 g干污泥所形成的污泥体积，单位是 mL/g。

$$SVI=\frac{SV(mL/L)}{MLSS(g/L)}=\frac{SV(\%)\times 10(mL/L)}{MLSS(g/L)}$$

能更准确地评价污泥的凝聚性能和沉降性能，其值过低，说明泥粒小，密实，无机成分多；其值过高，说明其沉降性能不好，将要或已经发生膨胀现象。

城市污水的SVI一般为50～150 mL/g。

（三）生物膜法

生物膜法又称固定膜法，是与活性污泥法并列的一类废水好氧生物处理技术；是土壤自净过程的人工化和强化；与活性污泥法一样，生物膜法主要去除废水中溶解性的和胶体状的有机污染物，同时对废水中的氨氮还具有一定的硝化能力。

主要的生物膜法有：①生物滤池：其中又可分为普通生物滤池、高负荷生物滤池、塔式生物滤池等；②生物转盘；③生物接触氧化法；④好氧生物流化床等。

1. 生物膜法的净化机理

（1）生物膜的形成——挂膜。

①生物膜的形成必须具有以下几个前提条件：1）起支撑作用、供微生物附着生长的载体物质：在生物滤池中称为滤料；在接触氧化工艺中称为填料；在好氧生物流化床中称为载体；2）供微生物生长所需的营养物质，即废水中的有机物、氮、磷以及其他营养物质；3）作为接种的微生物。

②生物膜的形成。含有营养物质和接种微生物的污水在填料的表面流动，一定时间后，微生物会附着在填料表面而增殖和生长，形成一层薄的生物膜。

③生物膜的成熟。在生物膜上由细菌及其他各种微生物组成的生态系统以及生物膜对有机物的降解功能都达到了平衡和稳定。

生物膜从开始形成到成熟，一般需要30 d左右（城市污水，20°C）。

（2）生物膜的结构与净化机理。生物膜的基本结构如图3-2所示。由于生物膜的吸附作用，在其表面有一层很薄的水层，称为附着水层。附着水层内的有机物大多已被氧化，其浓度比滤池进水的有机物浓度低得多。因此，进入池内的污水沿膜面流动时，由于浓度差的作用，有机物会从污水中转移到附着水层中去，进而被生物膜所吸附。同时，空气中的氧在溶入污水后，继而进入生物膜。在此条件下，微生物对有机物进行氧化分解和同化合成。微生物的代谢产物如 H_2O 等则通过附着水层进入流动水层，并随其排走，而 CO_2 及厌氧层分解产物如 H_2S、NH_3 以及 CH_4 等气态代谢产物则从水层逸出进入空气中。如此循环往复，使污水中的有机物不断减少，从而得到净化。

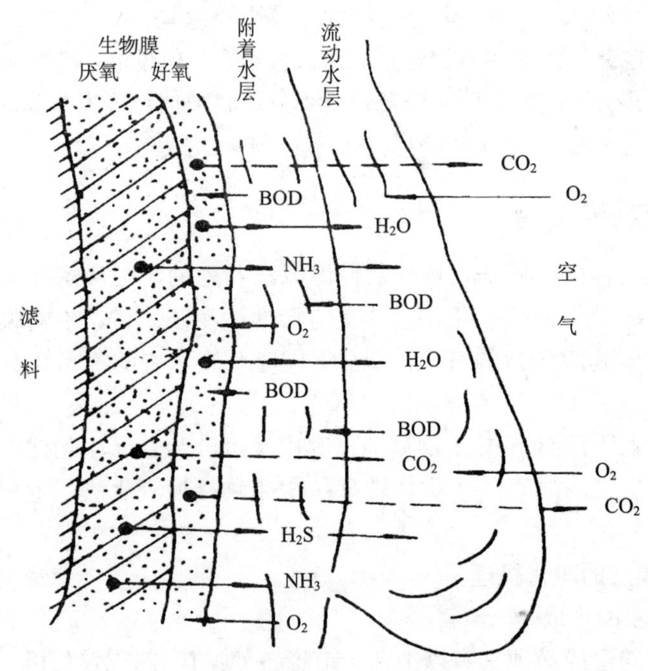

图 3-2　生物膜结构示意

（3）生物膜的更新与脱落。生物膜厚度不断增加，氧气不能透入的内部深处将转变为厌氧状态，因此，成熟的生物膜一般都由厌氧膜和好氧膜组成，好氧膜是有机物降解的主要场所，一般厚度为 2 mm。随着厌氧的代谢产物增多，导致厌氧膜与好氧膜之间的平衡被破坏，厌氧膜的厚度不断增加，成为老化生物膜，其净化功能较差，且易于脱落；此外，厌氧分解产生的气态产物不断逸出，减弱了生物膜在填料上的附着能力。老化的生物膜脱落，新生生物膜又会生长起来，且新生生物膜的净化功能较强。

2. 生物膜法的主要特点

与活性污泥法相比，生物膜法的主要特点有：

（1）适应冲击负荷变化能力强：微生物主要固着于填料的表面，微生物量比活性污泥法要高得多，因此，对污水水质水量的变化引起的冲击负荷适应能力较强。

（2）反应器内微生物浓度高：单位容积反应器内的微生物量可以高达活性污泥法的 5～20 倍，因此，处理能力大，一般不建污泥回流系统；生物膜含水率比活性污泥低，不会出现活性污泥法经常发生的污泥膨胀现象，能保证出水悬浮物含量较低，因此，运行管理也比较方便。

（3）剩余污泥产量低：生物膜中存在较高级营养水平的原生动物和后生动物，食物链较长，特别是生物膜较厚时，里侧深部厌氧菌能降解好氧过程中合成的污泥，因而，剩余污泥产量低，一般比活性污泥处理系统少 1/4 左右，可减少污泥处理与处置的费用。

（4）同时存在硝化和反硝化过程：适合世代时间长的硝化细菌生长，而且其中固着生长的微生物使硝化菌和反硝化菌各有其适合生长的环境。因而，会同时存在硝化和反硝化过程。硝态氮在缺氧生物膜反应器内，可以取得较好的脱氮效果，而且不需要污泥回流。

（5）操作管理简单，运行费用较低：生物滤池、转盘等生物膜法采用自然通风供氧，装置不会出现泡沫，管理简单，运行费用较低，操作稳定性较好。

（6）调整运行的灵活性较差：对生物膜中微生物的数量、活性等指标的检测除了镜检法以外，其他方式较少，生物膜出现问题以后，不容易被发现。

（7）有机物去除率较低：与普通活性污泥法相比，COD_{Cr} 去除率较低。有资料表明，50%的活性污泥法处理厂 BOD_5 的去除率高于 91%，50%的生物膜法处理厂的 BOD_5 去除率为 83%左右，相对应的 BOD_5 出水分别为 14 mg/L 和 28 mg/L。

（8）需要填料及支撑物，基建投资增加。

三、实习地介绍

昆明市第一污水处理厂位于昆明市滇池路 2 km 处，现有职工 85 人，占地面积 9 hm^2，处理规模 5.5 万 m^3/d，处理深度为二级，处理工艺为氧化沟，服务面积为 24 km^2，服务人口 30 万人，污泥处理工艺主要通过机械脱水，污泥处置方式为填埋，污水回用量 0.05 万 m^3/d，其中工业废水占处理水量的 15%，该厂 1988 年 10 月建成，1991 年 3 月投产。

四、实习内容

参观昆明市第一污水处理厂。结合课堂理论学习，观察污水处理所采用的设备（如初次沉淀池、曝气池等），分析污水处理过程中所采用的处理方法（物理处理、化学处理和生物处理），了解整个污水处理过程和采用的设施。

五、方法

通过参观，熟悉污水处理的主要工艺流程，并根据实际情况选择合适的污水处理工艺。

1．活性污泥法的主要工艺流程

（1）传统活性污泥法。全池呈推流型，停留时间为 4～8 h，污泥回流比 20%～50%，池内污泥浓度 2～3 g/L，剩余污泥量为总污泥量的 10%左右。优点在于因曝气时间长而处理效率高，一般 BOD 去除率为 90%～95%，特别适用于处理要求高而水质比较稳定的废水（图 3-3）。

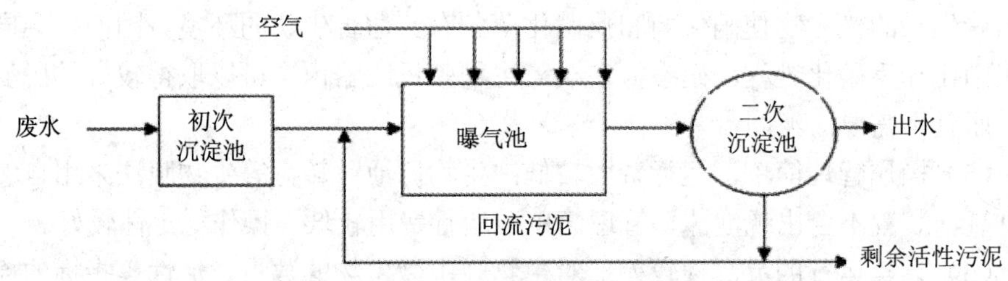

图 3-3　活性污泥系统工艺流程

（2）完全混合活性污泥法。有利于提高吸附氧化有机物的能力，有利于活性污泥的活化，污泥回流比 50%～100%。但吸附时间短，处理效率低，为 85%～90%；污泥回流量多，增加了回流污泥泵的容量（图 3-4）。

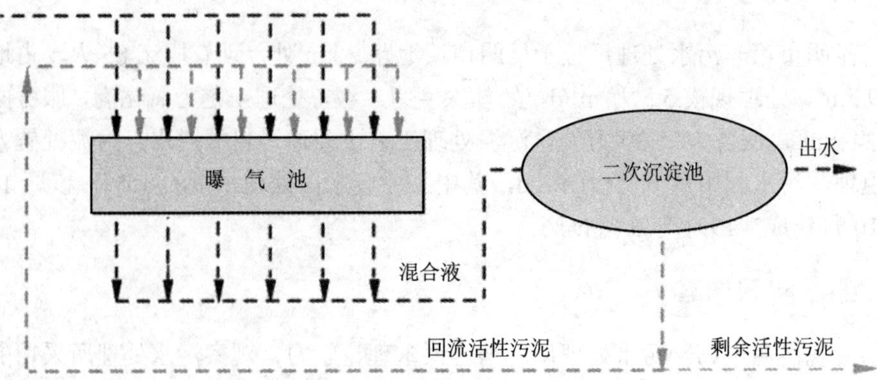

图 3-4　完全混合活性污泥法工艺流程

（3）吸附再生活性污泥法（又称生物吸附法或接触稳定法）。主要特点是将活性污泥法对有机污染物降解的两个过程——吸附、代谢稳定，分别在各自的反应器内进行。废水与活性污泥在吸附池的接触时间较短，吸附池容积较小，再生池接纳的仅是浓度较高的回流污泥，因此，再生池的容积也较小。吸附池与再生池容积之和低于传统法曝气池的容积，基建费用较低；具有一定的承受冲击负荷的能力，当吸附池的活性污泥遭到破坏时，可由再生池的污泥予以补充。处理效果低于传统法，特别是对于溶解性有机物含量较高的废水，处理效果更差（图 3-5）。

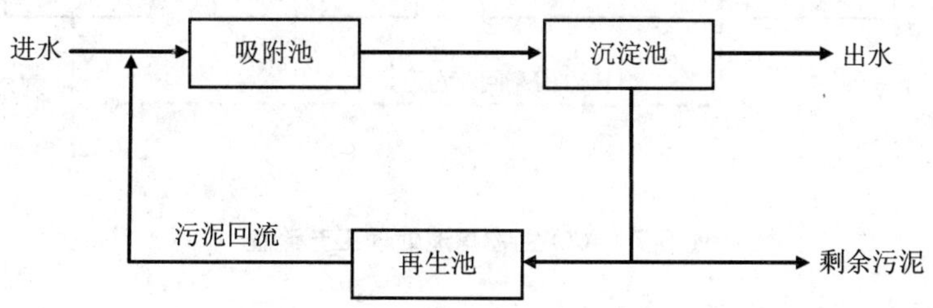

图 3-5　接触稳定法工艺流程

（4）序批式活性污泥法（SBR 法）。SBR 法是活性污泥法的一个变型，它的反应机理以及污染物质的去除机制与传统活性污泥基本相同，仅运行操作不同，操作模式由进水—反应—沉淀—排水—排泥 5 个程序，一个周期均在一个设有曝气和搅拌装置的反应器（池）中进行，这种操作周而复始进行，以达到不断进行污水处理的目的，省去二沉池和污水、污泥回流系统（图 3-6）。

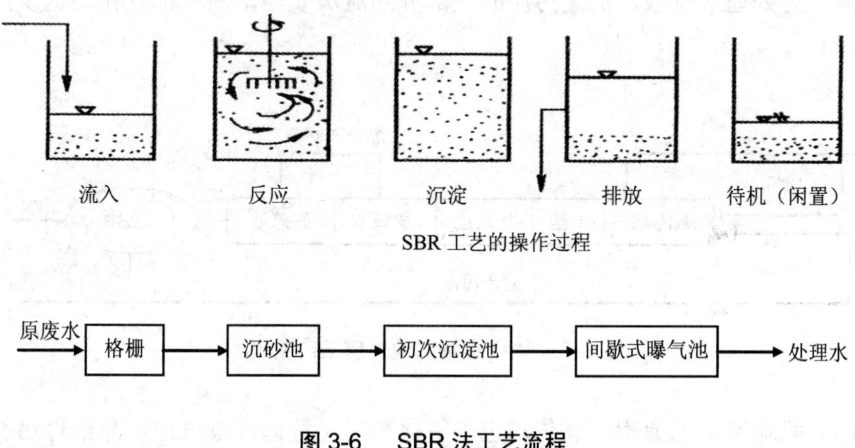

图 3-6　SBR 法工艺流程

（5）A/O 生物滤池处理工艺。由于我国小城镇居住点分散，污水源分布点多量少，城镇级污水处理厂的规模多低于 10000t/d。目前国内大中型城市污水处理厂经常采用的处理技术有传统活性污泥法、A^2/O、SBR、氧化沟等，如果以这些技术建设小城镇污水处理厂，会由于居高不下的运行费用，而无法正常运行。必须针对小城镇的特点采用投资省，运行费用低，技术稳定可靠，操作与管理相对简单的工艺，即 A/O 生物滤池处理工艺（图 3-7）。

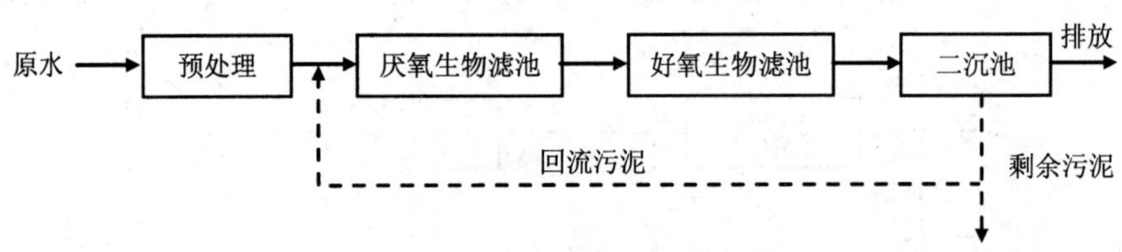

图 3-7　A/O 生物滤池处理工艺流程

（6）A^2/O 工艺流程。A^2/O 工艺亦称 A-A-O 工艺，按实质意义来说，本工艺称为厌氧-缺氧-好氧法，生物脱氮除磷工艺的简称（图 3-8）。

原污水与含磷回流污泥一起进入厌氧池，除磷菌在这里完成磷释放和有机物摄取；混合液从厌氧池进入缺氧池，本段的首要功能是脱氮，硝态氮是通过循环由好氧池送来的，循环的混合液量较大，一般为 2 倍的进水量。然后，混合液从缺氧池进入好氧池（曝气池），这一反应池单元是多功能的，去除 BOD，硝化和吸收磷等反应都在本反应器内进行。最后，混合液进入沉淀池，进行泥水分离，上清液作为处理水排放，沉淀污泥的一部分回流厌氧池，另一部分作为剩余污泥排放。

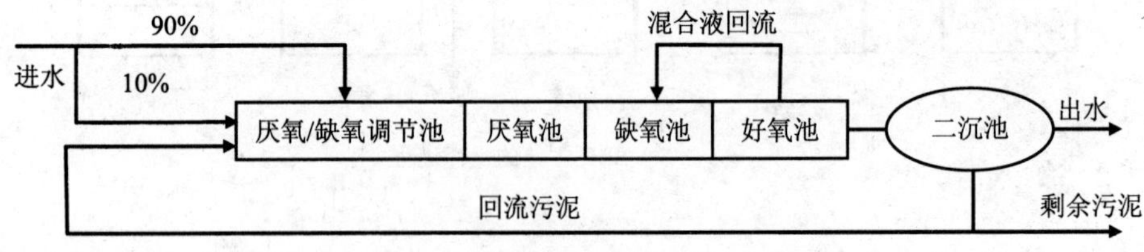

图 3-8　A^2/O 生物滤池处理工艺流程

（7）氧化沟工艺流程。氧化沟也称氧化渠，又称循环曝气池，是活性污泥法的一种变型。由于氧化沟的运行工艺特征，会在其反应沟渠内的不同部位分别形成好氧区、缺氧区，使得氧化沟内的活性污泥分别经过好氧区和缺氧区，从而可以实现生物脱氮功能（图 3-9）。

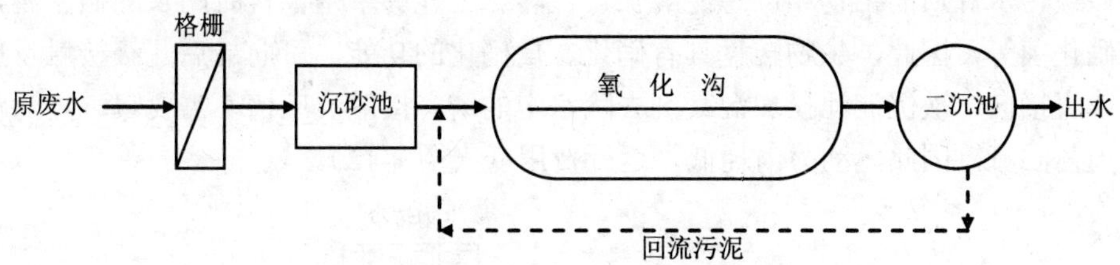

图 3-9 氧化沟污水处理工艺流程

（8）AB 法工艺流程。AB 法工艺的工作原理主要是充分利用微生物种群的特征，为其创造适宜的环境，使不同的生物群得到良好的繁殖、生长，通过生物化学作用净化污水。在工艺流程上分 A、B 两段处理系统，其中 A 段由 A 段曝气池与沉淀池构成，B 段由 B 段曝气池与二沉池构成。两段分别设污泥回流系统，A 段的负荷高，B 段的负荷低，污水先进入高负荷的 A 段，然后再进入低负荷的 B 段（图 3-10）。

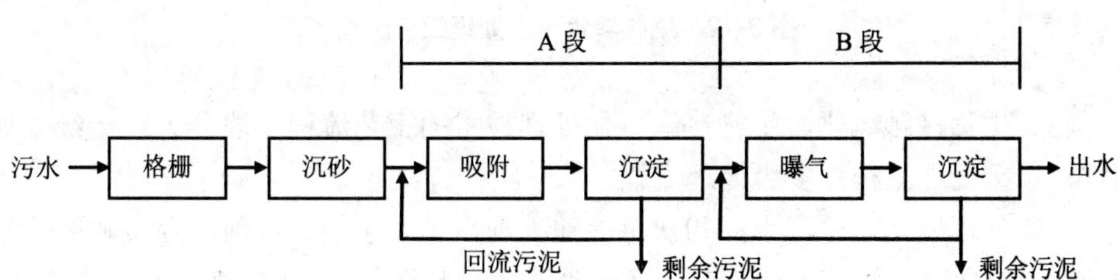

图 3-10 A-B 法污水处理工艺流程

2. 生物膜法的主要工艺流程

（1）生物滤池。与活性污泥工艺的流程不同的是，在生物滤池中常采用出水回流，而基本不会采用污泥回流，因此，从二沉池排出的污泥全部作为剩余污泥进入污泥处理流程进行进一步的处理（图 3-11）。

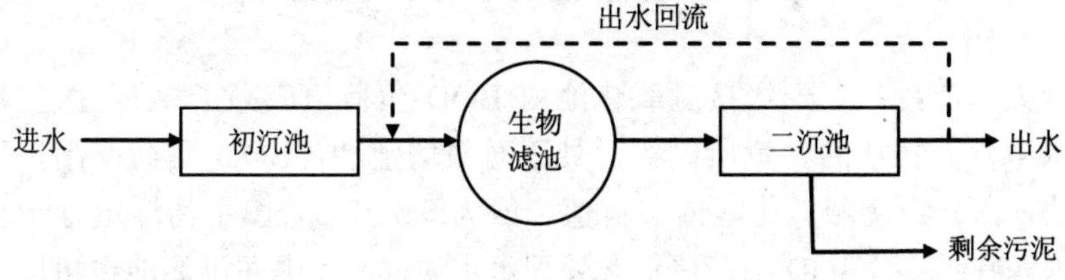

图 3-11 生物滤池污水处理工艺流程

（2）生物转盘。微生物浓度高，且生物相分级，在每级转盘生长着适应于流入该级污水性质的生物相；污泥龄长，在转盘上能够增殖世代时间长的微生物，如硝化菌等，因此，生物转盘具有硝化、反硝化的功能。可向最后几级接触反应槽或直接向二次沉淀池投加混凝剂去除水中的磷。接触反应槽不需要曝气，污泥也无需回流，因此，动力消耗低，运行费用低（图 3-12）。

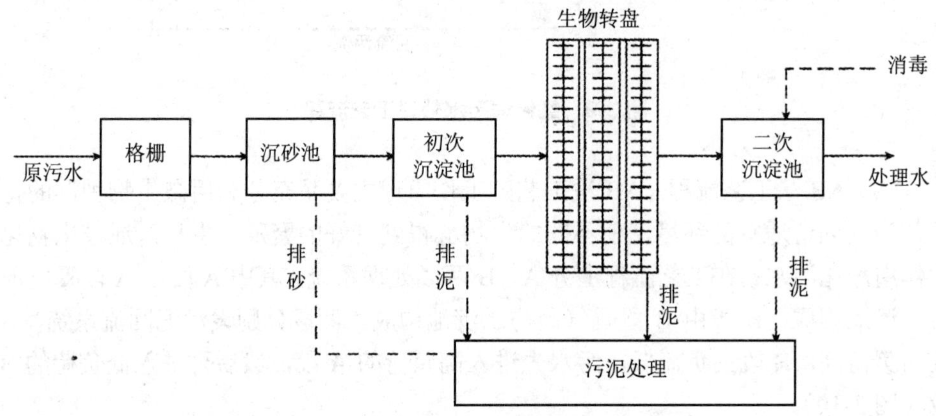

图 3-12　生物转盘污水处理工艺流程

（3）生物接触氧化。生物接触氧化处理技术的工艺流程一般分为：一级处理流程、二级处理流程和多级处理流程。

一级处理流程：原污水经初次沉淀池处理后进入接触氧化池，经接触氧化池的处理后进入二次沉淀池；在二次沉淀池进行泥水分离，从填料上脱落的生物膜，在这里形成污泥排出系统；澄清水则作为处理水排放（图 3-13）。

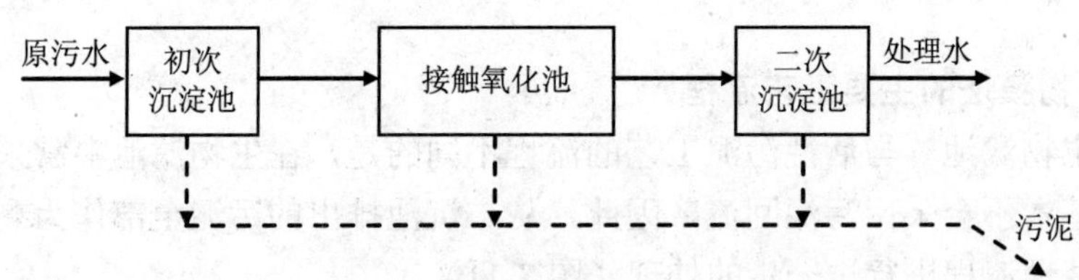

图 3-13　生物接触氧化一级处理流程

二级处理流程：在一级接触氧化池内 BOD 负荷值应高于 2.1，微生物增殖不受污水中营养物质的含量所制约，处于对数增殖期，BOD 负荷亦高，生物膜增长较快。在二级接触氧化池内负荷值一般为 0.5 左右，微生物增殖处于衰减增殖期或内源呼吸期。BOD 负荷降低，处理水水质提高。中间沉淀池也可以考虑不设（图 3-14）。

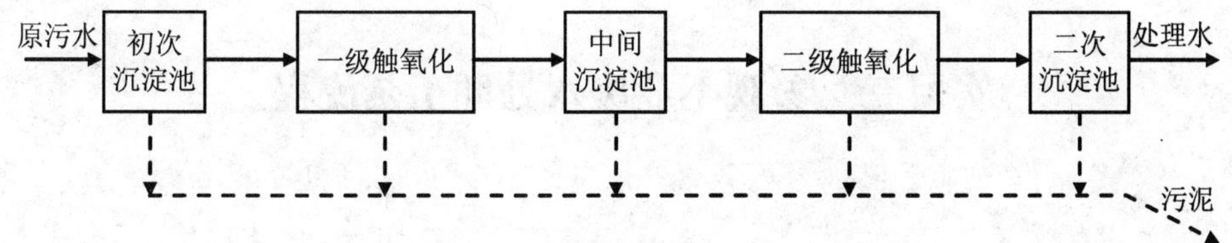

图 3-14　生物接触氧化二级处理流程

多级处理流程：由连续串联 3 座或 3 座以上的接触氧化池组成的系统。有利于提高处理效果，能够取得非常稳定的处理水。经过适当运行，这种处理流程除去除有机污染物外，还具有硝化、脱氮功能（图 3-15）。

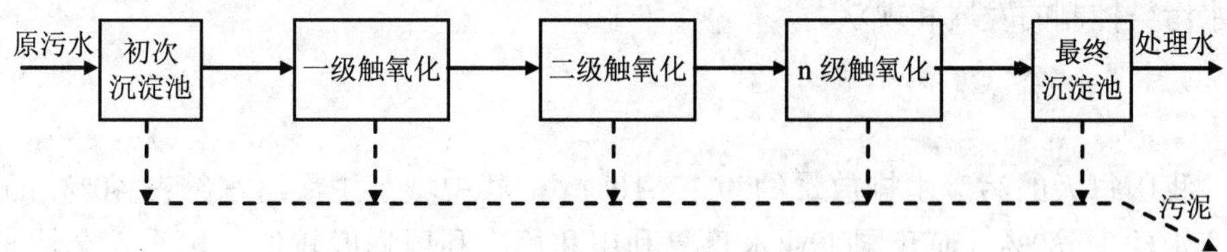

图 3-15　生物接触氧化多级处理流程

六、工具与仪器

污水采样器、塑料或玻璃瓶、照相机、铲子、塑料袋、记录本。

七、思考题

1．格栅在污水处理中的作用是什么？

2．活性污泥是由什么构成的？活性污泥如何得到充分的利用？

八、记录表

表 3-2　污水处理方式

实习地点：＿＿＿＿＿＿＿＿ 时间：＿＿＿＿＿＿＿ 记录人：＿＿＿＿＿

污水处理方式	设备	试剂	处理方法	备注
物理处理				
化学处理				
生物处理				

实习三　参观工业废水处理工艺流程

一、目的

通过实习，了解典型工业废水处理工艺的基本特点和组成；参观不同类型工业企业废水处理工艺的运行情况、相关设备和控制要求；了解不同类型工业废水的来源和产生量（单位产品的耗水量或排水量）、典型水质和水量变化特征、适宜的处理工艺方法、工艺单元及工艺流程；了解地方工业废水处理（回用）和工业废水污染控制的发展和现状。

二、原理

我国每天的污废水排放量约为 $1\times10^{8}\ m^{3}$，其中城市生活污水约占 40%，工业废水约占 60%。而我国工业水重复利用和再生利用程度较低，用水工艺比较落后，用水效率与发达国家有着较大的差距。2005 年，我国万元工业增加值用水量为 107 m^3，工业用水重复利用率约为 50%；而发达国家万元工业增加值用水量一般在 50 m^3 以下，工业用水重复利用率一般在 80%～85%（美国 2000 年万元工业增加值用水量不到 15 m^3，工业用水重复利用率约为 94.5%，日本万元工业增加值用水量也仅为 18 m^3，工业用水重复利用率达 80%以上）。总体来看，我国现状工业用水重复利用率仅相当于发达国家 20 世纪 80 年代初的水平。

工业生产的多样性使产生的排水污染性质也纷繁复杂，如有机污染、无机污染、热污染、色度污染等。因此，工业废水的处理不能从简单的几个标准（如 COD、BOD、SS、pH 值）就套用别人的工艺和设备，除上述指标外，影响处理的因素还很多，如温度、氨氮含量、pH 值、含盐量、有毒物质（有机磷）含量、表面活性剂（发泡物质）及染料含量等。

（一）工业废水分类及处理的基本原则

工业废水分类通常有以下三种：第一种是按工业废水中所含主要污染物的化学性质分类，含无机污染物为主的为无机废水，含有机污染物为主的为有机废水。例如，电镀废水和矿物加工过程的废水，是无机废水；食品或石油加工过程的废水，是有机废水。第二种是按工业企业的产品和加工对象分类，如冶金废水、造纸废水、炼焦煤气废水、金属酸洗废水、化学肥料废水、纺织印染废水、染料废水、制革废水、农药废水、电站废水等。第三种是按废水中所含污染物的主要成分分类，如酸性废水、碱性废水、含氰废水、含铬废水、含镉废水、含汞废水、含酚废水、含醛废水、含油废水、含硫废水、含有机磷废水和放射性废水等。前两种分类法不涉及废水中所含污染物的主要成分，也不能表明废水的危害性。第三种分类法，明确地指出废水中主要污染物的成分，能表明废水一定的危害性。

处理的基本原则：

（1）优先选用无毒生产工艺代替或改革落后生产工艺，尽可能在生产过程中杜绝或减少有毒有害废水的产生。

（2）在使用有毒原料以及产生有毒中间产物和产品过程中，应严格操作、监督，消除滴漏，减少流失，尽可能采用合理流程和设备。

（3）含有剧毒物质废水，如含有一些重金属、放射性物质、高浓度酚、氰废水应与其他废水分流，以便处理和回收有用物质。

（4）流量较大而污染较轻的废水，应经适当处理循环使用，不宜排入下水道，以免增加城市下水道和城市污水处理负荷。

（5）类似城市污水的有机废水，如食品加工废水、制糖废水、造纸废水，可排入城市污水系统进行处理。

（6）一些可以生物降解的有毒废水，如酚、氰废水，应先经处理后，按允许排放标准排入城市下水道，再进一步生化处理。

（7）含有难以生物降解的有毒废水，应单独处理，不应排入城市下水道。工业废水处理的发展趋势是把废水和污染物作为有用资源回收利用或实行闭路循环。

（二）工业废水处理方法分类

1. 工业废水传统处理方法分类

（1）按实施方式分类。废水处理方法按对污染物实施的作用不同可分为两大类：一类是通过各种外力的作用把有害物质从废水中分离出来，称为分离法；另一类是通过化学或生物作用使有害物质转化为无害或可分离的物质（再经过分离予以除去），称为转化法。

①分离法。废水中的污染物存在形态的多样性和物化特性的各异性决定了分离方法的多样性。离子态的污染物可选择离子交换法、电解法、电渗析法、离子吸附法、离子浮选法进行处理。分子态污染物可选择萃取法、结晶法、精馏法、吸附法、浮选法、反渗透法、蒸发法进行处理。胶体污染物可选择混凝法、气浮法、吸附法、过滤法进行处理。悬浮污染物可选择重力分离法、离心分离法、磁力分离法、筛滤法、气浮法进行处理。

②转化法。转化法可分为化学转化法和生化转化法两类。化学转化法包括中

和法、氧化还原法、化学沉淀法、电化学法；生物转化法包括活性污泥法、生物膜法、厌氧生物处理法、生物塘。

（2）按处理程度分类。按废水处理程度划分，废水处理技术可分为一级、二级和三级处理。

一级处理主要是通过筛滤、沉淀等物理方法对废水进行预处理，目的是除去废水中的悬浮固体和漂浮物，为二级处理作准备。经一级处理的废水，其 BOD 除去率一般只有 30%左右。

二级处理主要是采用各种生物处理方法除去废水中的呈胶体和溶解状态的有机污染物。经二级处理后的废水，其 BOD 除去率可达 90% 以上，处理水可达标排放。

三级处理是在一级、二级处理的基础上，对难降解的有机物、磷、氮等营养性物质进一步处理。三级处理方法有混凝、过滤、离子交换、反渗透、超滤、消毒等。

2．工业废水处理中的技术应用

（1）活性炭。活性炭可分为粉末状和颗粒状，是一种经特殊处理的炭，具有无数细孔隙，表面积巨大，每克活性炭的表面积为 500～1 500 m^2。粉末状的活性炭吸附能力强，制备容易，价格较低，但再生困难，一般不能重复使用；颗粒状的活性炭价格较贵，但可再生后重复使用，并且使用时的劳动条件较好，操作管理方便。因此，水处理中较多采用颗粒状活性炭。工业废水处理中，活性炭主要应用在以下几个方面。

①处理含氰废水。在工业生产中，金银的湿法提取、化学纤维的生产、炼焦、合成氨、电镀、煤气生产等行业均要使用氰化物或副产氰化物，生产过程中必然要排放一定数量的含氰废水。活性炭用于净化废水已有相当长的历史，应用于含氰废水处理的文献报道也越来越多。

②处理含甲醇废水。活性炭可以吸附甲醇，但吸附能力不强，只适宜于处理甲醇含量低的废水。工程运行结果表明，活性炭用于处理低甲醇含量的废水，可将混合液的 COD 从 40 mg/L 降至 12 mg/L 以下，对甲醇的去除率可达 93.2%～100%，处理后可满足回用锅炉脱盐水系统进水的水质要求。

③处理含酚废水。含酚废水主要来自焦化厂、煤气厂、石油化工厂、绝缘材料厂等工业部门以及石油裂解制乙烯、合成苯酚、聚酰胺纤维、合成染料、有机农药和酚醛树脂生产过程。含酚废水中主要含有酚基化合物，如苯酚、甲酚、二甲酚和硝基甲酚等。酚基化合物是一种原生质毒物，可使蛋白质凝固。水中酚的质量浓度达到 0.1～0.2 mg/L 时，鱼肉即有异味，不能食用；质量浓度增加到 1 mg/L，会影响鱼类产卵，含酚 5～10 mg/L，鱼类就会大量死亡。饮用水中含酚能影响人体

健康，即使水中含酚质量浓度只有 0.002 mg/L，用氯消毒也会产生氯酚恶臭。通常将质量浓度为 1 000 mg/L 的含酚废水称为高浓度含酚废水，这种废水须回收酚后，再进行处理。质量浓度小于 1 000 mg/L 的含酚废水，称为低浓度含酚废水，通常将这类废水循环使用，将酚浓缩回收后处理。回收酚的方法有溶剂萃取法、蒸汽吹脱法、吸附法、封闭循环法等。含酚质量浓度在 300 mg/L 以下的废水可用生物氧化、化学氧化、物理化学氧化等方法进行处理后排放或回收。

实验证明，活性炭对苯酚的吸附性能好，但温度升高不利于吸附，会使吸附容量减小，但升高温度可使达到吸附平衡的时间缩短。活性炭用于处理含酚废水时，其用量和吸附时间存在最佳值，在酸性和中性条件下，去除率变化不大，但强碱性条件下，苯酚去除率急剧下降，碱性越强，吸附效果越差。

④处理含汞废水。含汞废水主要来源于有色金属冶炼厂、化工厂、农药厂、造纸厂、染料厂及热工仪器仪表厂等。从废水中去除无机汞的方法有硫化物沉淀法、化学凝聚法、活性炭吸附法、金属还原法、离子交换法和微生物法等。一般偏碱性含汞废水通常采用化学凝聚法或硫化物沉淀法处理，偏酸性的含汞废水可用金属还原法处理。低浓度的含汞废水可用活性炭吸附法、化学凝聚法或活性污泥法处理，有机汞废水较难处理，通常先将有机汞氧化为无机汞，而后进行处理。

各种汞化合物的毒性差别很大。元素汞基本无毒；无机汞中的升汞是剧毒物质；有机汞中的苯基汞分解较快，毒性不大，甲基汞进入人体很容易被吸收，不易降解，排泄很慢，特别是容易在脑中积累，毒性最大，如水俣病就是由甲基汞中毒造成的。

活性炭有吸附汞和含汞化合物的性能，但吸附能力有限，只适宜于处理汞含量低的废水，如果是处理汞含量较高的废水，可先用化学沉淀法处理（处理后含汞约 1 mg/L，高时可达 2～3 mg/L），然后再用活性炭作进一步处理。

⑤处理含铬废水。铬是电镀中用量较大的一种金属原料，废水中六价铬随 pH 值的不同分别以不同的形式存在。因此，利用活性炭处理含铬废水的过程是活性炭对溶液中 Cr（Ⅵ）的物理吸附、化学吸附、化学还原等综合作用的结果。活性炭处理含铬废水，吸附性能稳定，处理效率高，操作费用低，经济效益明显。

随着科学技术的进步和废水处理的特殊要求，活性炭的研究已从本身的孔隙结构和比表面积逐步发展到研究表面官能团对活性炭吸附性能的影响。人们发现，活性炭不仅有吸附特性，而且还表现出了催化特性，由此而发展起来的催化氧化法现在也日益受到重视，其研究也在不断深入。

（2）微波能。常规废水处理法存在以下共同缺点：①工艺流程长，废水处理过程中物化反应进程缓慢，废水处理设施庞大，占地面积大；②废水只能集中处理，对于城市废水而言，地下排污管网工程庞大，废水处理工程总投资巨大；③处理后的水质不稳定，对难降解的可溶性有机物、磷、氮等营养性物质处理不彻底，对某些工业废水如造纸废液等处理困难且运行费用高。而把微波场对单相流和多相流物化反应的强烈催化作用、穿透作用、选择性供能及其杀灭微生物的功能用于废水处理，可以克服常规废水处理法存在的诸多缺点，并且处理工程小型化、分散化，可省掉城市建设中现行废水处理工程长距离埋设庞大排污管网的巨大费用，堵住污染源头，从根本上消除因人类的生活和生产活动给江河湖泊造成的污染。需特别指出的是微波对杀灭蓝藻的特殊作用，蓝藻在微波场中只需 30s 即由微细粒汇集成大颗粒，经过沉降与水分离，与此同时，水中的富营养物质也得到了降解。废水经微波能处理后可 100% 回用，实现水的可持续利用，使人类水环境步入良性循环，为解决 21 世纪人类将面临的世界性“水荒”作贡献。随着物质文明建设的不断发展，淡水资源的需求量越来越大，产生的废水量也越来越大，意味着对废水处理任务及处理深度的要求也必然加大，这就要求废水处理技术不断吸纳创新，而微波处理技术将是废水处理技术上的一场革命。

到目前为止，微波能污水处理技术已应用于昆明盘龙江水、大观河水、滇池水、翠湖水等生活污水与日用化工厂废水、造纸废水（含纸浆废水、木浆废水、草浆废水）、焦化厂（上海）废水、化纤厂（北京）废水、玉米制酒精（吉林）废水、制革厂（河北）废水、印染厂废水、造纸厂废水、强酸性矿山（江西）废水、电厂（内蒙古）废水、黄河水、缫丝厂（辽宁）废水、制糖酒精废醪液（云南）等的处理，其技术的可行性和广泛适应性已得到了验证。

（3）高级氧化法。高浓度的有机废水对我国宝贵的水资源造成了巨大破坏，然而现有的生物处理方法对可生化性差、相对分子质量从几千到几万的物质处理较困难，而高级氧化法（Advanced Oxidation Process，AOPs）可将其直接矿化或通过氧化提高污染物的可生化性，同时还在环境类激素等微量有害化学物质的处理方面具有很大的优势，能够使绝大部分有机物完全矿化或分解，具有很好的应用前景。

常见的高级氧化技术主要包括空气湿式氧化法、催化湿式氧化法、超临界水氧化法、光化学氧化法等。

①湿式空气氧化法。湿式空气氧化法是以空气为氧化剂，将水中的溶解性物质（包括无机物和有机物）通过氧化反应转化为无害的新物质，或者转化为容易从水中分离排除的形态（气体或固体），从而达到处理的目的。通常情况下，氧气在水中的溶解度非常低，1 atm、20℃时氧气在水中溶解度约 9 mg/L），因而在常温常压下，这种氧化反应速度很慢，尤其是高浓度的污染物，利用空气中的氧气进行的氧化反应就更慢，需要借助各种辅助手段促进反应的进行（通常需要借助

高温、高压和催化剂的作用)。一般来说，在 200～300℃、100～200 atm 条件下，氧气在水中的溶解度会增大，几乎所有污染物都能被氧化成二氧化碳和水。湿式空气氧化法的关键在于产生足够的自由基供给氧化反应。虽然该法可以降解几乎所有的有机物，但由于反应条件苛刻，对设备的要求很高（要耐高温高压），燃料消耗大，因而，不适合大量废水的处理。

②催化湿式氧化法。催化湿式氧化法（Catalytic Wet Oxidation Process，CWOP）是一种工业废水的高级处理方法（属于物理化学方法）。它是依据废水中的有机物在高温高压下进行催化燃烧的原理来净化处理高浓度有机废水的，其最显著的特点是以羟基自由基为主要氧化剂与有机物发生反应，反应中生成的有机自由基可以继续参加 ·HO 的链式反应，或者通过生成有机过氧化物自由基后进一步发生氧化分解反应，直至降解为最终产物 CO_2 和 H_2O，从而达到氧化分解有机物的目的。

③超临界水氧化法。超临界水氧化技术得益于水的超临界性能。在 374.3℃和 22 MPa 状态下，水的物理性能尤其是溶解性能与常温下截然不同，这种状态被称为超临界状态。在超临界状态下，水如同高密度的气体一样对有机物有很高的溶解能力，与轻的有机气体以及 CO_2 等能完全互溶，但无机化合物尤其是盐类难溶于其中。另外，超临界水具有较高的扩散系数和较低的黏度。上述这些超临界性能加上较高的温度和压力使水成为有机质氧化反应的理想介质，使氧化还原反应完全能在均相中进行，不存在界面传质阻力，而界面传质阻力往往是湿式氧化法的控制步骤。

④光化学氧化法。光化学反应是在光的作用下进行化学反应，采用臭氧或过氧化氢作为氧化剂，在紫外线的照射下使污染物氧化分解，从而实现污水的处理。

光化学氧化系统主要有 UV/H_2O_2 系统、UV/O_3 系统和 $UV/O_3/H_2O_2$ 系统。以 UV/H_2O_2 系统为例，该系统主要用于低浓度废水的处理，而不适用于高强度污染废水的处理。能将污染物彻底无害化，对有机物的去除能力比单独用过氧化氢或紫外线更强，是一种更经济的选择，能够在短期内装配在不同的地点。但它不适合处理土壤，因为紫外线不能穿透土壤粒子。紫外线容易被沉淀堵塞，降低 UV 的穿透率，因而，使用中需控制污水的 pH 值，防止氧化过程的金属盐沉淀堵塞光的穿透。

用该方法去除饮用水中三氯甲烷的试验研究表明，在去除三氯甲烷的同时可减少饮用水中的 TOC 含量，使水质进一步提高。利用 UV/H_2O_2 系统处理受四氯甲烷污染的地下水试验表明，其去除率可达 97.3%～99%，而费用与活性炭处理相当。在 UV/H_2O_2 系统中，每一分子 H_2O_2 可产生两分子羟基，不仅能有效去除水中的有机污染物，而且不会造成二次污染，也不需作后续处理。

（4）膜技术。近年来，膜技术发展迅速，在电力、冶金、石油石化、医药、食品、市政工程、污水回用及海水淡化等领域得到了较为广泛的应用，各类工程对膜技术及其装备的需求量更是急速增加。目前，微滤、超滤、反渗透、渗析、电渗析、气体分离、渗透汽化、无机膜等技术正在广泛用于石油、化工、环保、能源、电子等行业中，并产生了明显的经济和社会效益，将对21世纪的工业技术改造起着重要的战略作用。同时，国家和政府相关部门的高度支持和重视也给膜行业的发展带来了前所未有的机遇。

微滤的分离目的是溶液脱粒子和气体脱粒子，截留粒径为 0.02～10 μm 的粒子，是所有膜过程中应用最普遍且总销售额最大的一项技术，主要用于制药行业的过滤除菌和高纯水的制备。

超滤（包括纳滤）的分离目的是溶液脱大分子、大分子溶液脱小分子、大分子分级，截留粒径为 1.0～20 nm 的粒子。超滤技术可用于回收电泳涂漆废水中的涂料，现已广泛用于世界各地的电泳涂漆自动化流水线上。日本等国一些造纸厂的工业废液也已采用超滤技术进行处理。在采矿及冶金工业中，超滤技术的应用正日益受到重视，采用该技术处理酸性矿物排出液，其渗透液可循环使用，浓缩液可回收有用物质。同时，电子工业集成电路生产和医药工业用水过程也已开始广泛应用超滤技术。纳滤是在反渗透基础上发展起来的新型分离技术，在废水处理方面，用纳滤膜对木材制浆碱萃取阶段所形成的废液进行脱色，脱色率可达 98%以上。还可用纳滤膜从酸性溶液中分离金属硫酸盐和硝酸盐，其中对硫酸镍的截留率可达 95%。

反渗透分离的目的是溶剂脱溶质、含小分子溶质溶液的浓缩，截留粒径为 0.1～1 nm 的小分子溶质。反渗透技术已成为海水和苦咸水淡化、纯水和超纯水制备及物料预浓缩的最经济手段，而且随着性能优良的反渗透膜及膜组件的工业化，反渗透技术的应用范围已从最初的脱盐发展到电子、化工、医药、食品、饮料、冶金和环保等领域。现正在开发反渗透技术在化工和石油化工中的应用，如工业用水的生产和再利用；废液处理；水、有机液体的分离；电镀漂洗水再利用和金属回收等。食品工业正用反渗透技术开发奶品加工、糖液浓缩、果汁和乳品加工、废水处理、低度酒和啤酒的生产。

电渗析技术目前已发展成为一个大规模的化工单元过程，苦咸水脱盐，是电渗析技术应用最早且至今仍最大的应用领域，前景极好。锅炉及工业过程用初级纯水的制备是电渗析技术应用的第二大领域。

2009 年全国废水排放总量为 589.2 亿 t，比上年增加 3.0%，全国工业废水和生活污水每天排放量的 80%未经处理而直接排入水域。因而，我国环保水处理方面对膜应用的需求量将很大，这一领域将成为水处理工业增长潜力最大的领域。

三、实习内容

参观几种主要工业废水的处理方法，不同类型工业企业废水处理工艺的运行情况、相关设备和控制要求，能根据不同类型工业废水的来源和产生量（单位产品的耗水量或排水量）、水质和水量变化特征，选择适宜的处理工艺方法、工艺单元及工艺流程。

1．农药废水的特点及其处理方法

农药品种繁多，农药废水水质复杂。其主要特点是：（1）污染物浓度较高，化学需氧量（COD）可达数万 mg/L；（2）毒性大，废水中除含有农药外，还含有酚、砷、汞等有毒物质以及许多生物难以降解的物质；（3）有恶臭，对人的呼吸道和黏膜有刺激性；（4）水质、水量不稳定。因此，农药废水对环境的污染非常严重。农药废水处理的目的是降低农药生产废水中污染物浓度，提高回收利用率，力求达到无害化。农药废水的处理方法有活性炭吸附法、湿式氧化法、溶剂萃取法、蒸馏法和活性污泥法等。但是，研制高效、低毒、低残留的新农药，这是农药发展方向。一些国家已禁止生产六六六等有机氯、有机汞农药，积极研究和使用微生物农药，这是一条从根本上防止农药废水污染环境的新途径。

2．食品工业废水污染特点及其处理方法

食品工业原料广泛，制品种类繁多，排出废水的水量、水质差异很大。废水中主要污染物有：（1）漂浮在废水中的固体物质，如菜叶、果皮、碎肉、禽羽等；（2）悬浮在废水中的物质有油脂、蛋白质、淀粉、胶体物质等；（3）溶解在废水中的酸、碱、盐、糖类等；（4）原料夹带的泥沙及其他有机物等；（5）致病菌毒等。食品工业废水的特点是有机物质和悬浮物含量高，易腐败，一般无大的毒性。其危害主要是使水体富营养化，以致引起水生动物和鱼类死亡，促使水底沉积的有机物产生臭味，恶化水质，污染环境。

食品工业废水处理除按水质特点进行适当预处理外，一般均宜采用生物处理。如对出水水质要求很高或因废水中有机物含量很高，可采用两级曝气池或两级生物滤池，或多级生物转盘，或联合使用两种生物处理装置，也可采用厌氧-需氧串联的生物处理系统。

3．造纸工业废水处理

造纸废水主要来自造纸工业生产中的制浆和抄纸两个生产过程。制浆是把植物原料中的纤维分离出来，制成浆料，再经漂白；抄纸是把浆料稀释、成型、压榨、烘干，制成纸张。这两项工艺都排出大量废水。制浆产生的废水，污染最为严重。洗浆时排出废水呈黑褐色，称为黑水，黑水中污染物浓度很高，BOD 高达 5～40 g/L，含有大量纤维、无机盐和色素。漂白工序排出的废水也含有大量的酸

碱物质。抄纸机排出的废水，称为白水，其中含有大量纤维和在生产过程中添加的填料和胶料。造纸工业废水的处理应着重于提高循环用水率，减少用水量和废水排放量，同时也应积极探索各种可靠、经济和能够充分利用废水中有用资源的处理方法。例如，浮选法可回收白水中纤维性固体物质，回收率可达 95%，澄清水可回用；燃烧法可回收黑水中氢氧化钠、硫化钠、硫酸钠以及同有机物结合的其他钠盐。中和法调节废水 pH 值；混凝沉淀或浮选法可去除废水中悬浮固体；化学沉淀法可脱色；生物处理法可去除 BOD，对牛皮纸废水较有效；湿式氧化法处理亚硫酸纸浆废水较为成功。此外，国内外也有采用反渗透、超过滤、电渗析等处理方法。

4．印染工业废水处理

印染工业用水量大，通常每印染加工 1 t 纺织品耗水 100～200 t，其中 80%～90%以印染废水排出。常用的治理方法有回收利用和无害化处理。回收利用：（1）废水可按水质特点分别回收利用，如漂白煮炼废水和染色印花废水的分流，前者可以对流洗涤。一水多用，减少排放量；（2）碱液回收利用，通常采用蒸发法回收，如碱液量小，可用薄膜蒸发回收；（3）染料回收，如染料可进行酸化，呈胶体微粒，悬浮于残液中，经沉淀过滤后回收利用。无害化处理：（1）物理处理法有沉淀法和吸附法等。沉淀法主要去除废水中悬浮物；吸附法主要是去除废水中溶解的污染物和脱色。（2）化学处理法有中和法、混凝法和氧化法等。中和法在于调节废水中的酸碱度，还可降低废水的色度；混凝法在于去除废水中分散染料和胶体物质；氧化法在于氧化废水中还原性物质，使硫化染料和还原染料沉淀下来。（3）生物处理法有活性污泥、生物转盘、生物转筒和生物接触氧化法等。为了提高出水水质，达到排放标准或回收要求，往往需要采用几种方法联合处理。

5．冶金废水处理

冶金废水的主要特点是水量大、种类多、水质复杂多变。按废水来源和特点分类，主要有冷却水、酸洗废水、洗涤废水（除尘、煤气或烟气）、冲渣废水、炼焦废水以及由生产中凝结、分离或溢出的废水等。冶金废水治理发展的趋势：（1）发展和采用不用水或少用水及无污染或少污染的新工艺、新技术，如用干法熄焦，炼焦煤预热，直接从焦炉煤气脱硫脱氰等；（2）发展综合利用技术，如从废水废气中回收有用物质和热能，减少物料燃料流失；（3）根据不同水质要求，综合平衡，串流使用，同时改进水质稳定措施，不断提高水的循环利用率；（4）发展适合冶金废水特点的新的处理工艺和技术，如用磁法处理钢铁废水具有效率高，占地少，操作管理方便等优点。

6．焦化废水处理技术

焦化废水是在原煤高温干馏、煤气净化和化工产品精制过程中产生的。其无机污染物主要有氨氮、S^{2-}、SCN^-、CN^-；有机污染物有：酚、吡啶、苯胺、喹啉、咔唑等碱性物质，还含有大量的芳烃以及PAH（稠环芳烃）和杂环芳烃等生物难降解物质。废水成分复杂，是一种典型的难生物降解有机工业废水。其COD_{Cr}、NH_3-N浓度高，有机物成分复杂，组分种类繁多，且污染物浓度高。

《污水综合排放标准》(GB 8978—96）要求焦化废水出水水质NH_3-N≤15 mg/L，COD_{Cr}≤100 mg/L。

工程上去除焦化废水中的NH_3-N和COD_{Cr}主要采用生化法，其中，以普通活性污泥法为主，该方法可有效去除焦化废水中酚、氰类物质，但由于难降解有机物和高浓度的NH_3-N对生化处理的干扰作用，使处理效果较差，难以达标排放。Fenton试剂法对焦化废水中难降解有机物的处理效果较好。Fenton 试剂法是一种物理化学处理法，Fenton试剂的实质是二价铁离子（Fe^{2+}）和过氧化氢之间的链反应催化生成 ·HO自由基。而生成的自由基能够有效地氧化各种难降解和有毒的有机物。

四、实习方法

一般采用集中现场参观和邀请工程技术人员讲座相结合的形式。

1. 现场参观

由于认识实习的时间较短（一周）且根据本课程课堂教学的进程穿插进行，因而，一般就近参观典型的有关污水处理厂、水厂和工业企业的水和污水处理设施。实习的主要方式是跟班运行，要引导学生在跟班运行中积极主动地发现问题、提出问题和解决问题。通过现场参观，增强学生的感性认识，为保证实习效果，在实习中应有较详细的实习思考提纲和实习单位的有关资料图纸。

2. 技术讲座

由实习单位指定技术人员或工人作专题报告，时间安排在 0.5～1 h，对有关污水处理厂、水厂和工业企业废水处理站的生产工艺和处理工艺作较为系统的介绍，并与学生互动，了解废水污染控制和废水处理工艺的发展现状及相关知识。

要鼓励学生充分利用现场实习机会，向工程技术人员学习，学习在课堂上不易得到的实践知识和技能。实习的重点在于对水的净化处理系统和特定废水的具体处理方法有一个全面的认识。

五、工具与仪器

水样采集器、塑料瓶（或玻璃瓶）、浓硫酸、记录本、照相机等。

六、思考题

1. 简述含氰废水的特点、来源及其处理方法。

2. 工业废水的处理原则是什么？

3. 工业废水通常分为哪几类，各有什么特点？

七、记录表

表 3-3 废水处理效果调查表

实习地点：__________ 时间：__________ 记录人：

污水处理方式	进水	出水	备注
COD			
SS			
总铬			

实习四 农业固体废弃物综合利用

一、目的

通过实习，需要达到以下目的：（1）了解农业固体废弃物的特点、常用的处理处置方法；（2）了解好氧堆肥和厌氧发酵的原理、工艺技术；（3）掌握影响好氧堆肥和厌氧发酵过程的因素以及主要技术措施的控制和调整；（4）了解堆肥腐熟度的判断。

二、原理

农业固体废弃物是指农业生产、畜禽饲养、农副产品加工以及农村居民生活活动排出的废物，如植物秸秆、人和畜禽的粪便等。

农业固体废弃物的元素组成除 C、O、H 三元素的含量高达 65%～90%外，还含有丰富的 N、P、K、Ca、Mg、S 等。化学组成多为天然高分子聚合物及其混合物，如纤维素、半纤维素、淀粉、木质素等；其次是天然小分子化合物，如氨基酸、生物碱、单糖、激素、抗生素、脂肪酸等。具有表面密度小、韧性大、抗拉、抗弯、抗冲击能力强等理化性状。

如表 3-4 所示，农业废弃物按来源可分为第一性生产废弃物、第二性生产废弃物、农副产品加工后的剩余物和农村居民生活废弃物。

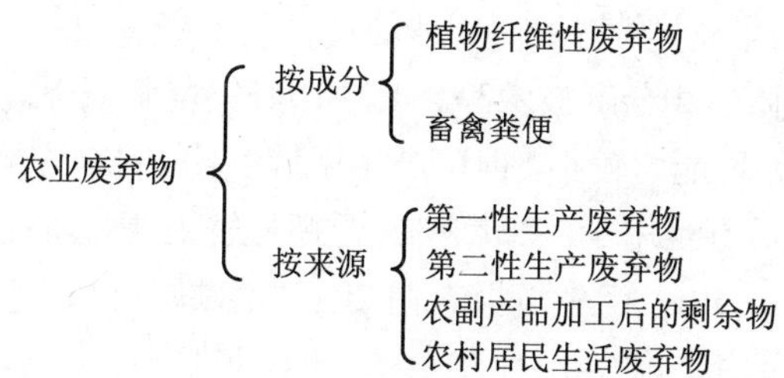

表 3-4　农业废弃物分类

第一性生产废弃物是指作物秸秆、枯枝落叶等，是农业废弃物中最主要的部分。我国的纤维素物质 10 亿 t/a、农业植物纤维废料 1.178 亿 t/a、作物秸秆 7 亿 t/a。虽然具有很高的利用价值，但我国的利用率仅为 33%左右。利用方式为秸秆还田、优化秸秆编织技术和建材生产技术、能源利用三种。

第二性生产废弃物主要是指畜禽粪便和栏圈垫物等。各种畜禽粪便都含有丰富的有机质，较高的 N、P、K 及微量元素，是很好的制肥原料。有机质在积肥、施肥过程中，经过微生物的加工分解及重新合成，最后形成腐殖质贮存于土壤中，腐殖质具有改良土壤、培肥地力等多方面的作用。

农副产品加工后剩余物（即第三性生产废弃物）主要有作物残体、畜产废弃物、林产废弃物、渔业废弃物和食品加工废弃物。作物残体以纤维素、半纤维素和木质素为主；畜产废弃物 BOD、TP、TN、K 含量高；林产废弃物含 45%～50%纤维素、20%～25%半纤维素和 20%～25%木质素；渔业废弃物主要为水产品加工的下脚料，多丢弃；食品加工废弃物具有易分解、易腐败的特性。

农村居民生活废弃物（又称第四性生产废弃物），我国的产生量以每年 7%～8%的速度增长。以前以菜叶瓜皮为主，现在发展为以塑料袋、建筑垃圾、生活垃圾、作物秸秆、腐败植物等组成的混合体。

发达国家农业固体废弃物主要用于处理废水、清洁油污地面、沼气发电、用做饲料原料、作为发电燃料以及制作复合材料等。

我国的农业废弃物以稻草、麦草和玉米秆为主。稻草和麦草的产量达 3 亿 t，玉米秆达 2 亿 t。由于各种原因，大部分都被丢弃于田间地头，一部分靠自然腐烂，绝大部分靠焚烧处理，每年约有 3.5 亿 t 作物秸秆被燃烧掉。

我国对农业废弃物的处理方式：对于作物秸秆，如稻草、麦草等可用于制造空心砖、墙体内装板等建筑材料，或将其进行液化处理，使其变为液化气后再生利用；对于畜禽排泄废弃物，主要利用方式为饲料化、能源化、肥料化等。

农业固体废弃物的生物处理就是以农业固体废弃物中可降解的有机物为对象，通过生物（微生物）的作用使之转化为水、二氧化碳或甲烷等物质的过程。

目前用于农业固体废弃物生物处理的技术包括好氧堆肥、厌氧消化（发酵）、蚯蚓分解和纤维素微生物分解技术等。其中，好氧堆肥应用最广，处理能力最大；厌氧发酵速率慢，处理能力较小，但可产生甲烷气体，目前在欧洲的应用得到加速，所产甲烷提纯加氢后甚至用于汽车燃料；蚯蚓分解主要在研究（中试）阶段，1 亿条蚯蚓每天分解垃圾 50t，产生垃圾粪便 20 t（用做肥料和饲料）；纤维素微生物分解包括水解、糖化和蛋白化等，有人推算，1 t 纤维素可生成 0.5 t 葡萄糖，而葡萄糖发酵后可生产 0.26 m^3 乙醇（生物质能源，汽车燃料），目前仍处于研究阶段。

农业固体废弃物生物处理的作用：（1）对废弃物进行处理消纳，实现稳定化、减量化、无害化；（2）促进废弃物的适用组分重新纳入自然循环（如堆肥用于改土，重新回归农田生态系统）；（3）将大量有机固体废弃物转化为有用物质和能源，实现固体废弃物的资源化（如沼气、生物蛋白、乙醇）。

堆肥化（composting）就是依靠自然界广泛分布的细菌、放线菌、真菌等微生物以及由人工培养的工程菌等，在一定的人工条件下，有控制地促进可被生物降解的有机物向稳定的腐殖质转化的生物化学过程，其实质就是一种生物代谢过程。堆肥化得到的产品称为堆肥，由于它是一种腐殖质含量很高的呈疏松状态的物质，故也称为腐殖土，有机固体废弃物经堆肥化后，体积只有原体积的 50%～70%。

（一）好氧堆肥原理

好氧堆肥是以好氧菌为主的微生物对有机废弃物进行吸收、氧化、分解的复杂生物化学反应过程。在堆肥过程中，好氧菌通过自身的生命活动，以废弃物中的有机物为养料，将其一部分氧化分解成简单的无机物并释放出微生物生长所需的能量，将其另一部分合成为新的细胞物质，使微生物生长繁殖。

有机废弃物的好氧分解过程很复杂，可以图 3-16 所示通式表示。

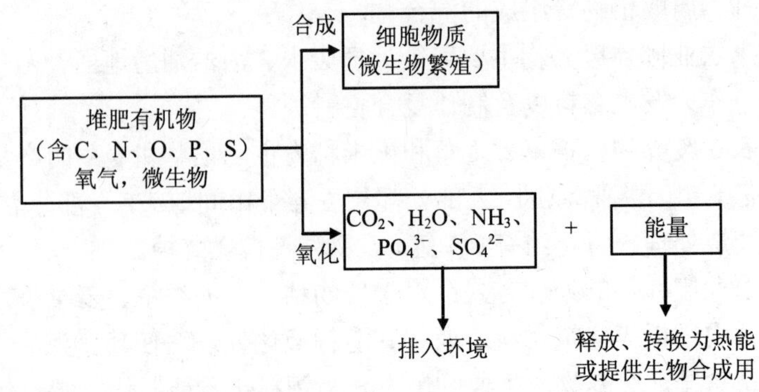

图 3-16　有机物的好氧堆肥分解

1．好氧堆肥过程

一个完整的好氧堆肥过程包括升温阶段（堆肥初期，15～45℃）、高温阶段（45℃以上，有机物降解强烈，嗜热微生物为主）、降温阶段（嗜温微生物为主）和腐熟阶段。

（1）升温阶段。此阶段微生物以中温、需氧型为主，通常是一些无芽孢细菌。适合于中温阶段的微生物种类极多，其中最主要是细菌、真菌和放线菌。这些菌类都有分解有机物的能力，不仅对不同温度有各自的适应性，且对不同的化合物喜好也各异，如细菌特别喜欢水溶性单糖类，放线菌和真菌对分解纤维素和半纤维素物质具有特殊功能。

（2）高温阶段。当堆肥温度上升到 45℃以上时，即进入堆肥过程的第二阶段——高温阶段。堆层温度升至 45℃以上，不到一周可达 65～70℃，随后又逐渐降低。温度上升到 60℃时，真菌几乎完全停止活动，温度上升到 70℃以上时，对大多数嗜热性微生物已不适宜，微生物大量死亡或进入休眠状态，除一些孢子外，所有的病原微生物都会在几小时内死亡，其他植物种子也被破坏。其中，50℃左右，嗜热性真菌、放线菌活跃；60℃左右，嗜热性放线菌和细菌活跃；大于 70℃，微生物大量死亡或进入休眠状态。

（3）降温阶段。在此阶段，中温微生物又开始活跃起来，重新成为优势菌，对残余较难分解的有机物作进一步分解，腐殖质不断增多，且稳定化。当温度下降并稳定在 40℃左右时，堆肥基本达到稳定。

2．好氧堆肥的影响因素

化学因素：C/N 比（30∶1）；含氧量（＞10%）；营养平衡；pH 值（5.5～8.5）。

物理因素：温度（50～60℃）；颗粒度；含水率（45%～60%）。

（1）粒度。在堆肥化过程中，物料的粒度影响其密度、内部摩擦力和流动性。足够小的粒度可以增加废弃物与微生物及空间的接触面积，加快生物化学反应速率；理想的粒度是 25～75 mm。对静态堆肥，粒度可适当增大，以起到支撑结构的作用，增加空隙率，有利于通风。

（2）含水率。由于水是溶解废弃物中有机物和营养物质以及合成微生物细胞质必不可少的物质，因此，要求堆肥物料中含有足够的水分；若含水率过高，水会阻碍空气流通，造成缺氧；若水分过少，会使分解速率降低。当含水率＜2%时，微生物将停止繁殖。最佳含水率范围为 50%～70%，用生活垃圾制堆肥时含水率以 55%为宜。

（3）温度。实践表明，堆肥过程的最佳温度为 35～55℃。低于 35℃时堆肥效率不高，在 55℃左右时，微生物活性最高，有机物的分解效率也最高。高于 55℃时，微生物的活性开始下降，堆肥效率也下降。

另外，大多数病原菌的灭活温度高于 50℃，因此，堆肥温度控制在 55℃左右，并维持一定长的时间，对于提高堆肥化效率和堆肥产品质量是适宜的。

我国防预医学科学院研究指出，用粪便堆肥，最高温度必须达到 50～55℃，并在该温度下维持 5～7 d，可以杀灭大肠杆菌和蛔虫卵。

美国环保局指出，用露天条垛式堆肥，最高温度必须达到 55℃以上并至少维持 15 d，在密闭堆肥系统中，在同样的温度下，需要维持至少 3 d，就可以杀灭病原体。

（4）碳氮比（C/N）。C/N 是影响微生物生长的最重要的营养因素之一。微生物每利用 30 份碳，就需要 1 份氮，因此，初始物料的 C/N 比为 30∶1 时适合堆肥的需要，其最佳值为 26∶1 至 35∶1。成品堆肥的适宜 C/N 为 10∶1 至 20∶1。C/N 过低，余氮就会以氨的形式逸散，并可能污染环境；C/N 过高，则氮不足，就使得微生物的繁殖受到氮源少的限制，导致有机物分解速率降低，堆肥过程延长。由于初始原料的 C/N 一般都高于 26∶1 至 35∶1，故应加入氮肥水溶液、粪便、污泥等调节剂，调节到 30∶1 以下。

（5）通风和耗氧速率。堆层中氧的浓度和耗氧速率反映了堆肥过程中微生物活动的强弱和有机物的分解程度。堆肥过程适宜的氧体积浓度为 14%～17%，最低不得＜10%，一旦低于此限，好氧发酵将会停止。由于氧气转变为当量的 CO_2，因此，也可用 CO_2 的生成速率来表征堆肥的耗氧速率，适宜的 CO_2 体积浓度为 3%～6%。

（6）有机物含量。有机物含量太低不能提供足够的能量，影响嗜热菌增殖，难以维持高温发酵过程。有机物含量太高则堆肥过程中要求大量供氧，实际生产过程中常因供氧不足而发生部分厌氧过程，影响堆肥的腐熟度，即堆肥质量。适宜的有机物含量为 20%～80%。

（7）pH 值。在堆肥化过程中，pH 值随着温度及时间的变化而变化，其变化情况和温度的变化是一样的，也反映了有机物分解的进程。在堆肥初期，由于有机酸的产生，pH 值可降至 5 以下。随着有机酸的逐步分解，pH 值逐渐上升，发酵完成前可达到 8.5～9.0，最终成品的 pH=7～8。

3. 堆肥质量

（1）堆肥质量的含义。有适合农作物生长所需的营养成分；符合卫生要求，无害化，要求堆肥中的重金属含量和致病微生物的数量必须低于一定的数量范围；堆肥应达到稳定的腐熟度。

（2）我国堆肥产品的质量标准。堆肥的成分和养分随其所用原料、工艺及堆制周期不同而有差异。我国堆肥化产品应满足下列基本要求。

①堆肥产品中的 C/N 应＜20%。土壤中的微生物在分解有机物的同时，还要

从氨或硝酸盐中吸收氮作为自身的营养，以维持繁殖增生，若 C/N 比过高，则可利用的 N 量少而使得微生物处于“氮饥饿”状态，最终影响肥效。因此，要求堆肥产品中的 C/N 比应低于 20（C/N＜20）。

②堆肥产品应达到完全腐热的程度才能施用。大量施用未完全腐熟的堆肥，由于有机质在土壤中的继续分解，会造成植物根部缺氧而枯死，农业减产。

③便于运输、贮存和施用。故要求水分在 40%以下，袋装堆肥的含水率应低于 20%，最好加工成颗粒肥。

（3）堆肥的腐熟度。堆肥腐熟度是指堆肥的稳定化程度，它既是反映堆肥化反应完成的标志，又是堆肥质量的标准。堆肥腐熟度的测定方法有多种：植物幼苗试验法、耗氧速率法、CO_2 生成速率法、易分解有机物含量法、淀粉消失法、硝态氮生成法、C/N 恒定法、氧化还原电位升高法、碱性基团交换滴定法等。评估成熟堆肥的方法见表 3-5。

表 3-5　评估成熟堆肥的方法汇总表

方法名称	参数、指标或项目
表观鉴定法	1．颜色和气味；2．温度；3．密度
化学方法	1．碳氮比； 2．氮化合物（总氮、氨氮、硝酸盐氮、亚硝酸盐氮）； 3．有机化合物（水溶性或可浸提有机碳、还原糖、脂类等化合物、纤维素、半纤维素、淀粉等）； 4．腐殖质（腐殖质指数、腐殖质总量和功能基团）
生物活性	1．呼吸作用（耗氧速率、CO_2 释放速率）； 2．微生物种群和数量； 3．酶学指标
植物毒性分析	1．发芽实验； 2．植物生长实验
卫生学检测	致病微生物指标

4．堆肥农业效用

（1）改良土壤

①增加有机质和养分；②改善土壤结构：使黏质土壤松散，使砂质土壤结成团粒，降低土壤容重，增加孔隙率；使土壤固相下降，液、气相增加；促进通风，提高保水能力；腐殖质粒子表面带负电，能吸附 NH_4^+、K^+、Ca^{2+}等养分，使肥分不致流失。

（2）促进植物根系增长。堆肥本身是腐殖质，能促进植物根系的伸长和增长。堆肥中含有丰富的微生物、原生动物，施入土壤可以改善土壤生态环境的结构和功能，成为防止病原微生物的“屏障”，使农作物不易遭受虫害。

（3）堆肥的增产作用。施用适宜数量的优质堆肥，一般均有较好的增产作用，并能提高农产品的品质；与化肥复合施用，效果更佳，但对于不同的农作物，增产效果并不一样。

（4）堆肥农用的不利因素。肥效不高，N、P、K混合含量一般<3%。因此，不能把堆肥等同于传统的农家肥，只能作为土壤的改良剂或调节剂。大量施用堆肥，可能会使土壤富集有害元素。堆肥设备投资大，产品的成本高。

（二）厌氧消化（发酵）

厌氧消化是在厌氧条件下通过利用微生物群落或游离酶，对有机固体废物中的生物质分解降解作用，使其中的易腐生物质部分得以降解，并消除生物活性，转化为无腐败性的残渣的过程。

若有机物的降解产物主要是有机酸，则此过程称为不完全的厌氧消化，简称酸发酵或酸化。若进一步将有机酸转化为以甲烷为主的生物气，此全过程称为完全的厌氧消化，简称甲烷发酵或沼气发酵。

厌氧消化具有过程可控制、降解快、生产过程全封闭的特点；能源化效果好，可以将潜在于废弃有机物中的低品位生物能转化为可以直接利用的高品位沼气；易操作，与好氧处理相比，厌氧消化不需要通风动力，设施简单，运行成本低，属于节能型处理方法；产物可再利用，适于处理高浓度有机废水和废物，经厌氧消化后的废物基本得到稳定，可以作农肥、饲料或堆肥化原料；厌氧微生物的生长速度慢，常规方法的处理效率低，设备体积大；厌氧过程中会产生恶臭气体。

1. 厌氧消化的生化过程

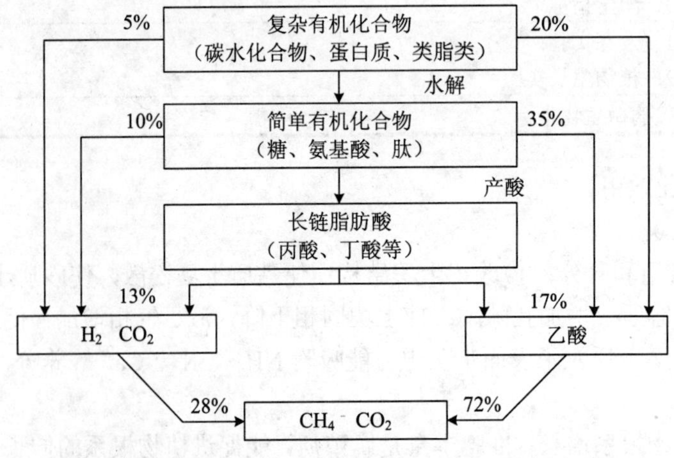

图 3-17 固体废弃物中复杂有机物的厌氧分解过程

2. 厌氧反应三阶段理论

（1）水解酸化阶段：有机物在水解和发酵菌的作用下，分解成挥发性有机酸、醇类等；主要产生较高级脂肪酸。

（2）产氢产乙酸阶段：在产氢产乙酸细菌作用下，第一阶段产生的各种有机酸进一步转化成乙酸和氢。主要是将各种高级脂肪酸和醇类氧化分解为乙酸和H_2。

（3）产甲烷阶段：又称甲烷发酵阶段，是甲烷菌利用乙酸、丙酸、甲醇等化合物为基质，将其转化成甲烷，其中，乙酸和H_2/CO_2是其主要基质。也是厌氧反应的控制阶段，其控制条件和影响因素就是厌氧反应的影响因素。

在厌氧消化系统中微生物主要分为两大类：非产甲烷菌（non-methanogens）和产甲烷细菌（methanogens）。

表 3-6 产酸菌和产甲烷菌的特性参数

参数	产甲烷菌	产酸菌
对 pH 的敏感性	敏感，最佳 pH 为 6.8～7.2	不太敏感，最佳 pH 为 5.5～7.0
氧化还原电位 Eh	<–350mV（中温），<–560mV（高温）	<–150～200mV
对温度的敏感性	最佳温度：30～38℃，50～55℃	最佳温度：20～35℃

3. 厌氧消化的影响因素

（1）温度。温度是控制厌氧消化的主要因素。温度适宜时，细菌发育正常，有机物分解完全，产气量高。细菌对温度的适应性可分为低温、中温和高温三个区：低温消化 10～30℃；中温消化 30～35℃；高温消化 50～56℃。

高温消化的反应速率约为中温消化的 1.5～1.9 倍，产气率也较高，但气体中甲烷含量较低；当处理含有病原菌和寄生虫卵的废水或污泥时，高温消化可取得较好的卫生效果，消化后污泥的脱水性能也较好。

（2）pH 值。产酸细菌对酸碱度不及甲烷细菌敏感，其适宜的 pH 值范围较广，为 4.5～8.0。产甲烷菌要求环境介质 pH 值在中性附近，最适宜 pH 值为 7.0～7.2，pH 值为 6.6～7.4 较为适宜。在厌氧法处理的应用中，由于产酸和产甲烷大多在同一构筑物内进行，故为了维持平衡，避免过多的酸积累，常保持反应器内的 pH 值在 6.5～7.5（最好在 6.8～7.2）。

（3）营养物质的配比。厌氧微生物的生长繁殖需要按一定的比例摄取碳、氮、磷及其他微量元素。工程上主要控制进料的碳、氮、磷比例，因为其他营养元素不足的情况较少见。

碳、氮、磷的比例控制为（200～300）∶5∶1 为宜。此比值大于好氧法中 100∶5∶1，这与厌氧微生物对碳等养分的利用率比好氧微生物低有关。在碳、氮、磷的比例中，C/N 比对厌氧消化的影响最为重要。C/N 过高，碳素多，氮素养料相对缺乏，细菌和其他微生物的生长繁殖受到限制，有机物的分解速度慢、发酵过程长。C/N 过低，可供消耗的碳素少，氮素养料相对过剩，则容易造成系统中氨氮浓度过高，出现氨中毒。

（4）有毒物质。挥发性脂肪酸（VFA）是消化原料酸性消化的产物，同时也是甲烷菌生长代谢的基质。一定的挥发性脂肪酸浓度是保证系统正常运行的必要条件，但过高的 VFA 会抑制甲烷菌的生长，从而破坏消化过程。

表 3-7　对厌氧消化具有抑制性的物质

抑制物质	抑制浓度/（mg/L）	抑制物质	抑制浓度/（mg/L）
VFA	＞2 000	SO_4^{2-}	5 000
氨氮	1 500～3 000	Na	3 500～5 500
ABS（烷基苯磺酸盐）	50	Cu	5
五氯苯酚	10	Cd	150
溶解性硫化物	1 000	Fe	1 710
Ca	2 500～4 500	Cr^{3+}	3
Mg	1 000～1 500	Cr^{6+}	500
K	2 500～4 500	Ni	2

有许多化学物质能抑制厌氧消化过程中微生物的生命活动，这类物质被称为抑制剂。抑制剂的种类也很多，包括部分气态物质、重金属离子、酸类、醇类、苯、氰化物及去垢剂等（表 3-7）。

（5）搅拌。有效的搅拌可以增加物料与微生物接触的机会，使系统内物料和温度分布均匀，以保证发酵装置有较高的池容产气率，且不致出现局部酸积累，还可以使产生的气体迅速排出。

搅拌方式有机械搅拌、充气搅拌和充液搅拌三种。对于流体或半流体状的污泥可以采用机械搅拌、气体搅拌、泵循环搅拌等方法；对于固体状态的物料，用一般的搅拌方法难以奏效，可以通过使浸出液循环流动的方式来替代搅拌方式，从而达到搅拌的效果。

（6）发酵原料。用做堆肥的原料都可以用做厌氧发酵，即沼气发酵原料。厌氧消化过程中的产气量是厌氧消化处理效率的重要指标。一般来说，产气量的大小主要取决于物料的组分特性（表 3-8）。不同原料的有机组分不同，其理论产气量也不同（表 3-8）。

表 3-8 有机组分的产气量及气体组成

有机物种类	产气量/（L/kg）	气体组成/%	热值/（kcal[①]/m³）
碳水化合物	800	50（CH_4）+50（CO_2）	4 250
脂肪	1 200	70（CH_4）+30（CO_2）	5 950
蛋白质	700	67（CH_4）+33（CO_2）	5 650

①1 kcal=4.186 8 kJ。

4．发酵装置（fermentation plant）

沼气发酵池的类型较多，其中水压式沼气池是最常用的，也是我国农村主要推广的池型，被称为中国式沼气池，特别受发展中国家的欢迎。

（1）结构。水压式沼气池是一种埋设在地下的立式圆筒形发酵池，池盖、池底具有一定的曲率半径，呈弧形。主要结构有进料管、发酵间、出料管、水压间、出料间、导气管等部分。

（2）工作原理。

①启动前状态（图 3-18）：发酵间与水压间（出料间）液面处在同一水平（O-O）；此时发酵间剩余的空间为死气箱容积；

②启动后状态（图 3-19）：发酵间产生的气体造成水压间液面高于发酵间，当产生的气体量最大时，发酵间的液面下降到最低位置（A-A）；

③使用沼气状态（图 3-20）：发酵间压力减小，水压间液面下降，停用沼气时，继续发酵产生的沼气又使水压间液面上升，反复进行；

④极限工作压强：水压间液面上升到极限位置时与发酵间的最大液面差。

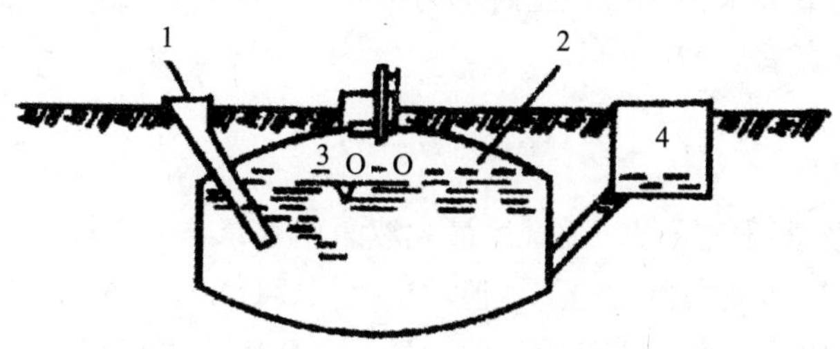

1. 进料管；2. 发酵间；3. 初始液面；4. 水压间（出料间）

图 3-18 水压式沼气池启动前状态

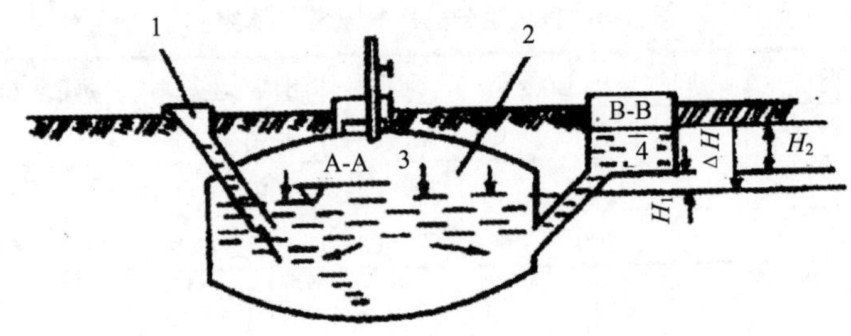

1. 进料管；2. 发酵间；3. 初始液面；4. 水压间（出料间）

图 3-19 水压式沼气池启动后状态

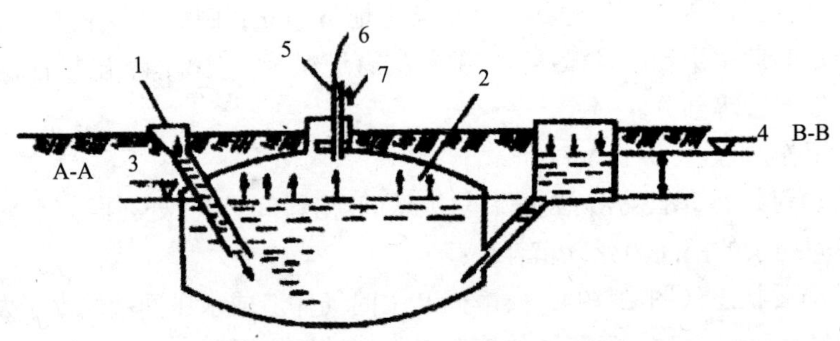

1. 加料管；2. 发酵间；3. 初始液面；4. 水压间（出料间）5. 导气管；6. 沼气输送管；7. 控制阀

图 3-20 水压式沼气池使用状态

当发酵间内贮气量达到最大值时，发酵间的液面下降到最低水平 A-A，水压间的液面上升到最高水平 B-B，这时称为极限工作状态，相应地达到极限沼气压强，即最大液面高差（ΔH）：

$$\Delta H = H_1 + H_2$$

式中：ΔH——极限沼气压强（沼气池最大液面差）；

H_1——发酵间液面最大的下降值，H_1=（O-O）－（A-A）；

H_2——水压间液面最大的上升值，H_2=（B-B）－（O-O）。

5. 能源利用

（1）沼气的利用：主要利用方式是作为能源。①提供热能，解决能源不足的矛盾；②沼气孵鸡；③沼气温室育苗；④蔬菜大棚综合利用沼气增产。此外还可利用沼气贮粮和水果保鲜等。

（2）沼液的利用：在沼液中除了微生物没有利用完的原料，还含有作物所需的营养物质、金属或微量元素的离子和对作物生长具有调控作用、对某些病虫害具有杀灭作用的物质。因此，可将沼液作为肥料，用做基肥和追肥等；进行喷施、洒施和浇施来防治病虫害；用于浸种和作为饲料添加剂来养鱼喂猪等。

（3）沼渣的利用。沼渣一般含有机质 36%～50%、腐殖酸 10%～25%、粗蛋白 5%～9%、TN 0.8%～1.5%、TP 0.4%～0.6%、TK 0.6%～1.2%，是一种高效的有机肥和动物饲料。沼渣可以作饲料（养鱼）、肥料（种植果树）和食用菌培养基质（生产蘑菇）。

三、实习地介绍

云南农户型沼气池超过百万座，居全国第四，但大中型沼气的发展滞后，无百米^{3}以上沼气池、无中温发酵沼气池、无太阳能调温中型沼气池、无钢体沼气池、无地面建筑沼气池，更无工业化产业规模的沼气工程，针对云南大中型沼气发展严重落后的局面，昆明榕风生物技术有限公司在昆明市科技局的支持下，在云南省呈贡县大渔乡滇池农业面源污染控制中试基地，建设云南第一个中型太阳能中温钢体沼气池，尝试整合昆明太阳能优势，资源化利用设施农业的鲜汁秸秆，兼顾处置养殖业厩肥和滇池水生植物，以展示现代先进的沼气发酵技术和沼气多途径应用技术，为油气资源匮乏的云南探索可再生能源之路，推动云南省沼气事业的发展。

实习地“滇池农业面源污染控制中试基地”属昆明榕风生物技术有限公司，位于云南昆明市呈贡县。北接斗南镇，东连县城，南与晋宁县交界，西面是滇池。离滇池东岸 1 km、粪便市场 1.5 km、县城 12 km、昆明 28 km。气候属低纬高原季风温凉气候带，年平均气温 14.67℃，最热为 7 月，平均 20.5℃，最冷为 1 月，平均 7.4℃。年平均日照 2 008～2 445 h，年均无霜期 285 d。年均光能总辐射量 117～123 kcal/cm^2。年平均降水量 800～1 200 mm，一般年份 1 000 mm 左右。风向多为西南风，风力一般为 2～3 级。

基地四周环绕大棚蔬菜和花卉，废弃新鲜多汁秸秆随处可见；基地离滇池东岸约 1 000 m，西南风把大量浮水植物带到岸边，每年都必须发动群众打捞；离基地 1 500 m 的地方是云南省唯一的牲畜粪便有机肥交易市场，大量牲畜粪便在此集散，价格低廉并送货上门，政府也督促各养殖场将粪便运送至此处理。

基地位于农业区，项目拟建的沼气池离蔬菜大棚 10 m 左右，基地门口设有面源污染控制农资门市，项目肥料产品可以在门市上销售，液态有机肥可以根据农户要求布管输送到大棚，电能和压缩甲烷也直接销售给中试基地，管道燃气用户离基地约 600 m。

试验流程为：原料经过原料预处理系统按配比混合，进入厌氧发酵系统进行厌氧发酵，沼气经过净化并存储，通过管道输出使用；在厌氧发酵系统中，采用太阳能热循环系统的热量交换，对发酵罐进行加温作用，从而使发酵有一个中温条件；发酵后所产生的沼液经过一系列的科学调配，制成有机肥（图 3-21）。

通过系统的仪表板和控制系统，测定主要的工艺参数，包括气温、集热板进出口温度、热水罐温度、发酵罐温度、辐射强度、气体流量、气体压力、甲烷含量、二氧化碳含量、发酵液 pH 值等，并取样送昆明榕桦分析测试公司测定固形物含量、总氮、总磷、总有机碳。

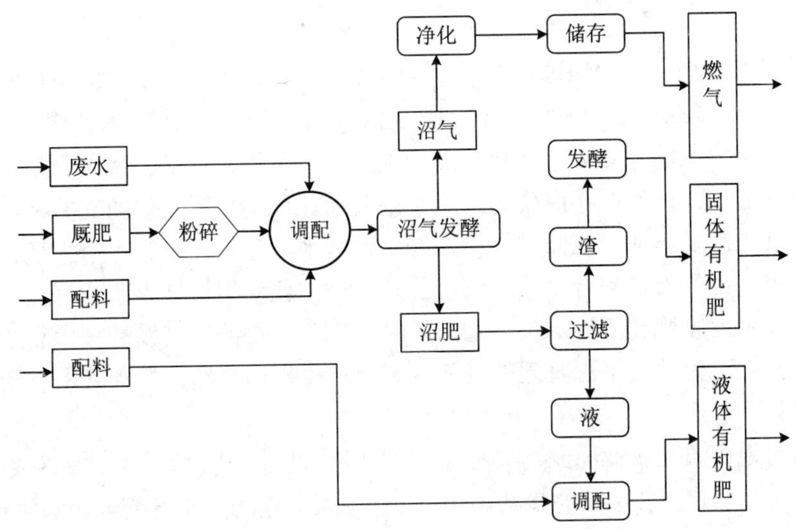

图 3-21 厌氧发酵试验工艺设计

四、实习内容

（1）采用请当地专业人员、有关部门管理人员介绍和指导教师讲解相结合的方法，让学生对农业固体废弃物处理处置（或厌氧发酵）的工艺和原理以及有关堆肥参数的控制、堆肥腐熟度的判断有较全面的认识。

（2）通过现场参观了解，查找资料、收集材料以及专业技术人员的讲解，让学生较全面地认识农业固体废弃物的处理技术。

（3）了解农业固体废弃物的来源、特点、常用的处理处置方法，以及厌氧发酵的堆肥技术；掌握堆肥过程中最适温度、最佳 pH 值、污泥含水率和 C/N 比等主要参数控制和调整措施及堆肥腐熟度的判断。

五、工具与仪器

采样铲子、自封袋、照相机、记录本。

六、思考题

1．厌氧发酵的原料有哪些？

2．沼气池的设计原理和工艺参数有哪些？

3．简述固体废弃物生物处理的原理，并说明生物处理的特点和作用。

4．简述好氧堆肥的生物反应过程，并写出其总反应式。

5．好氧堆肥过程一般按温度的变化发展，其发展过程分为哪几个阶段？各阶段的生物活动情况如何？

6．堆肥化的影响因素有哪些？各有什么影响？

7．试比较好氧堆肥中间歇式发酵工艺与连续式发酵工艺的特点与优劣。

七、记录表

表 3-9　固体废弃物处理调查表

实习地点：____________________　时间：__________________　记录人：

固体废弃物处理方式	处理参数	处理效果	备注

实习五　城市垃圾焚烧处理工艺

一、目的

通过实习，让学生熟悉本地区城市垃圾处理处置的方法和原理，掌握焚烧法的概念和采用焚烧法处理城市生活垃圾的优缺点、应用前景和存在的问题；掌握焚烧过程中产生的烟气处理技术和方法；了解城市生活垃圾卫生处理对周边生态环境和居住环境的影响，思考今后垃圾处理的发展方向。

二、原理

我国现有城市 668 座，城市垃圾产生数量超过 1 亿 t/a，且以每年 10%的速度增长。此外，历年的垃圾堆存量已达 60 亿 t 以上。目前已有 200 余座城市处于垃圾包围之中。

昆明市每日人均产生垃圾 1.26 kg，并且以每年 5%的增长率递增，2011 年每天的垃圾产生量达到 4 000～4 500 t。但经调查研究，在居民生活垃圾中有至少 60%是可回收的再生资源，折算下来，差不多 2 100 t 生活垃圾是可回收利用的。虽然现在昆明市已经有两座垃圾焚烧厂，但对于生活垃圾的处理必须要实现无害化、减量化和资源化，垃圾分类回收是实现“三化”的必要措施。因此，必须在源头进行垃圾的分类收集。

焚烧法一般是指将垃圾作为固体燃料送入焚烧炉中，在高温条件下（一般为 900℃左右，炉心最高温度可达 1 100℃），垃圾中的可燃成分与空气中的氧进行剧烈化学反应，放出热量，转化成高温烟气和性质稳定的固体残渣。

垃圾焚烧后，体积可减少 85%～95%，质量减少 20%～80%。高温焚烧消除了垃圾中的病原体和有害物质，实现了垃圾的无害化，而且焚烧排出的气体和残渣中的一些有害副产物的处理远比有害废弃物直接处置容易得多。焚烧法具有处理周期短、占地面积小、选址灵活、热能可以利用等特点。因此，焚烧法能以最快的速度实现垃圾处理的无害化、减量化和资源化。目前，在发达国家已被广泛采用。

但是，焚烧法也具有缺点，如对垃圾的热值有一定要求；建设成本和运行成本相对高；管理水平和设备维修要求高；焚烧产生的废气若处理不当，很容易对环境造成二次污染；不同季节、年份垃圾热值的变化不同等。

1. 垃圾焚烧的应用现状

垃圾焚烧在20世纪90年代已经成为了许多国家的重要处理技术，特别是日本和丹麦的垃圾焚烧比例达到了70%以上（表3-10）。瑞典和法国的垃圾焚烧比例也在逐渐增加。

表3-10 部分发达国家应用焚烧技术处理城市生活垃圾的概况

国别	1993年焚烧比例/%	1990年焚烧工厂数量	1990年焚烧量/（$\times 10^6 t \cdot a^{-1}$）
日本	75	1 893	32.0
丹麦	71	38	1.7
瑞典	60	23	1.8
法国	42	170	7.6
荷兰	40	12	2.8
美国	19	168	28.6
英国	13	30	2.5

2. 我国垃圾焚烧的发展

1985年，深圳市政环卫综合处理厂从日本成套引进2台日处理能力150 t 的垃圾焚烧炉；中科院、浙江大学、清华大学等都在进行流化床垃圾焚烧炉的开发和研制。

1993年，无锡锅炉厂引进美国技术在珠海建设一座3×200 t/d 的垃圾焚烧厂。

2001年年底，我国第一个处理能力达1 000 t/d 的大型生活垃圾焚烧厂投入运行并成功并网发电。

2005年6月，成都市开始建设垃圾焚烧厂。目前许多大中城市均在建垃圾焚烧厂。

城市生活垃圾焚烧适用于进炉垃圾平均热值高于 5 000 kJ/kg、卫生填埋场地缺乏和经济发达的地区。禁止使用不能达到控制标准的焚烧炉。垃圾应在焚烧炉内充分燃烧，烟气在后燃室应在不低于850℃的条件下停留不少于2 s。垃圾焚烧产生的热能应尽量回收利用，以减少热污染。应采用先进和可靠的技术及设备，严格控制垃圾焚烧的烟气排放。烟气处理宜采用半干法加布袋除尘工艺。

垃圾焚烧产生的炉渣经鉴别不属于危险废物的，可回收利用或直接填埋。属于危险废物的炉渣和飞灰必须作为危险废物处置。

垃圾焚烧发电在我国还处于初级阶段，还有许多方面需改进和提高。

垃圾发电当前遇到的关键问题是电站的发电量波动性大，稳定性小。其原因是垃圾中可燃废弃物的质量和数量随季节和地区的不同而发生明显变化。因此，垃圾焚烧电站的多余电力向电力公司出售时，价格不高，主要靠国家政策扶持。

另外，垃圾焚烧发电本身属于环保项目，但是，如果处理得不好可能造成二次污染。

三、实习地介绍

昆明东郊垃圾焚烧发电厂位于昆明市官渡区阿拉乡白水塘，距离昆明市城区16 km。作为云南省最大的垃圾焚烧发电项目，昆明东郊垃圾焚烧发电厂日处理垃圾量达到1430t，其中，官渡区600t、盘龙区670t、经开区100t、其他单位60t，基本满足昆明市东城片区的垃圾处理。该垃圾焚烧发电厂建设规模为日处理城市生活垃圾1600t，投入运行后，预计每年可处理城市生活垃圾58万多t，垃圾减容效果可达90%以上。目前每天有近50万kW·h电并入云南电网供市民使用，为昆明市发展低碳经济、实现节能降耗减排目标作出了贡献。

四、实习内容

1. 了解垃圾焚烧的相关法规

（1）城市生活垃圾处理及污染防治技术政策。垃圾应在焚烧炉内充分燃烧，烟气在后燃室应在不低于850℃的条件下停留不少于2s。垃圾焚烧产生的热能应尽量回收利用，以减少热污染。应采用先进和可靠的技术及设备，严格控制垃圾焚烧的烟气排放。烟气处理宜采用半干法加布袋除尘工艺。

垃圾焚烧产生的炉渣经鉴别不属于危险废物的，可回收利用或直接填埋。属于危险废物的炉渣和飞灰必须作为危险废物处置。

（2）生活垃圾焚烧污染控制标准（GB 1848—2001）。

①焚烧炉技术性能指标（表3-11）。

表3-11 生活垃圾焚烧炉技术性能指标

项目	烟气出口温度/℃	烟气停留时间/s	焚烧炉渣热灼减率/%	焚烧炉出口烟气中氧含量/%
指标	≥850	≥2	≤5	6～12
	≥1 000	≥1		

②烟囱要求。焚烧炉烟囱高度应按环境影响评价要求确定，但不能低于表3-12要求。

表 3-12　垃圾焚烧处理烟囱高度

处理量/（t/d）	烟囱最低允许高度/m
＜100	25
100～300	40
＞300	60

焚烧炉烟囱周围半径 200m 距离内有建筑物时，烟囱应高出最高建筑物 3m 以上，不能达到该要求的烟囱，其大气污染物排放限值应严格 50%执行。

由多台焚烧炉组成的生活垃圾焚烧厂，烟气应集中到一个烟囱排放或采用多筒集中式排放。生活垃圾焚烧炉除尘装置必须采用袋式除尘器。

③焚烧炉大气污染物排放限值见表 3-13。

表 3-13　焚烧炉大气污染物排放限值

序号	项目	单位	数值含义	限值
1	烟尘	mg/m^3	测定均值	80
2	烟气黑度	林格曼黑度，级	测定值	1
3	一氧化碳	mg/m^3	小时均值	150
4	氮氧化物	mg/m^3	小时均值	400
5	二氧化硫	mg/m^3	小时均值	260
6	氯化氢	mg/m^3	小时均值	75
7	汞	mg/m^3	测定均值	0.2
8	镉	mg/m^3	测定均值	0.1

2. 熟悉垃圾燃烧过程

生活垃圾中含有多种有机成分，其燃烧过程是蒸发燃烧、分解燃烧和表面燃烧的综合过程。为了便于理解，在此将其分为干燥、热分解和燃烧三个过程。

（1）干燥。生活垃圾的干燥是利用热能使水分气化，并排出生成的水蒸气的过程。按热量传递的方式，可将干燥分为传导干燥、对流干燥和辐射干燥三种方式。干燥过程分为预热阶段和水分蒸发阶段。

预热阶段：指垃圾从环境温度升温到水分蒸发平衡达到稳定温度的过程，主要用温度参数表征，伴有垃圾吸热和少量水分蒸发等现象。

水分蒸发阶段：水分在蒸发阶段受热力驱动而蒸发，并通过质量传递而逸离垃圾体，进入气相，为垃圾稳定着火燃烧创造条件。

（2）热分解。生活垃圾的热分解是垃圾中多种有机可燃物在高温作用下的分解或聚合化学反应过程，反应的产物包括各种烃类、固定碳及不完全燃烧物等。

（3）燃烧。生活垃圾的燃烧是在氧气存在条件下有机物质的快速、高温氧化。最终产物为 CO_2 和 H_2O 的燃烧过程为完全燃烧；当反应产物为 CO 或其他可燃有机物（由氧气不足、温度较低等引起）时，则称为不完全燃烧。

3．掌握垃圾焚烧过程中产生的主要气体污染物及形成机制

（1）主要污染物。

①不完全燃烧产物：碳氢化合物燃烧后主要的产物为无害的水蒸气及二氧化碳，可以直接排入大气之中。不完全燃烧物（PIC）是燃烧不良而产生的副产品，包括一氧化碳、炭黑、烃、烯、酮、醇、有机酸及聚合物等。

②粉尘：废物中的惰性金属盐类、金属氧化物或不完全燃烧物质等。

③酸性气体：氯化物、卤化氢（氯以外的卤素，氟、溴、碘等）、硫氧化物（二氧化硫及三氧化硫）、氮氧化物（NO_x），以及五氧化二磷（P_2O_5）和磷酸（H_3PO_4）。

④重金属污染物：铅、汞、铬、镉、砷等的元素态、氧化物及氯化物等。

⑤二噁英：PDDDs/PCDFs。

（2）焚烧废气中的污染物形成机制。

①粒状污染物：废弃物中的不可燃物在焚烧过程中成为底灰排出，而部分粒状物则随废气排出炉外成为飞灰。飞灰所占的比例随焚烧炉操作条件、粒状物粒径分布、形状与其密度而定。所产生的粒状物粒径一般大于 10 μm。部分无机盐类在高温下氧化排出，在炉外遇冷凝结成粒状物，或二氧化硫在低温下遇水滴形成硫酸盐雾状微粒等。未燃烧完全而产生的碳颗粒与煤烟，粒径约为 0.1～1.1 μm。由于颗粒微细，难以去除，最好的控制方法是在高温下使其氧化分解。粉尘的产生量与垃圾性质和燃烧方法有关。机械炉排焚烧炉膛出口粉尘含量一般为 1～6 g/m^3，除尘器入口 1～4 g/m^3，换算成垃圾燃烧量一般为 5.5～22 kg/t（湿垃圾）。

②一氧化碳：一氧化碳是燃烧不完全过程中的主要代表性产物。

③酸性气体：焚烧产生的酸性气体，主要包括 SO_2、HCl 与 HF 等，这些污染物都是直接由废弃物中的 S、Cl、F 等元素经过焚烧反应而生成的。

④氮氧化物：氮氧化物主要来源于高温下 N_2 与 O_2 反应形成热氮氧化物和废弃物中的氮组分转化成氮氧化物。

⑤重金属：废弃物中所含重金属物质，高温焚烧后除部分残留于灰渣中之外，部分在高温下气化挥发进入烟气。金属物在炉内参与反应生成的氧化物或氯化物，比原金属元素更易气化挥发，这些氧化物及氯化物因挥发、热解、还原及氧化等作用，可能进一步发生复杂的化学反应，最终产物包括元素态重金属、重金属氧化物及重金属氯化物等。

⑥毒性有机氯化物：废弃物焚烧过程中产生的毒性有机氯化物主要为二噁英类物质。二噁英是目前发现的无意识合成的副产品中毒性最强的化合物，它的毒

性 LD_{50} 是氰化钾毒性的 1 000 倍以上。

4．掌握影响焚烧的因素

焚烧温度、搅拌混合程度、气体停留时间及过剩空气率合称为焚烧四大控制参数（一般称为 3T＋1E）。

（1）焚烧温度（Temperature）。废弃物的焚烧温度是指废弃物中有害组分在高温下氧化、分解直至破坏所需达到的温度。它比废弃物的着火温度高得多。

合适的焚烧温度是在一定的停留时间下由实验确定的。大多数有机物的焚烧温度为 800～1 000℃，通常为 800～900℃。

（2）停留时间（Time）。废弃物中有害组分在焚烧炉内于焚烧条件下发生氧化、燃烧，使有害物质变成无害物质所需的时间称为焚烧停留时间。

停留时间的长短直接影响焚烧的完善程度，停留时间也是决定炉体容积尺寸的重要依据。

（3）混合强度（Turbulence）。要使废弃物燃烧完全，减少污染物形成，必须使废弃物与助燃空气充分接触、燃烧气体与助燃空气充分混合。

为增大固体与助燃空气的接触和混合程度，扰动方式是关键所在。焚烧炉所采用的扰动方式有空气流扰动、机械炉排扰动、流态化扰动及旋转扰动等，其中，以流态化扰动方式效果最好。

（4）过剩空气（Excess Air）。在实际的燃烧系统中，氧气与可燃物质无法完全达到理想程度的混合及反应。为使燃烧完全，仅供给理论空气量很难使其完全燃烧，需要加上比理论空气量更多的助燃空气量，以使废弃物与空气能完全混合燃烧。

废弃物焚烧所需空气量是由废弃物燃烧所需的理论空气量和为了供氧充分而加入的过剩空气量两部分所组成的。空气量供应是否足够，将直接影响焚烧的完善程度。过剩空气率过低会使燃烧不完全，甚至冒黑烟，有害物质焚烧不彻底；但过高时，则会使燃烧温度降低，影响燃烧效率，造成燃烧系统的排气量和热损失增加。过剩空气量应控制在理论空气量的 1.7～2.5 倍。

（5）四个控制参数的相互关系见表 3-14。

表 3-14　四个控制参数的相互关系

参数变化	垃圾搅拌混合程度	气体停留时间	燃烧室温度	燃烧室负荷
燃烧温度上升	可减少	可减少	—	会增加
过剩空气率增加	会增加	会减少	会降低	会增加
气体停留时间增加	可减少	—	会降低	会降低

5. 了解焚烧炉系统

（1）焚烧炉的构成。

①燃烧室（炉膛）。焚烧炉按燃烧室构造可分为室（箱）式炉、多段（层）式炉、回转炉、流化床炉等。在炉膛内大多衬有耐火砖材料或采用水冷却管以散热。

②炉排。炉排的作用：输送废弃物及灰渣通过炉膛；搅拌和混合物料；使从炉排下方进入的一次空气顺利通过燃烧层。

炉排可分为固定炉排和移动炉排两种。

③耐火材料。

（2）焚烧炉的分类。

①炉排型焚烧炉。将废弃物置于炉排上进行焚烧的炉子称为炉排型焚烧炉，主要有固定炉排焚烧炉和活动炉排焚烧炉两种。固定炉排焚烧炉只能手工操作、间歇运行，劳动条件差、效率低，备料不充分时焚烧不彻底，它只适用于焚烧少量的如废纸屑、木屑及纤维素等易燃性废弃物。活动炉排焚烧炉即机械炉排焚烧炉，炉排是活动炉排焚烧炉的心脏部分，其性能直接影响垃圾的焚烧处理效果，可使焚烧操作自动化、连续化。

②炉床型焚烧炉。炉床型焚烧炉采用炉床盛料，燃烧在炉床上物料表面进行，适于处理颗粒小或粉末状固体废弃物以及泥浆状废弃物，分为固定炉床和活动炉床两大类。最简单的炉床型焚烧炉是水平固定炉床焚烧炉，其炉床与燃烧室构成一个整体，炉床为水平或略倾斜。活动床焚烧炉的炉床是活动的，可使废弃物在炉床上松散和移动，以改善焚烧条件，进行自动加料和出灰操作；这种炉型的焚烧炉有转盘式炉床、隧道回转式炉床和回转式炉床（即旋转窑）三种，应用最多的是旋转窑焚烧炉。

③流化床焚烧炉。这是一种近年发展起来的高效焚烧炉，利用炉底分布板吹出的热风将废弃物悬浮起呈沸腾状进行燃烧。一般常采用中间媒体即载体（沙子）进行流化，再将废弃物加入到流化床中，与高温的沙子接触、传热进行燃烧。

（3）机械炉排炉。

①机械焚烧炉的整体构造。焚烧炉燃烧室内放置有一系列机械炉排，通常按其功能分为干燥段、燃烧段和后燃烧段。废弃物由进料装置进入焚烧炉后，在机械式炉排的往复运动下，逐步被导入燃烧室内炉排上。废弃物在由炉排下方送入的助燃空气及炉排运动的机械力共同推动及翻滚下，在向前运动的过程中水分不断蒸发，通常废弃物在被送到水平燃烧炉排时被完全燃尽成灰渣，从后燃烧段炉排上落下的灰渣进入灰斗。产生的废气流上升而进入二次燃烧室内，由炉排上方导入的助燃空气充分搅拌、混合及完全燃烧后，废气被导入燃烧室上方的废热回

收锅炉进行热交换。

②机械焚烧炉的炉排。包括单层移动式炉排、往复式炉排、滚动式炉排和摇动式炉排。

③燃烧室的构造。炉体两侧为钢构支柱，侧面设置横梁，以支持炉排。燃烧室依吸热方式的不同，可分为耐火材料型燃烧室与水冷式燃烧室两种。耐火材料型燃烧室依靠耐火材料隔热，所有热量均由设于对流区的锅炉传热面吸收，此种形式仅用于较早期的焚烧炉。水冷式燃烧室四周采用水管墙吸收燃烧产生的辐射热量，为近代大型垃圾焚烧炉所采用。

④燃烧室的气流模式。逆流式：垃圾运动方向与燃烧气体流向相反。燃烧气体与炉体的辐射热有利于垃圾干燥，适用于处理低热值及高含水量的垃圾，即低位发热量在 2 000～4 000 kJ/kg 的垃圾。

交流式：垃圾运动方向与气流方向相交，适用于处理中等发热量（1 000～6 000 kJ/kg）的垃圾。垃圾质量不同，交点偏向燃烧侧或进炉侧。

顺流式：垃圾运动方向与助燃空气流向相同，因此，燃烧气体对垃圾干燥效果较低，适用于焚烧高热值垃圾，即低位发热量在 5 000 kJ/kg 以上的垃圾。

复流式：燃烧室中间由辐射天井隔开、使燃烧室成为两个烟道，燃烧气体由主烟道进入气体混合室，未燃气体及混合不均的气体由副烟道进入气体混合室，燃烧气体与未燃气体在气体混合室内可再燃烧，使燃烧作用更趋于完全，亦称为二回流式。

(4) 回转窑式焚烧炉。回转窑是一个略为倾斜而内衬耐火砖的钢制空心圆筒，窑体通常很长。大多数废弃物物料是由燃烧过程中产生的气体以及窑壁传输的热量加热的。固体废弃物可从前端送入窑中进行焚烧，以定速旋转来达到搅拌废弃物的目的。旋转时须保持适当倾斜度，以利固体废弃物下滑。

进料方式多采用批式进料，以螺旋推进器配合旋转式的空气锁。废液有时与垃圾混合后一起送入，或借助空气或蒸汽进行雾化后直接喷入。

回转窑焚烧炉有两种类型：基本形式的回转窑焚烧炉和后回转窑焚烧炉。

气体、固体在回转窑内流动的方向有同向及逆向两种。逆向式可提供较佳的气体、固体混合及接触，可增加其燃烧速率，热传效率高；但是，由于气体、固体相对速度较大，排气所带走的粉尘数量也高。在同向式操作下，干燥、挥发、燃烧及后燃烧的阶段性现象非常明显，废气的温度与燃烧残灰的温度在回转窑的尾端趋于接近。

回转窑依其窑内灰渣物态及温度范围，可分为灰渣式及熔渣式两种。灰渣式回转窑焚烧炉通常在 650～980℃操作，窑内固体尚未熔融；而熔渣式回转窑焚烧炉则在 1 203～1 430℃操作，废弃物中的惰性物质除高熔点的金属及其化合物外皆在窑内熔融，焚烧程度比较完全。

回转窑焚烧炉是一种适应性很强，能焚烧多种液体和固体废弃物的多用途焚烧炉。除了重金属、水或无机化合物含量高的不可燃物外，各种不同物态（固体、液体、污泥等）及形状（颗粒、粉状、块状及桶状）的可燃性废弃物皆可送入回转窑中焚烧。

回转窑的特点：适应性广，可焚烧不同性能的废弃物；回转窑的热效率不及多段炉，辅助燃料消耗较多，排出气体的温度低；机械零件比较少，故障少，可以长时间连续运转；有恶臭，需要脱臭装置或倒入高温后燃室焚烧；窑身较长，占地面积大。

（5）流化床焚烧炉。流化床焚烧炉燃烧原理是借着砂介质的均匀传热与蓄热效果以达到完全燃烧的目的，由于介质之间所能提供的孔道狭小，无法接纳较大的颗粒，因此，若是处理固体废弃物，必须先破碎成小颗粒，以利反应的进行。助燃空气多由底部送入，炉膛内可分为栅格区、气泡区、床表区及干舷区。

可用于处理废弃物的流化床形态有五种：气泡床、循环床、多重床、喷流床及压力床。

（6）多层式焚烧炉。炉体是一个垂直的内衬耐火材料的钢制圆筒，内部分为许多层，每层是一个炉膛，炉体中央装有一顺时针方向旋转的双筒、带搅拌臂的中空中心轴，搅动臂的内筒与外筒分别与中心轴的内筒与外筒相连。搅动臂上装有多个方向与每层落料口的位置相配合的搅拌齿。炉顶有固体加料口，炉底有排渣口，辅助燃烧器及废液喷嘴则装于垂直的炉壁上，每层炉壳外都有一环状空气管线以提供二次空气。

污泥及粒状团体废弃物经输送带或螺旋推进器由炉顶送入，然后由耙齿耙向中央的落口，落入下一层，再由下层的耙齿耙向炉壁，由四周的落料口落入第三层，以后依次向下移动、物料在炉膛内呈螺旋形运动。燃烧后的灰渣一层一层地掉至底部，经灰渣排除系统排出炉外。多层床焚烧炉由上至下可分为三个区域：干燥区、燃烧区和冷却区。

多层式焚烧炉的特点是废弃物在炉内停留时间长，能挥发较多水分，适合处理含水率高、热值低的污泥，可以使用多种燃料，燃烧效率高，可以利用任何一层的燃料燃烧器以提高炉内温度。此外，该燃烧器结构复杂、移动零件多、易出故障、维修费用高，且排气温度较低。产生恶臭，排气需要脱臭或增加燃烧器燃烧，用于处理危险废弃物则需要二次燃烧室，提高燃烧温度，以除去未燃烧完的气体物质。

表 3-15 三种常用炉型的比较

比较项目	机械炉排焚烧炉	流化床焚烧炉	回转窑焚烧炉
焚烧原理	将生活垃圾置于炉排上，助燃空气从炉排下供给，垃圾在炉内分干燥、燃烧和燃尽	垃圾从炉膛部分供给，助燃空气从下部鼓入，垃圾在炉内与流动的热砂接触进行快速燃烧	垃圾从一端进入且在炉内翻动燃烧，燃尽的炉渣从另一端排出
燃烧室热负荷	7×10^4～8×10^4 kcal/（m^3·h）	间隙式 4×10^4～10×10^4kcal/（m^3·h）；连续式 3×10^4～15×10^4 kcal/（m^3·h）	8×10^4～15×10^4 kcal/（m^3·h）
应用范围	目前应用最广的生活垃圾焚烧技术	20 年前开始使用，目前几乎不再建设新厂	处理高水分的生活垃圾和热值低的垃圾常用
处理能力	1 200 t/d	150 t/d	200 t/d
前处理	一般不需要	入炉前需粉碎到 20cm 以下	一般不需要
烟气处理	烟气含飞灰较高，除二噁英外，其余易处理	烟气中含大量灰尘，烟气处理较难	烟气除二噁英外，其余易处理
二噁英控制	燃烧温度较低，易产生二噁英	较易产生二噁英	较易产生二噁英
炉渣处理设备	简单	复杂	简单
燃烧管理	较易	难	较易
运行费	较便宜	较高	较低
维修	方便	较难	较难
减量比	10∶1	10∶1	10∶1
减容比	37∶1	33∶1	40∶1

6. 了解垃圾焚烧的系统组成

一座大型垃圾焚烧厂通常包括下述八个系统：

（1）贮存及进料系统：本系统由垃圾贮坑、抓斗、破碎机（有时可无）、进料斗及故障排除/监视设备组成。

（2）焚烧系统：即焚烧炉个体内的设备，主要包括炉床及燃烧室。每个炉体仅一个燃烧室。炉床多为机械可移动式炉排构造，可让垃圾在炉床上翻转或燃烧。

（3）废热回收系统：包括布置在燃烧室四周的锅炉路管（即蒸发器）、过热器、节热器、炉管吹灰设备、蒸汽导管、安全阀等装置。

（4）发电系统：由锅炉产生的高温高压蒸汽被导入发电机后，在高速冷凝的过程中推动了发电机的涡轮叶片，产生电力，并将未凝结的蒸汽导入冷却水塔，冷却后贮存在凝结水贮槽，经由饲水泵再打入锅炉炉管中，进行下一循环的发电工作。

（5）饲水处理系统：饲水子系统主要作为处理外界送入的自来水或地下水，将其处理到纯水或超纯水的品质，再送入锅炉水循环系统。

（6）废气处理系统：从炉体产生的废气在排放前必须先行处理到排放标准。

（7）废水处理系统：由锅炉泄放的废水、员工生活废水、实验室废水或洗车废水，可以综合在废水处理厂一起处理，达到排放标准后再放流或回收再利用。

（8）灰渣收集及处理系统：收集由焚烧炉体产生的底灰及废气处理单元所产生的飞灰。

五、实习方法

1. 按照垃圾焚烧工艺流程图的顺序参观焚烧处理的全过程

垃圾焚烧工艺流程如图 3-22 所示。

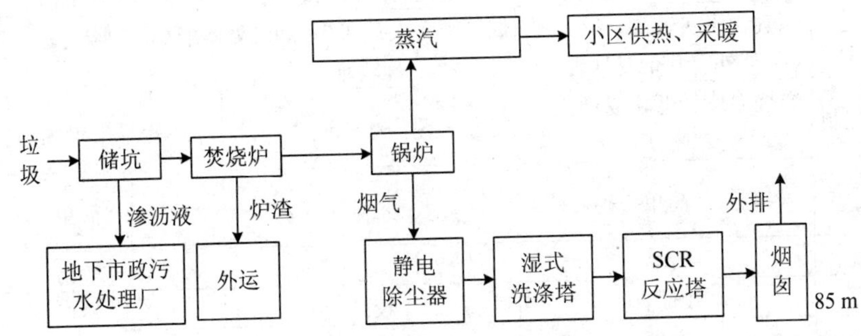

图 3-22 垃圾焚烧工艺流程

2. 掌握焚烧烟气的处理方法

（1）颗粒物的控制。

①设备选择原则。选择除尘设备时，先应考虑粉尘负荷、粉径大小、处理量及容许排放浓度等因素，若有必要，则再进一步深入了解粉尘的特性（如粒径尺寸分布、平均与最大浓度、真密度、黏度、湿度、电阻系数、磨蚀性、磨损性、易碎性、易燃性、毒性、可溶性及爆炸限制等）及废气的特性（如压力损失、温度、湿度及其他成分等），以便作出合适的选择。除尘设备的种类主要包括重力沉降室、旋风（离心）除尘器、喷淋塔、文式洗涤器、静电除尘器及布袋除尘器等。重力沉降室、旋风除尘器和喷淋塔等无法有效去除 5～10 μm 的粉尘，只能视为除尘的前处理设备。静电除尘器、文式洗涤器及布袋除尘器等三类为固体废弃物焚烧系统中最主要的除尘设备。液体焚烧炉尾气中粉尘含量低，设计时不必考虑专门的去除粉尘设备。急冷用的喷淋塔及去除酸气的填料吸收塔的组合足以将粉尘

含量降至许可范围之内。

②文式洗涤器。文式洗涤器可有效去除废气中直径小于 2μm 的粉尘，其除尘效率和静电除尘器及布袋除尘器相当。由于文式洗涤器使用大量的水，可以防止易燃物质着火，并且具有吸收腐蚀性酸气的功能，较静电集尘器及布袋除尘器更适于有害气体的处理。典型的文式洗涤器是由两个锥体组合而成，锥体交接部分（喉）面积较小，便于气、液体的加速及混合。废气从顶部进入，和洗涤液相遇，经喉部时，由于截面积缩小，流体的速度增加，产生高度乱流及气、液的混合，速度降低，再经气水分离器作用，干净气体由顶端排出，而混入液体中的粉尘则随液体由水分离器底部排出。文式洗涤器依供水方式可分成非湿式及湿式两种。

文式洗涤器体积小，投资及安装费用远较布袋除尘器或静电吸尘器低，是最普通的焚烧尾气除尘设备，由于压差较其他设备高出很多（至少 7.5～19.9 kPa），抽风机的能源使用量变高（抽风机的电能和压差成正比），同时尚需处理大量废水，运转及维护费用与其他设备相当。文式洗涤器也具酸气吸收作用，其效率为 50%～70%，但无法达到 99%的酸气去除要求。当焚烧尾气含有酸气时，必须使用吸收塔。

③静电除尘器。静电除尘器能有效去除工业尾气中所含的粉尘及烟雾，可分为干式、湿式静电集尘器及湿式电离洗涤器三种。湿式为干式的改良形式，使用率次之；湿式电离洗涤器发展虽然较晚，但是它除了不受电阻系数变化影响外，还具有酸气吸收及洗涤功能，是美国危险废物焚烧系统中使用最多的粉尘收集设备之一。

④布袋除尘器。布袋除尘器由排列整齐的过滤布袋组成，布袋的数目由几十个至数百个不等。废气通过滤袋时粒状污染物附在滤层上，再以振动、气流逆洗或脉动冲洗等方式清除。其除尘效果与废气流量、温度、含尘量及滤袋材料有关；一般而言，其去除粒子大小为 0.05～20 mm，清洁及替换。部分高分子纤维制成的布袋，可在 250℃左右使用。并且可以抗拒酸、碱及有机物的侵蚀。有些设计在启动时使用吸附剂，附着于布袋表面，以去除尾气中的污染气体。

（2）NO_x 的控制。焚烧所产生的氮氧化物主要来源于两个方面：一是高温下，N_2 与 O_2 反应形成热力型氮氧化物；二是废弃物中的氮组分转化成的燃料型氮氧化物，以 NO 为主。

为控制氮氧化物的产生，应控制过剩空气量，在燃烧过程中降低 O_2 的浓度；控制炉膛温度，使反应温度在 700～1 200℃；对烟气进行处理，将产生的 NO_x 用还原剂还原减少其排出量。常用的 NO_x 还原法主要选择催化还原法和无触酶脱氮法两种。

(3) 酸性气体的控制。很难以一般方法去除，但是，由于含量低（在 100 mg/L 左右），通常是控制焚烧温度以降低其产生量。用于控制焚烧厂尾气中酸性气体的技术有湿式、半干式及干式洗气三种方法。

①湿式洗气法。焚烧尾气处理系统中最常用的湿式洗气塔是对流操作的填料吸收塔，经静电除尘器或布袋除尘器去除颗粒物的尾气降到饱和温度，再与向下流动的碱性溶液不断地在填料空隙及表面接触及反应，使尾气中的污染气体有效地被吸收。

②干式洗气法。干式洗气法是用压缩空气法将碱性固体粉末（石灰或碳酸氢钠）直接喷入烟管或烟管上某段反应器内，使碱性消石灰粉与酸性废气充分接触和反应，从而达到中和废气中的酸性气体并加以去除的目的。为了加强反应速度，实际碱性固体的用量约为反应需求量的 3～4 倍，故全停留时间至少需 1s 以上。

③半干式洗气法。半干式洗气塔实际上是一个喷雾干燥系统，利用高效雾化器将消石灰泥浆从塔底向上或从塔顶向下喷入干燥吸塔中。尾气与喷入的泥浆要以同向流或逆向流的方式充分接触并产生中和作用。由于雾化效果佳（液滴的直径可低至 30 mm 左右），气、液接触面大，不仅可以有效降低气体的温度，中和气体中的酸气，并且喷入的消石灰泥浆中，水分可在喷雾干燥塔内完全蒸发，不产生废水。

(4) 重金属的控制。去除尾气中重金属污染物质的机理有四点：①重金属降温达到饱和，凝结成粒状物质后被除尘设备收集去除。②饱和温度较低的重金属元素无法充分凝结，但飞灰表面的催化作用会形成饱和温度较高且较易凝结的氧化物或氯化物，而易被除尘设备收集去除。③仍以气态存在的重金属物质，因吸附于飞灰上或喷入的活性炭粉末上而被除尘设备一并收集去除。④部分重金属的氯化物为水溶性，即使无法在上述的凝结及吸附作用中去除，也可利用其溶于水的特性，由湿式洗气塔的洗涤液自尾气中吸收下来；当尾气通过热能回收设备及其他冷却设备后，部分重金属会因凝结或吸附作用而附着在细尘表面，可被除尘设备去除，温度越低，去除效果越佳；但挥发性较高的铅、镉和汞等少数重金属则不易被凝结去除。

(5) 二噁英的控制。二噁英的产生及来源：废物本身所含有；炉内燃烧不完全，低于 750～800℃时，碳氢化合物与氯化物结合生成；烟气中吸附的氯苯及氯酚等，在某一特定温度（250～400℃，300℃尤甚），受金属氯化物（$CuCl_2$，$FeCl_2$）的催化而生成。

控制焚烧厂产生 PCDDs/PCDFs，可从控制来源、减少炉内形成及避免炉外低温区再合成三方面着手。

①控制来源。通过废物分类收集，加强资源回收，避免含 PCDDs/PCDFs 物质及含氯成分高的物质（如 PVC 塑料等）进入垃圾中。

②减少炉内形成。焚烧炉燃烧室保持足够的燃烧温度及气体停留时间，确保废气中具有适当的氧含量（最好为 6%～12%），达到分解破坏垃圾内含有 PCDDs/PCDFs，避免产生氯苯及氯酚等物质的目标。

③避免炉外低温再合成。PCDDs/PCDFs 炉外再合成现象，多发生在锅炉内（尤其在节热器的部位）或在粒状污染物控制设备前。有些研究指出，主要的生成机制为铜或铁的化合物在悬浮粒的表面催化了二噁英的先驱物质；因此，在近年来，工程上普通采用半干式洗气塔与布袋除尘器搭配的方式，同时控制粒状污染物控制设备入口的废气温度不低于 232℃。

六、工具与仪器

污水采样器、塑料或玻璃瓶、照相机、铲子、塑胶布、罗盘、标签纸、塑料袋、记录本。

七、思考题

1．垃圾焚烧有哪些特点？
2．影响焚烧的因素有哪些？
3．控制二噁英的产生采取的主要措施是什么？

八、记录表

表 3-16　垃圾来源调查

实习地点：＿＿＿＿＿＿＿＿＿＿　时间：＿＿＿＿＿＿＿＿　记录人：

调查项目	调查结果	调查项目	调查结果
垃圾来源		渗滤液产生量	
垃圾种类		渗滤液处理方法	
垃圾热值		焚烧炉类型	
预处理方法		颗粒污染物控制措施	
处理能力		酸性气体控制措施	

实习六　城市垃圾卫生填埋处置

一、目的

通过实习，让学生熟悉本地区城市垃圾处理处置方法选择的原理，学会垃圾填埋场选址的方法和垃圾卫生填埋场的设计步骤；掌握填埋场渗滤液的收集、处理方法和填埋气的收集、控制和利用措施；了解城市生活垃圾卫生填埋场对周边生态环境和居住环境的影响，思考今后垃圾处理的发展方向。

二、原理

卫生填埋是利用工程手段，采取有效技术措施，防止渗滤液及有害气体对水体和大气的污染，并将垃圾压实减容至最小，填埋占地面积最小；在每天操作结束或每隔一定时间用土覆盖，使整个过程对公共卫生安全及环境污染均无危害的一种土地处理垃圾方法。

卫生填埋场的功能有三个：

（1）储留功能：是填埋场的基本功能，正逐步弱化。利用形成的一定空间，将垃圾储留其中，待空间充满后封闭，恢复该区的原貌。

（2）隔水功能：是填埋场的主要功能。隔断垃圾与外界环境的水力联系，须设防渗层和渗滤液集排水系统，以防止垃圾分解及与降水接触产生渗滤液对水体污染，同时还须设降水（场内周边）集排水系统、地下水集排水系统和封闭系统（每日、中间、最终）。

（3）处理功能：是新近为人们认识的一种功能，主要针对垃圾填埋场。有两方面含义：填埋场要对渗滤液及排出的填埋气体进行必要的处理；垃圾在填埋层中的生物和其他物化作用下达到稳定的过程。

垃圾卫生填埋场是消纳城市生活垃圾、使垃圾得以无害化处理的场所。《城市垃圾处理及污染防治政策》指出卫生填埋是垃圾处理必不可少的最终处理手段，也是现阶段我国垃圾处理的主要方式，要求在具备卫生填埋场地资源和自然条件适宜的城市，应以卫生填埋作为垃圾处理的基本方案。根据我国目前的经济状况和今后城市生活垃圾的发展趋势，在相当长的一段时间内，卫生填埋法仍将是我国城市生活垃圾处理的主要方法。

卫生填埋按垃圾降解机理分为厌氧填埋、好氧填埋和准好氧填埋三种类型。其中，好氧填埋类似高温堆肥，最大优点是可以减少因垃圾降解过程渗出液积累过多造成的地下水污染，其次，好氧填埋分解速度快，所产生的高温可有效地消灭大肠杆菌和部分致病细菌；但好氧填埋处置工程结构复杂，施工难度大、投资费用高，较难以推广。准好氧场地介于好氧和厌氧之间，也存在类似好氧填埋的问题，使用不多。厌氧填埋是国内采用最多的填埋形式，具有结构简单、操作方便、工程造价低、可回收甲烷气体等优点。

三、实习地介绍

昆明东郊垃圾填埋场位于昆明市官渡区阿拉乡白水塘，距离昆明市城区 16 km。卫生填埋场占地 755.36 亩，设计总库容 860 万 m^3，预计使用年限 19 年。第一期工程占地 260 亩，库容 180 万 m^3，设计日处理规模近期为 800 t/d，计划使用 6～8 年，于 2001 年 5 月投入使用。随着城市的不断扩大，城市生活垃圾量增长较快。2001 年，日处理垃圾约 1 000 t，到 2005 年，日处理垃圾高达 1 300 余 t，最多的时候达 1 600 多 t，已远远超出原设计方案的日处理量，至年底共填埋垃圾 191 万 t，按垃圾比重 0.75 t/m^3 计算，目前已填埋垃圾 255 万 m^3，已经超出原设计库容 75 万 m^3，属超负荷运行。

目前昆明市日产垃圾 4 000～4 500 t。东郊垃圾填埋场自 2001 年 5 月 1 日投入运行以来，一直按照设计确定的回喷处理工艺进行垃圾渗滤液的处置，雨季期间回喷难以进行，导致出现渗滤液收集池积满外溢的紧急情况。旱季期间垃圾渗滤液的产生量较小，平均低于 100 m^3/d。雨季期间受降雨量和垃圾含水量的影响，渗滤液产生量变化很大，东郊垃圾填埋场平均渗滤液产生量为 300 m^3/d。垃圾填埋场渗滤液处理与否是实现创建国家级卫生城市、环保模范城市、园林城市目标的关键，将实行“一票否决制”。

四、实习内容

实习采用请当地专业人员、有关部门管理人员介绍和指导教师讲解相结合的方法，让学生对垃圾填埋场的构造，填埋操作，垃圾场渗滤液、气体的产生、处理和控制有较全面的认识。具体来说主要有以下几方面：

1. 了解垃圾卫生填埋场的选址原则

场址的选择是卫生填埋场全面设计规划的第一步。影响选址的因素很多，主要应从工程学、环境学、经济学、法律和社会学等方面来考虑。这些选择要求相辅相成。主要遵循两条原则：一是从防止环境污染角度考虑的安全原则，二是从经济角度考虑的经济合理原则。

安全原则是选址的基本原则。维护场地的安全性，要防止场地对大气的污染、地表水的污染，尤其是要防止渗滤液对地下水的污染。因此，防止地下水的污染是场地选择时考虑的重点。

经济原则对选址也有相当大的影响。场地的经济问题是一个比较复杂的问题，它与场地的规模、容量、征地费用、运输费、操作费等多种因素有关。合理的选址可充分利用场地的天然地形条件，尽可能减少挖掘土方量，降低场地施工造价。

另外一个必须考虑到的因素是土地的所有权和租期。选址的一个先决条件是要能确定场地中哪一个最能达到“可能选出的最好场地”所要求的标准。虽然选择可能选出的最好场地很重要，但在许多发展中国家和发达国家中，由于人口密度日益增加，城区不断扩展，再加上基本的粮食生产和工业的需要对土地使用产生压力，因此，许多选择都被迫放弃。在这种极端情形下，唯一可行的方法就是使用可得到的最近的一块土地。具体来说应符合以下要求：

（1）场址设置应符合当地城市建设总体规划要求，符合当地城市区域环境总体规划要求，符合当地城市环境卫生事业发展规划要求。

（2）填埋场容量适中。其使用年限一般应在10年以上。应根据垃圾的现有产量规模及其变化趋势确定适中的填埋场容量，以满足使用年限内垃圾产生量增长的需求；场址宜选在具有充足可用面积的地带，以利于满足垃圾综合处理处置长远发展规划的需要。

（3）场地的运输距离要适当。所选场地最好在附近，但有一定距离，考虑到运输费用，与站段的距离宜大于500m，小于1 000m。

（4）远离居民生活区，与居民区距离应不小于 500m，最好位于附近居民的下风向，使之不会受到填埋场可能产生的飘尘和气味的影响，同时避免填埋场作业期间噪声对居民的干扰。

（5）场地应选在人口密度小，土地利用率低，征地容易，费用较低的地段。

（6）场地地形地貌条件适宜。应充分利用自然地形条件，形成良好的天然填埋库容，并尽力使土石方量最少；场地自然坡度应有利于填埋场施工和其他建筑设施的布置，一般宜小于15%；场地汇水面积应尽量小，并应有利于地表径流的排泄，场区内不宜有常年性溪流。

（7）填埋场场址应在20年一遇的洪水泛滥区以外，避开湿地，与可航行水道没有直接水力联系，同时远离供水水源和公共水源。

（8）填埋场区地质结构应完整。应尽量避开地震活动带、构造破碎带、褶皱变化带、废弃矿井、滑塌区、岩溶暗河、基岩裂隙带、含矿带或矿产分布区、石油和天然气勘探和开发的钻井等；尽量位于不透水（或弱透水）的黏性土层或坚硬完整岩石之上，天然岩土的渗透系数最好能在10^{-7} cm/s以下，并具有一定厚度；场地基础岩性最好为黏性土、砂质黏土、页岩或泥岩，而不应在岩溶发育区，以保证对渗滤液的迁移和扩散具有较强的阻滞能力。

（9）填埋场底部至少高于地下水位 1.5 m，场址应避开地下水补给区和地下富水层以及可开发的含水层，应尽量位于含水层地下水水位低、水力坡度平缓的地段。

（10）场址应选在工程地质条件良好的地段，场地的工程力学性质应保证场地基础的稳定性并使沉降量最小，且有利于填埋场边坡的稳定性；场地应位于不利的自然地质现象如滑坡、泥石流等的影响之外，所选场地附近，用于天然防渗层和覆盖层的黏土以及用于排水层的砾石等应有充足的可采量和质量来保证施工要求；黏土的 pH 值和离子交换能力越大越好，同时要求土壤易于压实，使之具有充分的防渗能力。

（11）所选场址须符合国家和地方政府的法律法规，而且必须得到地方性行业团体的允许，同时得到公众的接受。

2．卫生填埋场地的分类和选择

根据我国目前各省市填埋场的分布格局，按照填埋场的选址类型来分，填埋场有平原填埋型、滩涂填埋型以及山地填埋型。

（1）平原填埋型。这一类型通常适用于地形比较平坦且地下水埋藏较浅的地区。一般采用高层埋放垃圾的方式，确定高于地平面的填埋高度时，必须充分考虑到作业的边坡比，通常为 1∶4。填埋场顶部的面积能保证垃圾车和推铺压实机械设备在上面进行安全作业。覆盖源紧缺目前已成为填埋场作业一个比较突出的问题，因此，在填埋场的底部开挖基坑是保证提供填埋场覆盖材料的一个有效方法。北京的阿苏卫填埋场、深圳的下坪填埋场等就是属于这一类型。

（2）滩涂填埋型。这种地形的填埋，主要是指位于海滩附近、经长期冲击淤积而成的滩地。它的场底标高低于正常的地面。启用该类填埋场时，首先将规划填埋区域筑设人工防渗堤坝。由于这一类型的填埋场底部距地下水位较近，因此，其关键点在于地下水防渗系统的设置。上海的老港废弃物处置场、大连的毛茔子填埋场就属这一类型。

（3）山地填埋型。这是一种利用天然的沟壑、山谷对城市固体废弃物进行无害化处置的方式。一般来说，这类填埋场的高差比较大，而且地质属稀释性与渗透性之间。因此，雨污水的分流与导排以及防渗系统的设置是启用该类填埋场的关键。广州的李坑填埋场和杭州的天子岭填埋场属于这一类型。

近年来，随着人口的增长和经济的发展，我国的垃圾处理问题显得尤为突出，迫切需要建设相应的垃圾处理设施。填埋作为垃圾处理的最终方式，因其处理成本低，更适合我国的国情，在我国得到了广泛的应用，尤其是在一些风景区和水源保护区，通过建设现代垃圾卫生填埋场，可以有效地控制二次污染，达到对风景区和水源保护区生态环境的保护。考虑到经济方面的因素，目前我国填埋场建设有向大型化发展的趋势。但对一些风景区和水源保护区来说，由于地形复杂、垃圾产生地相距较远、交通等基础设施不完善，所以不适合对垃圾进行集中大规模处理，只能建设小型垃圾填埋场，且一般都建在山谷中。

填埋场地的选择是处置工程设计的第一步，既要满足环保要求，又要经济可行。要从工程学、环境学、经济学及法律和社会学等方面考虑。概括起来主要有以下几方面：

①确定填埋场的面积。根据垃圾的来源、种类、性质和数量确定场地的规模，填埋处置场地要有足够的面积，可满足10～20年的服务区内垃圾的填埋量，否则用于建立填埋场投入的设施、管理都不会有太高的效益和回报，增加了处置的成本。

②运输距离。运输距离的长短对今后处置系统的整体运行有着决定性的意义，既不能太远，又不能对城镇居民区的环境造成影响。同时，公路交通应能够在各种气候条件下进行运输。

③土壤与地形条件。填埋场的底层土壤应有较好的抗渗透性，以防浸出液对地下水水质的污染。覆盖所用的黏土最好是取自填埋场区的土壤，以降低运输的费用，还可增加填埋场的容量。土质应易于压实，防渗能力强。对填埋场地形的要求，应有较强的泄水能力，以便于施工操作及各项管理。如天然泄水漏斗及洼地等不宜作填埋场。

④气象条件。气候可影响交通道路和填埋处置效果，一般应选择蒸发量大于降水量的环境，在北方还应考虑冬季冰冻严重时，不能开挖土方，需有相当数量的覆盖土壤储备。另外为了防止废纸张、废塑料等易被风扬起飘向天空污染环境，场地还需设防风屏障，且避免设置在风口。

⑤地质和水文地质条件。在确定填埋场区环境是否适宜时，应全面掌握填埋区的地质、水文地质条件，避免或减少浸出液对该地区地下水水源的污染，一般要求地下水水位尽量低，距填埋底层至少1.5 m。

⑥环境条件。填埋操作易产生噪声、臭味及飞扬物，造成环境污染。因此，填埋场应避免选在居民区附近，最好是在城市的下风向。选址地方地处郊区，人烟稀少，不会带来太多影响。

⑦场地的最后利用。填埋场封场以后，要求有相当面积的土地能做他用，如建设公园、高尔夫球场或做仓库等。这些均需在填埋场设计和运行时统筹考虑。

3. 垃圾卫生填埋的方法和填埋操作

填埋方法的选择可根据具体的操作条件而定，既要做到废弃物的贮存稳定化、无害化和资源化，还要最大限度地利用自然条件、最少的经济投入使填埋场对周围环境污染降到最低限度。实用的卫生填埋有三种方法：沟壑法、平面法和斜坡法。

（1）沟壑法。该法是将废弃物铺撒在预先挖掘的沟槽内，然后压实，把挖出的土作为覆盖材料铺撒在废弃物之上并压实，即构成基础的填筑单元。当地下水水位较低，且有充分厚度的覆盖材料可取时，适宜选用本法。沟槽大小需根据场地大小、日填埋量及水文地质条件决定，通常其长度为30～120 m，深1～2 m，宽4～7.5 m。沟壑法的优点为覆盖材料就地可取，每天剩余的挖掘材料可作为最终表面覆盖材料。

（2）平面法。平面法是把废弃物直接铺撒在天然的土地表面，按设计厚度分层压实并用薄层黏土覆盖，然后再整体压实。该法可在坡度平缓的土地上采用，但开始要建造一个人工土坝，倚着土坝将废弃物铺成薄层，然后压实。最好是选择峡谷、山沟、盆地、采石场或各种人工、天然的低洼区作填埋场，但要保证不渗漏。其优点是无须开挖沟槽或基坑，但要另寻覆盖材料。

（3）斜坡法。斜坡法是将废弃物直接铺撒在斜坡上，压实后用工作面前直接可取的土壤进行覆盖后再压实。如此反复填埋即为斜坡法。该法主要是利用山坡地带的地形，特点是占地少，填埋量大，挖掘量小。

填埋时，通常把垃圾从卡车上直接卸到工作面上，沿自然坡面铺撒压实。填埋厚度以每层2 m为宜，过厚不容易压实，太薄又浪费动力。每天操作后以不少于15 cm厚的土壤进行覆盖、压实，以防止垃圾飞扬和造成火灾。

填埋时，可根据场地的地形特点采取不同的作业方式，如对平坦地区可由下向上进行垂直填埋，也可从一端向另一端进行水平填埋。

对于斜坡或峡谷地区的土地填埋可采用从上到下的顺流填埋方法，也可采用从下到上的逆流填埋方法。为防止积蓄地表水和减少浸出液，通常采用顺流填埋法。

进行卫生填埋时，还要选择合适的填埋设备，这也是保证填埋质量、降低处理费用的关键，常用的填埋设备有推土机、铲运机、压实机等。

4．填埋机械

填埋所需的机械数量根据垃圾处理量而定，可参考表3-17。

表3-17　垃圾量与所需填埋机械

规模/（t/d）	推土机/台	压实机/台	挖掘机/台	铲运机/台	备注
≤200	1	1	1	1	实际使用设备数量
200～500	2	1	1	1	—
500～1 200	2～4	1～2	1	1～2	—
≥1 200	5	2	2	3	—

五、方法

在了解基本情况的基础上，由学生亲自进行观看、查找资料、收集材料，进行垃圾填埋场的设计；并现场采样、带回实验室分析，撰写垃圾填埋场的环境监测报告，加深对课本知识的理解和认识。

1. 填埋操作工艺

确定填埋工艺的原则：分区作业，减少垃圾裸露面；压实多填，延长填埋场使用年限；控制源头，落实环保措施；超前规划，采取合理的填埋方式，缩短稳定期，有利于填埋场的复用。

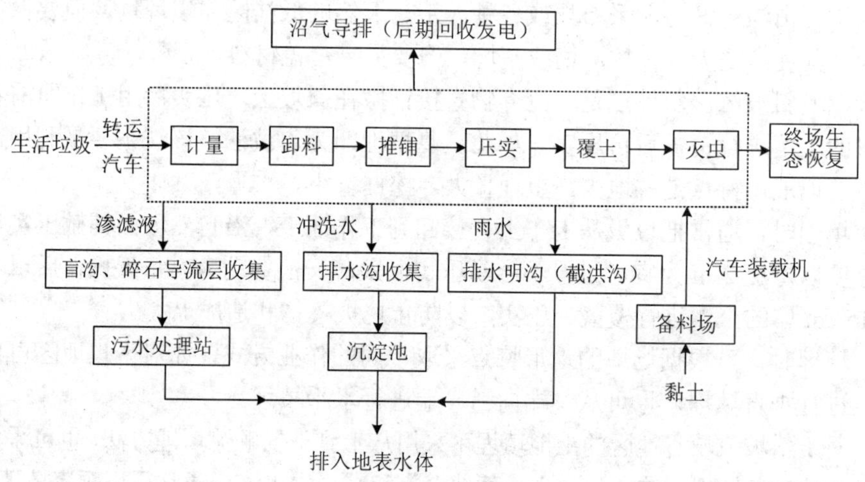

图 3-23 生活垃圾卫生填埋典型工艺流程

2. 填埋作业

（1）定点卸料：是让废弃物运输车在指定位置倾倒废弃物，以使后续填埋作业更加有序。

（2）均匀推铺（摊铺）：是使作业面不断扩张和延伸的一种技术操作方法。由推土机完成，每次摊铺厚度为 30～60 cm。

（3）有效压实：是填埋作业中一道重要工序。压实作业多由专用压实机完成，也可用推土机替代。

（4）限时覆盖和埋场终场防渗系统：目的在于避免废物与环境长时间接触，最大限度地减少环境问题的产生。按覆土时间和具体功能的不同，覆土可分为每日覆盖（土）、中间覆盖（土）和终场覆盖（土）（表 3-18）。埋场终场防渗系统包括表土层、保护层、排水层、防渗层和调整层（表 3-19）。

表 3-18 覆盖的功能及要求

覆盖类型	各层最小厚度/cm	覆盖（土）性质	功能	填埋时间
日覆盖	15	沙质土	改善路况与景观、减少污染	1 d
中间覆盖	30	黏土	防渗、排水、控气	数月至两年
最终覆盖	＞80	见表 3-19	防渗、控气、防污染	填埋结束

表 3-19 埋场终场防渗系统

结构层	主要功能	常用材料	备注
表土层	能生长植物并保证植物根系不破坏保护层和排水层，具抗侵蚀能力，可能需要地表排水设施	可生长植物的土壤以及其他天然土壤	系统必需的基本层
保护层	减小或避免排水层的阻塞，维持稳定	细粒土等	系统的基本层
排水层	疏排下渗水，减小其对下部防渗层的水压力	砂砾石、土工网格、土工合成材料等	非系统的基本层，当下渗水量多，渗透压力大时才考虑
防渗层	阻止下渗水进入填埋废弃物中，防止填埋气体逸出	压实黏土、柔性膜、人工改性防渗材料和复合材料	系统必需的基本层
调整层	控制 LFG 体将其导入收集设施进行处理或利用，同时可作支撑面	粗粒物质等	非系统的基本层，可以在废弃物产生大量填埋气体时才考虑

3. 填埋场地设计

填埋场的设计是一个技术性很强的问题，也是填埋处置能否实现的关键，主要包括场地面积、容量的确定、防渗措施、逸出气体的控制等。

（1）场地面积和容量的确定。卫生填埋场地面积和容量的确定与所在区域的人口数量、固体废弃物的产率、固体废弃物填埋的高度、废弃物与覆盖材料之比及填埋后的压实密度等有关。

每年填埋的废弃物体积可按下式计算：

$$V=365WP/D+C$$

式中：V ——每年填埋的垃圾体积，m^3；

W ——垃圾产率，kg/（人·d），W=1.0kg/（人·d）；

D ——填埋后废弃物的压实密度，kg/m^3；

P ——城市人口数，人；

C ——覆土体积，m^3。

用卫生土地填埋法处置，覆土与垃圾之比为1∶4。

垃圾的自然容重约 $0.4 t/m^3$，压实后达 $0.8 t/m^3$，经过自然腐化后继续沉实，最终（1～2年后）容重0.9～1 t/m^3。垃圾的最终容重按0.9 t/m^3计。

（2）地下水保护系统设计。卫生填埋会产生大量的浸出液。浸出液主要来源于垃圾本身、雨水及地表径流的渗入。浸出液中含有多种污染物，一旦渗出会污染地下水水源。保护措施除前述按标准选择合适的填埋场址外，目前还多从设计施工方案及填埋方法上采取有效措施，实现对地下水水源的保护。

浸出液是指垃圾填埋后，经微生物分解和地表水影响，会有一定量的液体穿经固体废弃物并从废弃物中吸收容纳溶解物和悬浮物，其中含有多种污染成分。控制浸出液的污染，是卫生土地填埋场正常运营的关键。

卫生填埋防渗系统的设置有效地防止了地下水的污染。该系统主要包括两项工程：一是设置防渗衬里，二是建立排水、集水等设施，对浸出液进行妥善的处理。

①设置防渗衬里就是在填埋垃圾和土体之间设置一层不透水层。衬里分人造和天然两种，前者包括沥青、橡胶和塑料薄膜；后者主要是黏土，渗透系数小于 10^{-7}cm/s，厚度至少为1m。

②渗滤液的集排水设施的功能是把渗滤液迅速地导向其处理设施，并通过集水管向填埋层内供给空气，以使填埋物早期稳定化。

渗滤液收集系统的设置，原则上要求尽可能收集渗出的所有渗滤液，并能从填埋场中导排出来。在设计渗滤液收集系统时，应对渗透水的体积作出估算，通常采用下面的经验公式进行估算：

$$Q = C \cdot I \cdot A / 1\,000$$

式中：Q——日平均浸出液量，m^3/d；

C——流出系数，%，一般取0.2～0.8；

I——平均降雨量，mm/d；

A——填埋场集水面积，m^2。

渗滤水的集排工程：

a．渗滤液的收集系统可由300mm导流层、盲沟（或穿孔管）铺设而成，管道或沟道以≥1%的坡度坡向集水井或污水调节池。

b．集水井的尺寸应满足水泵的安装要求，并保证5min以上的给水量。

c．渗滤液收集系统必须在封场后至少10～15年内保持有效。系统还应具有抗化学腐蚀的功能。

d. 收集的渗滤液在处理前应先进污水调节池，调节池的容量应保证足够容纳渗滤液量，并能承受暴雨引起的冲击负荷。

e. 渗滤液的处理应尽量与城市污水处理相结合，在经过调节池和预处理后，可排入城市下水道进入城市污水处理厂。

f. 如需单独建设渗滤液处理厂，其规模和工艺应本着经济可行的原则确定，以降低处理厂的投资。

为更有效地保护地下水，对填埋场还要选择合适的覆盖材料，以防止雨水进入填埋的垃圾。覆盖材料可以是黏土，也可以采用在塑料布上再覆盖黏土。

（3）气体的产生及控制。垃圾被填埋后，废弃物中的有机物在微生物的作用下降解。最初由于垃圾填埋时携带了一部分氧气使得分解过程是在好氧条件下进行，持续数天后，当氧气耗尽后即转为厌氧分解。此时气体的主要成分也由原先的二氧化碳、水和氨转变为甲烷、二氧化碳、氨和水及少量的硫化氢，并趋于稳定。填埋场气体对环境的影响可归纳为如下几点：

①由于气体聚集在封闭或半封闭的空间内，如建筑物、下水道、人工洞穴或填埋场内及填埋场外附近的沟槽等，只要满足气体爆炸的三个条件，即有空腔、有可燃的混合气体、有燃烧源就会引起爆炸和火灾。

②因高浓度的甲烷可成为窒息剂，使得进入填埋场内的下水道、沟槽或人工洞穴的人产生窒息。

③当气体通过填埋场表面的裂缝逸出时，填埋气可能会着火，并有点燃废弃物发生火灾的危险。

④由于甲烷代替了土壤中的空气，并阻止空气进入土壤，因而使得土壤缺氧，危害植物的有毒化合物也可抑制植物的生长，因此，会对填埋场上或填埋场附近的蔬菜或农作物造成危害。

⑤因二氧化碳易溶于水，不仅会使地下水的 pH 值降低，还会使水的硬度和矿物质含量增加。

填埋场气体的产生量可通过现场实际测量或采用经验公式推算得出。气体的产生量虽然因垃圾中的有机物种类不同而有所差异，但主要与有机物中可能分解的有机碳成比例。

产生量的经验公式为：

$$V_g = 1.866 \times C_f / C$$

式中：V_g —— 气体产生量，L；

C_f—— 可能分解的有机碳量，g；

C —— 有机物的总碳量，g。

鉴于填埋场气体对环境的上述影响，必须对其进行收集控制，或铺管排放焚烧或作能源加以利用。

填埋场气体的收集系统由气体抽吸井、气体收集支管和总管构成一个覆盖全填埋场的气体传输网。气体收集系统的总管和风机的负压面相连，使气体收集系统和填埋区域处于负压状态，从而使气体收集井和收集槽中的填埋场气体不断抽吸上来。气体抽吸井，直径一般为60～90 cm，常见的井深一般为垃圾厚度的50%～90%，建井时需在井内装一条防腐性较强的有孔套管（孔径为15～20 mm），管子的纵向可运动，以适应填埋层沉降变化。用砾石（直径5 cm左右）回填井孔四周。一般收集段是在井深的下面1/3～3/4。收集段的顶部要离地表有足够的距离。从砾石表层一直到井口填入干净土壤并压实，以防止空气的流入。为了防止有孔管的孔被土壤堵塞，在砾石层和干净土壤层之间一般要浇筑60～90 cm厚的混凝土隔层。井口需用混凝土密封，以避免沼气被污染，每个井装有控制阀，井与井之间用管相连，井距45～90 m，相连各井与鼓风机和真空泵连接。

收集井设计的关键有两点：一是井口要密封，上部覆土厚应在1 m以上，地面出口再加混凝土密封；二是集气管开孔的要求，既不能因太小而堵塞，也不能因过大而使泥土进入。为此，可在集气管外围加保护尼龙网或钢丝网。

气体控制工程常用的方法有渗透性排气和密封法排气两种。渗透法是控制土地填埋场产生气体水平方向运动的一种有效方法。填埋时用砂石建造出了排气孔道，气体会自动沿通道水平运动进入收集井。

密封法可采用渗透性较土壤要差的材料作阻挡层。在不透气的顶部覆盖层中设置排气管。排气管与设置在浅层砾石排气管道或设置在填埋废弃物顶部的多孔集气支管相连接，还可用竖管燃烧甲烷气体。当填埋场地附近有建筑物时，竖管要高出建筑物。

作为有毒有害的物质，填埋场的气体必须进行收集、控制，但从资源利用的角度填埋气体中的甲烷具有相当高的热值，如能得到充分的利用则可变废为宝。国内外对填埋场气体的综合利用已有很大的进展，概括起来有如下几种：一是低热值的气体直接利用，销售给邻近的工业用户，或用以产生蒸气作为供热源；二是用来发电；三是经净化提纯，提高其热值后，并入城市燃气网使用；四是净化提纯，液化成液化天然气或作为化工生产原料。

填埋场地一经建设，就应有合理的总体规划，既要确保施工的进行，还要保证封场后的正常运营，场地规划要合理。进行场地规划时要对以下几方面进行考虑：一是进出口道路；二是设备保养站；三是供特种废弃物使用的贮存场；四是表层土壤堆放场；五是填埋区；六是绿化带。实际操作时可依具体场地条件灵活掌握。

4．填埋场地的经济评估

填埋场经济评估的主要参数可能是资金流动的分析。这建立在收入和支出预算基础上，并限定了建立填埋场的资金数量。在对几个可选择的场地审查候选过程中，经济评估是其中的首选原则。各场地不同方案费用需进行估算，要估出所需资金的数量，其中，包括征地及场地准备工作、填埋操作、场地的完成与修复的费用。对填埋场使用期限的经济性应事先作出估价，并与管理待处理废弃物的预期收入相比较。市场也可能对收入起到调节作用。在任何情况下，从财政预算都可得出相对于场地寿命而言，处置单位废弃物所需的费用。

垃圾处理的总费用是由垃圾处理工作中每一项要素构成的成本总和，为填埋成本与固体垃圾处理的总费用。垃圾处理工作始于从居民和工业垃圾产生源收集垃圾，以封闭后填埋场的最终管理而告结束。由垃圾处理工作的每一项要素构成的总成本为其资本和运营成本的总和。

垃圾卫生填埋场的费用主要有以下几个方面：

（1）场地调查费，包括地貌调查、水文与地质调查；

（2）可行性研究费，包括场地的预处理、场地操作、设备、劳动力和渗滤水处理；

（3）场地修复费，包括美化环境和规定边界；

（4）征地费；

（5）场地完成后的价值估算；

（6）前期工作的报酬费用，包括计划和批准申请时的顾问费和法定费用。

主要的资本有土地成本、建筑物和建设成本及其机动车成本。通常这些资本都是固定成本，因为一般来说它在填埋运行期间就已确定和固定。为维护而需要的劳动费用和填埋场运行期间所用的覆盖材料的费用都被划分为运营成本。运营成本是可变的，因为它们总是随着垃圾处理的速度和总量的增加而增加。

填埋成本部分取决于所处理的垃圾种类、运行规模、填埋物和覆盖材料的可利用性及建设过程的分期性。分期填埋建设要比将填埋场一次建成的成本低些。在填埋场建设成本的变量中，改变填埋场条件和填埋建设的规范要求是很重要的因素。在每个地区，填埋处理的成本取决于安放设施的土地成本、填埋场的设计、劳工成本和必须遵守的政府法规。

与总的卫生填埋成本有关的具体要素有开发前成本、初期建设成本、年运营成本、封闭和后封闭成本。其中，开发成本包括确定设施场地（工程、法律及初步的土力学探测）、场地绘图（地形边界勘测）及最终土力学勘测、工程设计及申请法定批准、法律及公众论证会、征购土地、行政管理辅助服务费、不可预见费、最初建设成本、入口及进出道路、通入场地和土地平整、侵蚀和沉降控制设施、衬垫和衬垫系统、渗滤水回收和填埋气回收、管道系统、渗滤水处理系统、场地景观、计量系统、计量室和办公楼、设备维护设施、公众便利区、场地铺面、其他（照明、门、标记等）、施工工程和控制监测。建设成本及年运营成本包括：现场工作人员和管理、设施管理、设备运行及维护、设备租赁、道路维护、日常环境监测（地下水、地表水和填埋气）、工程服务、设备保险、正在进行的开发和施工成本、在市政污水处理系统中处理渗滤水、渗滤水排入市政污水处理系统前进行的预处理、不可预见费。封闭及后封闭成本包括：为制订封闭计划而需的工程费、场地的最终划分和植被的再植、侵蚀和沉降控制设施的维护、填埋气系统的维护、渗滤水收集和处理系统的运行和维护等。

由于与卫生填埋有关的设备费用很高，所以发展中国家往往并不为填埋场购置足够的有关设备以确保场地的有效运行。在一个工业化国家，维护重型填埋设备的年成本（润滑剂、轮胎修理、零部件等）约为设备原始资本的 16%～18%。发展中国家的实际成本在相当程度上取决于设备的年限、种类、维护程序及发展中国家固有的各种不同因素。

六、工具与仪器

污水采样器、塑料或玻璃瓶、照相机、铲子、塑胶布、罗盘、标签纸、塑料袋、记录本。

七、思考题

1．垃圾卫生填埋场选址有什么原则？

2．垃圾填埋场地选择时应该考虑哪些方面的内容？

3．简要说明渗滤液的组成、来源及处理方法。

八、记录表

表 3-20　填埋场地调查

实习地点：________________ 时间：________________ 记录人：

调查内容	结果	调查内容	结果
垃圾来源、种类		沼气利用方式	
预处理方法		渗滤液产生量	
设计使用年限		有无渗滤液导排设施	
处理能力		渗滤液处理方法	
有无填埋气导排设施		填埋操作方法	

实习七 火电厂烟气脱硫脱硝技术

一、目的

通过参观火电厂，了解与初步掌握本专业相关产品技术参数等方面的实际知识和相关标准，增强对锅炉、汽轮机系统及辅助设备的组成及结构的具体知识，了解火电厂企业大气污染控制的基本情况，工厂各个处理终端的构筑物功能及系统参数；对火电厂企业大气污染控制工艺流程、生产设备的基本结构、工作原理及性能等有一个系统、全面的了解，并为后续专业课程的学习提供必要的感性认识和基础知识；掌握静电除尘器、布袋除尘器、湿式除尘器、烟气脱硫脱硝设备的工作原理以及生产过程。为今后专业课程的学习、专业课程设计及毕业设计打下良好的基础。

二、原理

（一）大气污染物

国家标准组织（ISO）认为，大气污染指自然界中局部大气的功能变化和人类的生产和生活活动改变大气圈中某些原有成分和向大气中排放有毒有害物质，以致使大气质量恶化，影响原来有利的生态平衡体系，严重威胁着人体健康和正常工农业生产，以及对建筑物和设备财产等的损坏。

大气污染源有四种分类法：

（1）按污染源存在形式：固定污染源、移动污染源；

（2）按污染源排放方式：高架源、面源、线源；

（3）按污染源排放时间：连续源、间断源、瞬时源；

（4）按污染源产生类型：工业污染源、家庭炉灶、汽车排气。

进行大气质量评价适宜用第一种分法，研究扩散适宜用第二种分法，分析污染物排放时间规律适宜用第三种分法，解决污染物，控制污染物适宜用第四种分法。

气态污染物指气体状态污染物，是以分子状态存在的污染物，气态污染物的种类很多，总体上可以分为五大类：以二氧化硫为主的含硫化合物、以一氧化氮和二氧化氮为主的含氮化合物、碳氧化合物、有机化合物及卤素化合物等。对于气态污染物，又可分为一次污染物和二次污染物。一次污染物指直接从各类污染源排出的物质，可分为：非反应性物质，其性质较稳定；反应性物质，性质不稳定，在大气中常与某些其他物质产生化学反应或作为催化剂促进其他污染物产生化学反应。二次污染物指反应性的一次污染物与大气中的其他组分反应形成的物质。

（二）烟气处理方法

1. SO_2的控制方法

从烟气中脱硫是将 SO_2 经过适当的化学反应变为有用的化工产品或肥料。如对含高浓度 SO_2 烟气的处理是把 SO_2 经催化生成硫酸回收利用，对低浓度 SO_2 烟气可以用多种方法。下面介绍对 SO_2 控制的方式：燃料预先脱硫、燃烧中脱硫。

燃烧前脱硫就是在煤燃烧前把煤中的硫分脱除掉，燃烧前脱硫技术主要有物理洗选煤法、化学洗选煤法、煤的气化和液化、水煤浆技术等。洗选煤是采用物理、化学或生物方式对锅炉使用的原煤进行清洗，将煤中的硫部分除掉，使煤得以净化并生产出不同质量、规格的产品。微生物脱硫技术从本质上讲也是一种化学法，它是把煤粉悬浮在含细菌的气泡液中，细菌产生的酶能促进硫氧化成硫酸盐，从而达到脱硫的目的，微生物脱硫技术目前常用的脱硫细菌包括属硫杆菌的氧化亚铁硫杆菌、氧化硫杆菌、古细菌、热硫化叶菌等。煤的气化，是指用水蒸气、氧气或空气作氧化剂，在高温下与煤发生化学反应，生成 H_2、CO、CH_4 等可燃混合气体（称作煤气）的过程。煤炭液化是将煤转化为清洁的液体燃料（汽油、柴油、航空煤油等）或化工原料的一种先进的洁净煤技术。水煤浆（Coal Water Mixture，CWM）是将灰分小于 10%，硫分小于 0.5%、挥发分高的原料煤，研磨成 250～300 μm 的细煤粉，按 65%～70%的煤、30%～35%的水和约 1%的添加剂的比例配制而成，水煤浆可以像燃料油一样运输、储存和燃烧，燃烧时水煤浆从喷嘴高速喷出，雾化成 50～70 μm 的雾滴，在预热到 600～700℃的炉膛内迅速蒸发，并伴有微爆。

燃烧前脱硫技术中物理洗选煤技术已成熟，应用最广泛、最经济，但只能脱无机硫；生物、化学法脱硫不仅能脱无机硫，也能脱除有机硫，但生产成本昂贵，距工业应用尚有较大距离；煤的气化和液化还有待于进一步研究完善；微生物脱硫技术正在开发；水煤浆是一种新型低污染代油燃料，它既保持了煤炭原有的物理特性，又具有石油一样的流动性和稳定性，被称为液态煤炭产品，市场潜力巨大，目前已具备商业化条件。

煤燃烧前的脱硫技术尽管还存在着种种问题，但其优点是能同时除去灰分，减轻运输量，减轻锅炉的沾污和磨损，减少电厂灰渣处理量，还可回收部分硫资源。

燃烧中脱硫，又称炉内脱硫，是采用流化床燃烧技术进行的。这种方法是向炉内喷射石灰或白云石作流动介质，与煤粒混合在炉内进行多级燃烧，二氧化硫以硫酸钙的形式除去。这种燃烧方式不仅能脱除二氧化硫，而且因燃烧温度较低，可以减少氮氧化物，因此，国内外对这项燃烧技术十分重视。其基本原理是：

$$CaCO_3 == CaO + CO_2$$

$$CaO + SO_2 == CaSO_3$$

$$2CaSO_3 + O_2 == 2CaSO_4$$

2．NO_x的控制方法

降低 NO_x 排放主要有两种措施：一是控制燃烧过程中 NO_x 的生成，即低 NO_x 燃烧技术；二是对生成的 NO_x 进行处理，即烟气脱硝技术。为了控制燃烧过程中 NO_x 的生成量所采取的措施原则为：降低过量空气系数和氧气浓度，使煤粉在缺氧条件下燃烧；降低燃烧温度，防止产生局部高温区；缩短烟气在高温区的停留时间等。低 NO_x 燃烧技术主要包括如下方法。

（1）空气分级燃烧。燃烧区的氧浓度对各种类型的 NO_x 生成都有很大影响。当过量空气系数 $a<1$，燃烧区处于“贫氧燃烧”状态时，对于抑制在该区中 NO_x 的生成量有明显效果。根据这一原理，把供给燃烧区的空气量减少到全部燃烧所需用空气量的70%左右，从而既降低了燃烧区的氧浓度，也降低了燃烧区的温度水平。因此，第一级燃烧区的主要作用就是抑制 NO_x 的生成并将燃烧过程推迟。燃烧所需的其余空气则通过燃烧器上面的燃尽风喷口送入炉膛与第一级所产生的烟气混合，完成整个燃烧过程。

炉内空气分级燃烧分轴向空气分级燃烧（OFA 方式）和径向空气分级燃烧。轴向空气分级将燃烧所需的空气分两部分送入炉膛：一部分为主二次风，约占总二次风量的70%～85%，另一部分为燃尽风（OFA），约占总二次风量的15%～30%。炉内的燃烧分为三个区域，热解区、贫氧区和富氧区。径向空气分级燃烧是在与烟气流垂直的炉膛截面上组织分级燃烧。它是通过将二次风射流部分偏向炉墙来实现的。空气分级燃烧存在的问题是二段空气量过大，会使不完全燃烧损失增大；煤粉炉由于还原性气体而易结渣、腐蚀。

（2）燃料分级燃烧。在主燃烧器形成的初始燃烧区的上方喷入二次燃料，形成富燃料燃烧的再燃区，NO_x 进入本区将被还原成 N_2。为了保证再燃区不完全燃烧产物的燃尽，在再燃区的上面还需布置燃尽风喷口。改变再燃烧区的燃料与空气之比是控制 NO_x 排放量的关键因素。存在问题是为了减少不完全燃烧损失，需加空气对再燃区烟气进行三级燃烧，配风系统比较复杂。

（3）烟气再循环。该技术是把空气预热器前抽取的温度较低的烟气与燃烧用的空气混合，通过燃烧器送入炉内从而降低燃烧温度和氧的浓度，达到降低 NO_x 生成量的目的。存在的问题是由于受燃烧稳定性的限制，一般再循环烟气率为15%～20%，投资和运行费较大，占地面积大。

（4）低 NO_x 燃烧器。通过特殊设计的燃烧器结构（LNB）及改变通过燃烧器的风煤比例，以达到在燃烧器着火区空气分级、燃烧分级或烟气再循环法的效果。在保证煤粉着火燃烧的同时，有效抑制 NO_x 的生成。如燃烧器出口燃料分股：浓淡煤粉燃烧。在煤粉管道上的煤粉浓缩器使一次风分成水平方向上的浓淡两股气流，其中一股为煤粉浓度相对较高的煤粉气流，含大部分煤粉；另一股为煤粉浓度相对较低的煤粉气流，以空气为主。我国低 NO_x 燃烧技术起步较早，国内新建的 300 MW 及以上火电机组已普遍采用 LNB 技术。对现有 100～300 MW 机组也开始进行 LNB 技术改造。采用 LNB 技术，只需用低 NO_x 燃烧器替换原来的燃烧器，燃烧系统和炉膛结构无须作任何更改。

（5）烟气脱硝。烟气脱硝技术有气相反应法、液体吸收法、吸附法、液膜法、微生物法等几类。在众多烟气处理技术中，液体吸收法的脱硝效率低，净化效果差；吸附法虽然脱硝效率高，但吸附量小，设备过于庞大，再生频繁，应用也不广泛；液膜法和微生物法是两个新型技术，还有待发展；脉冲电晕法可以同时脱硫脱硝，但如何实现高压脉冲电源的大功率、窄脉冲、长寿命等问题还需要解决；电子束法技术能耗高，并且有待实际工程应用检验；SNCR 法氨的逃逸率高，影响锅炉运行的稳定性和安全性等问题；目前脱硝效率高，最为成熟的技术是 SCR 技术。

选择性催化剂还原法（Selective Catalytic Reduction，SCR），指在一定的温度和催化剂的作用下，以液氨或尿素作为还原剂，有选择性地与烟气中的氮氧化物反应并生成无毒无污染的氮气和水。该技术可使用液氨或尿素为脱硝还原剂。

SCR 脱硝工艺采用催化剂使氮氧化物发生还原反应，反应温度较低（300～450℃）。其方法将还原剂喷入装有催化剂的反应器内，烟气通过催化剂与之产生化学反应进行脱硝。此工艺的脱硝效率可达 90%以上，是国内外电厂应用最多，技术最成熟的一种烟气脱硝技术。

SCR 技术是还原剂（NH_3、尿素）在催化剂作用下，选择性地与 NO_x 反应生成 N_2 和 H_2O，而不是被 O_2 所氧化，故称为“选择性”。SCR 脱氮常用 NH_3 做还原剂，由于 NH_3 在铂催化剂或非金属催化剂的作用下，在较低的温度下，只与气体中的 NO_x（包括 NO 和 NO_2）进行反应并将它们还原，而不是与氧气发生反应；同时由于基本不与氧气反应，因而，催化床与出气口温度较低，从而避免了非选择性催化剂还原法的一些技术问题。

具体反应方程如下：

$$4NH_3 + 6NO = 5N_2 + 6H_2O$$

$$8NH_3 + 6NO_2 = 7N_2 + 12H_2O$$

实际生产中还会有副反应，如下：

$$4NH_3+3O_2 = 2N_2+6H_2O$$

$$2NH_3 = N_2+3H_2$$

$$4NH_3+5O_2 = 4NO+6H_2O$$

SCR 系统包括催化剂反应室、氨储运系统、氨喷射系统及相关的测试控制系统。SCR 工艺的核心装置是脱硝反应器。

选择性非催化还原（SNCR）脱硝工艺是将尿素或氨基化合物作为还原剂（如氨气、氨水或者尿素等）喷入炉膛温度为 900～1 100℃的区域，还原剂通过安装在屏式过热器区域的喷枪喷入，该还原剂迅速热分解成 NH_3 和其他副产物，随后 NH_3 与烟气中的 NO_x 进行反应而生成 N_2 和 H_2O。

（1）NH_3 作为还原剂：

$$4NO+4NH_3+O_2 = 4N_2+6H_2O$$

$$2NO+4NH_3+2O_2 = 3N_2+6H_2O$$

$$6NO_2+8NH_3 = 7N_2+12H_2O$$

（2）尿素作为还原剂：

$$CO(NH_2)_2+2NO+\frac{1}{2}O_2 = 2N_2+CO_2+2H_2O$$

$$CO(NH_2)_2+H_2O = 2NH_3+CO_2$$

$$4NO+4NH_3+O_2 = 4N_2+6H_2O$$

$$2NO+4NH_3+2O_2 = 3N_2+6H_2O$$

$$6NO_2+8NH_3 = 7N_2+12H_2O$$

3．脱硫脱硝工艺介绍

（1）石灰石—石膏法烟气脱硫工艺。石灰石—石膏法脱硫工艺是世界上应用最广泛的一种脱硫技术，日本、德国、美国的火力发电厂采用的烟气脱硫装置约 90%采用此工艺。

工作原理：将石灰石粉加水制成浆液作为吸收剂泵入吸收塔与烟气充分接触混合，烟气中的二氧化硫与浆液中的碳酸钙以及从塔下部鼓入的空气进行氧化反应生成硫酸钙，硫酸钙达到一定饱和度后，结晶形成二水石膏。经吸收塔排出的石膏浆液经浓缩、脱水，使其含水量小于 10%，然后用输送机送至石膏贮仓堆放，脱硫后的烟气经过除雾器除去雾滴，再经过换热器加热升温后，由烟囱排入大气。由于吸收塔内吸收剂浆液通过循环泵反复循环与烟气接触，吸收剂利用率很高，钙硫比较低，脱硫效率可大于 95%。

（2）旋转喷雾干燥烟气脱硫工艺。喷雾干燥法脱硫工艺以石灰为脱硫吸收剂，石灰经消化并加水制成消石灰乳，消石灰乳由泵打入位于吸收塔内的雾化装置，在吸收塔内，被雾化成细小液滴的吸收剂与烟气混合接触，与烟气中的 SO_2 发生化学反应生成 $CaSO_3$，烟气中的 SO_2 被脱除。与此同时，吸收剂带入的水分迅速被蒸发而干燥，烟气温度随之降低。脱硫反应产物及未被利用的吸收剂以干燥的颗粒物形式随烟气带出吸收塔，进入除尘器被收集下来。脱硫后的烟气经除尘器除尘后排放。为了提高脱硫吸收剂的利用率，一般将部分除尘器收集物加入制浆系统进行循环利用。该工艺有两种不同的雾化形式可供选择，一种为旋转喷雾轮雾化，另一种为气液两相流。喷雾干燥法脱硫工艺具有技术成熟、工艺流程较为简单、系统可靠性高等特点，脱硫率可达到85%以上。该工艺在美国及西欧一些国家有一定应用范围（8%）。脱硫灰渣可用做制砖、筑路，但多为抛弃至灰场或回填废旧矿坑。

（3）磷铵肥法烟气脱硫工艺。磷铵肥法烟气脱硫技术属于回收法，以其副产品为磷铵而命名。该工艺过程主要由吸附（活性炭脱硫制酸）、萃取（稀硫酸分解磷矿萃取磷酸）、中和（磷铵中和液制备）、吸收（磷铵液脱硫制肥）、氧化（亚硫酸铵氧化）、浓缩干燥（固体肥料制备）等单元组成。它分为两个系统：

烟气脱硫系统：烟气经高效除尘器后使含尘量小于200 mg/Nm^3，用风机将烟压升高到 7 000 Pa，先经文氏管喷水降温调湿，然后进入四塔并列的活性炭脱硫塔组（其中一只塔周期性切换再生），控制一级脱硫率大于或等于 70%，并制得30%左右浓度的硫酸，一级脱硫后的烟气进入二级脱硫塔用磷铵浆液洗涤脱硫，净化后的烟气经分离雾沫后排放。

肥料制备系统：在常规单槽多浆萃取槽中，同一级脱硫制得的稀硫酸分解磷矿粉（P_2O_5 含量大于 26%），过滤后获得稀磷酸（其浓度大于 10%），加氨中和后制得磷氨，作为二级脱硫剂，二级脱硫后的料浆经浓缩干燥制成磷铵复合肥料。

（4）炉内喷钙尾部增湿烟气脱硫工艺。炉内喷钙加尾部烟气增湿活化脱硫工艺是在炉内喷钙脱硫工艺的基础上在锅炉尾部增设了增湿段，以提高脱硫效率。该工艺多以石灰石粉为吸收剂，石灰石粉由气力喷入炉膛 850～1 150℃温度区，石灰石受热分解为氧化钙和二氧化碳，氧化钙与烟气中的二氧化硫反应生成亚硫酸钙。由于反应在气固两相之间进行，受到传质过程的影响，反应速度较慢，吸收剂利用率较低。在尾部增湿活化反应器内，增湿水以雾状喷入，与未反应的氧化钙接触生成氢氧化钙，进而与烟气中的二氧化硫反应。当钙硫比控制在 2.0～2.5时，系统脱硫率可达到65%～80%。由于增湿水的加入使烟气温度下降，一般控制出口烟气温度高于露点温度 10～15℃，增湿水由于烟温加热被迅速蒸发，未反应的吸收剂、反应产物呈干燥态，随烟气排出，被除尘器收集下来。

该脱硫工艺在芬兰、美国、加拿大、法国等国家得到应用，采用这一脱硫技术的最大单机容量已达 30 万 kW。

（5）烟气循环流化床脱硫工艺。烟气循环流化床脱硫工艺由吸收剂制备、吸收塔、脱硫灰再循环、除尘器及控制系统等部分组成。该工艺一般采用干态的消石灰粉作为吸收剂，也可采用其他对二氧化硫有吸收反应能力的干粉或浆液作为吸收剂。

由锅炉排出的未经处理的烟气从吸收塔（即流化床）底部进入。吸收塔底部为一个文丘里装置，烟气流经文丘里管后速度加快，并在此与很细的吸收剂粉末互相混合，颗粒之间、气体与颗粒之间剧烈摩擦，形成流化床，在喷入均匀水雾降低烟温的条件下，吸收剂与烟气中的二氧化硫反应生成 $CaSO_3$ 和 $CaSO_4$。脱硫后携带大量固体颗粒的烟气从吸收塔顶部排出，进入再循环除尘器，被分离出来的颗粒经中间灰仓返回吸收塔，由于固体颗粒反复循环达百次之多，故吸收剂利用率较高。

此工艺所产生的副产物呈干粉状，其化学成分与喷雾干燥法脱硫工艺类似，主要由飞灰、$CaSO_3$、$CaSO_4$ 和未反应完的吸收剂 $Ca(OH)_2$ 等组成，适合作废矿井回填、道路基础等。

典型的烟气循环流化床脱硫工艺，当燃煤含硫量为 2%左右，钙硫比不大于 1.3 时，脱硫率可达 90%以上，排烟温度约 70℃。此工艺在国外目前应用在 10 万～20 万 kW 等级机组。由于其占地面积少，投资较省，尤其适合于老机组烟气脱硫。

（6）海水脱硫工艺。海水脱硫工艺是利用海水的碱度达到脱除烟气中二氧化硫的一种脱硫方法。在脱硫吸收塔内，大量海水喷淋洗涤进入吸收塔内的燃煤烟气，烟气中的二氧化硫被海水吸收而除去，净化后的烟气经除雾器除雾、经烟气换热器加热后排放。吸收二氧化硫后的海水与大量未脱硫的海水混合后，经曝气池曝气处理，使其中的 SO_3^{2-} 被氧化成为稳定的 SO_4^{2-}，并使海水的 pH 值与 COD 等指标恢复到排放标准后排放大海。海水脱硫工艺一般适用于靠海边、扩散条件较好、用海水作为冷却水、燃用低硫煤的电厂。海水脱硫工艺在挪威比较广泛用于炼铝厂、炼油厂等工业炉窑的烟气脱硫，先后有 20 多套脱硫装置投入运行。近几年，海水脱硫工艺在电厂的应用取得了较快的进展。此种工艺最大问题是烟气脱硫后可能产生的重金属沉积和对海洋环境的影响需要长时间的观察才能得出结论，因此，在环境质量比较敏感和环保要求较高的区域需慎重考虑。

（7）电子束法脱硫工艺。该工艺流程由排烟预除尘、烟气冷却、氨的充入、电子束照射和副产品捕集等工序所组成。锅炉所排出的烟气，经过除尘器的粗滤处理之后进入冷却塔，在冷却塔内喷射冷却水，将烟气冷却到适合于脱硫、脱硝处理的温度（约 70℃）。烟气的露点通常约为 50℃，被喷射呈雾状的冷却水在冷却塔内完全得到蒸发，因此，不产生废水。通过冷却塔后的烟气流进反应器，在反应器进口处将一定的氨水、压缩空气和软水混合喷入，加入氨的量取决于 SO_x 浓度和 NO_x 浓度，经过电子束照射后，SO_x 和 NO_x 在自由基作用下生成中间生成物硫酸（H_2SO_4）和硝酸（HNO_3）。然后硫酸和硝酸与共存的氨进行中和反应，生成粉状微粒（硫酸铵$(NH_4)_2SO_4$与硝酸铵 NH_4NO_3 的混合粉体）。这些粉状微粒一部分沉淀到反应器底部，通过输送机排出，其余被副产品除尘器所分离和捕集，经过造粒处理后被送到副产品仓库储藏。净化后的烟气经脱硫风机由烟囱向大气排放。

（8）氨水洗涤法脱硫工艺。该脱硫工艺以氨水为吸收剂，副产硫酸铵化肥。锅炉排出的烟气经烟气换热器冷却至 90～100℃，进入预洗涤器经洗涤后除去 HCl 和 HF，洗涤后的烟气经过液滴分离器除去水滴进入前置洗涤器中。在前置洗涤器中，氨水自塔顶喷淋洗涤烟气，烟气中的 SO_2 被洗涤吸收除去，经洗涤的烟气排出后经液滴分离器除去携带的水滴，进入脱硫洗涤器，在该洗涤器中烟气进一步被洗涤，经洗涤塔顶的除雾器除去雾滴，进入脱硫洗涤器。再经烟气换热器加热后经烟囱排放。洗涤工艺中产生的浓度约 30%的硫酸铵溶液排出洗涤塔，可以送到化肥厂进一步处理或直接作为液体氮肥出售，也可以把这种溶液进一步浓缩蒸发干燥加工成颗粒、晶体或块状化肥出售。

三、实习地介绍

云南省开远市小龙潭国电火力发电厂，位于开远市小龙潭盆地北侧，南靠褐煤资源储量达 10.9 亿 t 的小龙潭煤矿，西临水资源丰富的南盘江，属典型区域性坑口火电厂。区域性坑口火电厂装机容量较大，建造在燃料基地如大型煤矿附近。火电厂是利用煤燃烧所产生的热能转换为动能以生产电能的工厂。其电能通过长距离的输电线路供给用户。地方性火电厂多建造在负荷中心，需经长距离运进燃料，它生产的电能供给比较集中的用户。通常火电厂还按蒸汽压力分为低压电厂（蒸汽初压力为 1.2～15 atm，1 atm =101.325 kPa≈ 0.1 MPa）、中压电厂（蒸汽初压力为 20～40 atm）、高压电厂（蒸汽初压力为 60～100 atm）、超高压电厂（蒸汽初压力为 120～140 atm）、亚临界压力电厂（蒸汽初压力为 160～180 atm）和超临界压力电厂（蒸汽初压力为 226 atm）。

云南省开远市小龙潭国电火力发电厂“十五”总装机容量 6×100 MW，“十一五”开展了 2×300 MW 机组建设工程，跨入了百万级火电厂行列。该厂自 1985 年 12 月首台机组发电以来，先后荣获电力部安全文明生产达标单位、国家电力公司双文明单位、云南省电力生产和经济发展突出贡献企业等多项国家、省、部级荣誉称号。

四、实习内容

1．了解火电厂使用煤的来源（产地、种类等）及电厂运行所需煤的用量。

2．掌握烟气脱硫脱硝的技术及原理。

对实习过程中获得的各种资料进行整理、概括和总结。特别要注重对图、表资料的整理与分析；对感性获得的知识或提问获得的解答加以整理和总结；结合实习消化和巩固理论知识方面难以理解和阐述的概念和原理。

五、方法

1. 资料查阅。(1）通过仔细阅读实习指导书明确实习目的、要求、对象、范围、深度、工作时间、所采用的方法及预期所获的成果。(2）收集参观工厂的相关资料（火电厂的大致情况，火电厂使用煤的来源包括产地、种类等及火电厂运行所需煤的用量，火电厂的装机容量、工厂的燃料供给系统、给水系统、蒸汽系统、冷却系统、电气系统、除尘装置、烟气处理系统及其他一些辅助处理设备)，对资料加以熟悉。(3）理解火电厂大气污染物排放该执行的标准。(4）掌握烟气脱硫脱硝的技术及原理。

2. 根据该厂污染物的产生类型、种类等，设计一套除尘装置，并附设计图纸。

3．根据所学的除尘装置设计原理对该厂的环保设备提出合理的建议。

六、工具与仪器

1．大气采样器：流量范围 0～1 L；

2. 多孔玻板吸收管（用于短时间采样），多孔玻板吸收瓶（用于长时间采样）；

3．照相机；

4．标本采集工具或便携录音设备。

七、思考题

1．火电厂在什么地区和什么时段实行 SO_2 双重控制？

2．火电厂大气污染物排放标准对第III时段的火电厂 SO_2 排放浓度和排放量上有什么具体要求和规定？

3．火电厂大气污染物排放标准对火电厂在监测烟尘 SO_2、NO_x 上有什么规定？

4．燃油、燃气发电锅炉应执行什么样的大气污染物排放标准？

第四章　环境监测实习

环境监测课程是环境科学、环境工程、农业资源与环境专业重要的专业课，环境监测技术是重要的实践性教学环节之一，是学生获得实践性知识、强化监测技能的重要途径。通过实习，对环境监测实验室的工作和监测工作的一般程序有深刻的了解。理论联系实际，巩固和深入理解已学的理论知识，增强对环境监测工作的感性认识。训练学生独立完成一项模拟或实际监测任务的能力，使学生学会合理地选择和确定某监测任务中所需监测的项目，准确选择样品预处理方法及分析监测方法，科学地处理监测数据，提高对各项目监测结果的综合分析和评价能力。让学生通过亲身参加环境监测实践，培养分析问题和解决问题的独立工作能力，为将来参加工作打下基础。

环境监测技术实习将水质监测、空气监测、土壤监测和噪声监测作为主要实习内容。另外在实习中注重监测分析基本技能的训练和提高，学习掌握环境监测新技术的应用。

实习一　水质监测

一、目的

通过实习，要求学生掌握河流监测方案的制订，采样点的布设方法，水样采集器的正确使用方法和水样保存的基本要求；物理指标、无机化合物、COD、BOD_5的监测方法。

二、原理

（一）水样的采集

1. 保证样品的代表性

为了真实地反映水体的质量，除了用精密仪器和准确的分析技术之外，还要特别注意水样的采集和保存。采集的样品要代表水体的质量。除需现场测定的样品外，带回实验室的样品在测试前需妥善保存，以确保样品在保存期内不发生明显的变化，从而保证样品的代表性。

2. 采样的一般过程

主要包括：现场勘察（测），采样断面的设置，采样点的布置，样品的现场采集，样品的保存，样品的运输和存放。

（二）水样物理性质的检验

1. 水温

水温计法：水温计是安装于金属半圆槽壳内的水银温度表，下端连接一金属贮水杯，温度表水银球部悬于杯中，其顶端的槽壳带一圆环，拴以一定长度的绳子。测温范围通常为6～41℃，最小分度为0.2℃。

2. 颜色

纯水为无色透明。清洁水在水层浅时应为无色，深层为浅蓝色。水的颜色可区分为“真色”和“表色”两种。真色指去除浊度后水的颜色。表色是没有去除悬浮物的水所具有的颜色，包括溶解性物质及非溶解性悬浮物所产生的颜色。对于清洁的或浊度很低的水，水的真色和表色相近。

有色废水常给人以不愉快感，排入环境后又使天然水着色，减弱水体的透光性，影响水生生物的生长。纺织、印染、造纸、食品、有机合成工业的废水中，所含的大量染料、生物色素和有色悬浮微料等是使环境水体着色的主要污染源。

3. 臭

嗅觉是由物质的气态分子在鼻孔中的刺激所引起的。人体嗅觉细胞受刺激产生臭的感受是化学刺激。水中产生臭的一些有机物和无机物，主要是由于生活污水或工业废水污染、天然物质分解或细菌活动的结果。臭是检验原水和处理水质的必测项目之一。检验臭对评价水处理效果也有意义，并可作为追查污染源的一种手段，嗅觉感受程度因人而异。

4. 浊度

浊度是由于水中含有泥沙、黏土、有机物、无机物、浮游生物和微生物等悬浮物质所造成的，可使光散射或吸收。天然水经过混凝、沉淀和过滤等处理，使水变得清澈。

5. 透明度

透明度是指水样的澄清程度，洁净的水是透明的，水中存在悬浮物和胶体时，透明度便降低。透明度与浊度相反，水中悬浮物越多，其透明度就越低。

（三）水样的 pH 值测定

pH 值是溶液中氢离子活度的负对数，pH 值是最常用的水质指标之一。天然水的 pH 值多为 6～9，饮用水 pH 值要求为 6.5～8.5，某些工业用水的 pH 值必须保持在 7.0～8.5。以玻璃电极为指示电极，饱和甘汞电极为参比电极，并将二者与被测溶液组成原电池，以已知 pH 值的溶液作标准进行校准，用 pH 计直接测出被测溶液 pH 值。为了提高测定的准确度，校准仪器时选用的标准缓冲溶液的 pH 值应与水样的 pH 值接近。

（四）水样中无机化合物的测定

1. 有害金属的危害

水体中的金属有些是人体健康必需的常量元素和微量元素，有些是有害于人体健康的（超过一定量时），如汞、镉、铬、铅、铜、锌、镍、砷等。受“三废”污染的地面水和工业污水中有害金属化合物的含量较大，危害更强。有害金属侵入人体后，将会使某些酶失去活性而出现不同程度的中毒症状。且毒性大小与金属种类、理化性质、浓度及存在的价态和形态有关。

2. 汞及其化合物的危害、污染来源

汞（Hg）及其化合物属于剧毒物质，可在体内蓄积，水体中的无机汞可转变为有机汞，有机汞的毒性更大。有机汞通过食物链进入人体，引起全身中毒。天然水中含汞极少，一般不超过 0.1 μg/L，我国饮用水标准限值为 0.001 mg/L。

仪表厂、食盐电解、贵金属冶炼、军工等工业废水中的汞是水体中汞污染的来源。

3. 铬及其化合物危害、污染来源

铬是生物体所必需的微量元素之一。铬的毒性与其存在的价态有关，一般认为六价铬的毒性比三价铬的毒性大 100 倍。六价铬易被人体吸收、富集。但是，对鱼类而言，三价铬的毒性比六价铬的大。

当水体中六价铬浓度为 1 mg/L 时，水呈淡黄色并有涩味，三价铬浓度为 1 mg/L 时，水的浊度明显增加。陆地天然水中一般不含铬，海水中铬的平均浓度为 0.05 μg/L。

铬化合物常有三价和六价两种，在水体中六价铬一般以 CrO_4^{2-}、$HCr_2O_7^-$、

$Cr_2O_7^{2-}$ 三种阴离子形式存在，受水体pH值、温度、氧化还原物质、有机物等因素的影响，三价铬与六价铬可以互相转化。

铬的工业污染源主要来自铬矿加工、金属表面处理、皮革鞣制、印染、照相材料等行业的废水。铬是水质污染控制的一项重要指标。

4．砷及其化合物的危害、污染来源

元素砷毒性极低，而砷的化合物均有剧毒，三价砷化合物（如 As_2O_3）比其他砷化物毒性更强。砷化物容易在人体内积累，造成急性或慢性中毒。砷通过呼吸道、消化道和皮肤接触进入人体，多在人体毛发、指甲中蓄积。砷还有致癌作用，引起皮肤癌。一般情况下，土壤、水、空气、植物和人体都含有微量砷，对人体不会构成危害。

砷的污染主要来源于采矿、冶金、化工、化学制药、农药生产、纺织、玻璃、制革等部门的工业污水。

5．氟及其化合物的危害、污染来源

氟是人体必需的微量元素之一，缺氟易患龋齿病。饮用水中氟的适宜浓度为0.5～1.0mg/L（F^-）。当长期饮用含氟量高于1.5mg/L的水时，则易患斑齿病。如水中含氟高于4mg/L时，则可导致氟骨病。

氟化物广泛存在于天然水中。有色冶金、钢铁和铝加工、玻璃、磷肥、电镀、陶瓷、农药等行业排放的污水和含氟矿物污水是氟化物的人为污染源。

（五）化学需氧量（COD_{Cr}）的测定

1．化学需氧量（COD）

COD是指在一定条件下，用强氧化剂处理水样时所消耗氧化剂的量，以氧的mg/L来表示。化学需氧量反映了水中受还原性物质污染的程度。水中还原性物质包括有机物、亚硝酸盐、亚铁盐、硫化物等。由于强氧化剂除了氧化水样中有机物外，还能氧化还原性物质，因此，COD只能作为测定有机物的相对指标。同时水样的COD值受到氧化剂种类、浓度、反应溶液体系的酸度、反应温度和时间、加试剂的顺序、催化剂等条件影响，因此，COD是一个条件性很强的水质指标，必须严格遵守操作程序进行质量控制，才能获得可靠的结果。对工业废水中的COD，我国现行规定用重铬酸钾法测定。

2．COD_{Cr}法适用条件

（1）适用范围。以0.25mg/L浓度的 $K_2Cr_2O_7$ 溶液作为氧化剂，可测定水样中大于50mg/L的COD值，若用0.025mg/L浓度的 $K_2Cr_2O_7$ 溶液，可测定5～50mg/L的COD值，但准确度较差。

（2）干扰因素及排除方法。主要干扰物是氯离子。氯离子既能被 $K_2Cr_2O_7$ 氧化，又能与 Ag_2SO_4 反应生成沉淀，影响测定结果，在回流前向水样中加入 $HgSO_4$ 形成含氯的络合物以除去干扰。实验证明，0.4 g $HgSO_4$ 可消除 40 mg 氯离子干扰，当水样中 Cl^-浓度大于 200 mg/L 时，应将样品定量稀释，使 Cl^-浓度小于 200 mg/L。

（六）五日生化需氧量（BOD_5）的测定

1．有机物大量进入水体后的危害

生活污水与工业污水中含有大量各类有机物，当这些物质污染（进水）水体后，有机物在水体中被微生物分解时要消耗大量溶解氧，从而破坏水体中氧的平衡，使水质恶化。水体因缺氧造成鱼类及其他水生生物的死亡，使水体发臭。

2．五日生化需氧量

水体中所含的有机物成分复杂，难以一一测定其成分。人们常常利用水中有机物在一定条件下所消耗的氧，来间接表示水体中有机物的含量，生化需氧量就属于这类的一个重要指标。

生化需氧量是指在规定条件下，微生物分解存在于水中的某些可氧化物质，特别是有机物所进行的生物化学过程中消耗溶解氧的量。目前国内外普遍规定于（20±1）℃培养 5 d，分别测定样品培养前后的溶解氧，两者之差即为五日生化需氧量（BOD_5值），以氧的质量浓度（mg/L）表示。

（七）水中含氮化合物的测定

1．水体中氨氮（NH_3-N）的来源及危害

水体中氨氮（NH_3-N）以游离氨（NH_3）或铵盐（NH_4^+）形式存在于水中，两者的组成比取决于水体的 pH 值。当 pH 值偏高时，游离氨的比例较高；pH 值偏低时，铵盐的比例较高。

水中氨氮的主要来源为生活污水中含氮有机物被微生物分解的产物，工业污水中的焦化废水和合成氨化肥厂废水，以及农田排水。此外，厌氧状态下，水中存在的亚硝酸盐被微生物还原为氨，在有氧状态下，水中氨也可转为亚硝酸盐，甚至转化为硝酸盐。

氨氮含量较高时，对鱼类可呈现毒害作用，可产生富营养化。

2．水体中硝酸盐氮（NO_3^--N）的来源及危害

硝酸盐是在有氧环境中最稳定的含氮化合物，也是含氮有机化合物经无机化作用最终阶段的分解产物。制革、酸洗废水、某些生化处理设施的出水及农田排水中常含大量硝酸盐。清洁的地面水中硝酸盐氮（NO_3^--N）含量较低，受污染水体和一些深层地下水中 NO_3^--N 含量较高。硝酸盐在无氧环境中，可受微生物的作用而还原为亚硝酸盐，亚硝酸盐也可经氧化而生成硝酸盐。人体摄入硝酸盐后，

经肠道中微生物作用转变成亚硝酸盐而呈现毒性作用。

三、实习地介绍

盘龙江是滇池流域最主要的一条河流，从北到南流经昆明的主要水源地——松华坝水库，以及昆明整个主城区，对滇池水环境的影响起着非常重要的作用。盘龙江的主源为牧羊河（又称小河）发源于嵩明县境内的梁王山北麓葛勒山的喳啦箐，由黄石岩南流入官渡区小河乡，长 54 km，径流面积 373 km^2，最大过水流量 122 km^3/s，源头高程 2 600 m；支源绍甸河（又称冷水河），源头在龙马箐，穿白邑坝子，过甸尾峡谷经芝家坟南入官渡区小河乡，长 29.4 km，径流面积 149.5 km^2，最大过水流量 67.2 km^3/s。两河在小河乡岔河嘴汇为一水后，始称盘龙江。盘龙江东流穿蟠龙桥、三家村至松华坝水库，出库后经上坝、中坝、雨树村、落索坡、浪口、北仓等村，穿霖雨桥，经金刀营、张家营等村进入昆明市区，过通济、敷润、南太、宝尚、得胜、双龙桥至螺狮湾村出市区，经官渡区南窑川南坝走陈家营、张家庙、严家村、梁家村、金家村至洪家村流入滇池。从其主源到滇池全长 95.3 km，径流面积 903 km^2，多年平均年径流量 3.57 亿 m^3，河道流域高程为 1 890～2 280 m，径流面积最宽处为 23 km，最窄处为 7.3 km。

四、实习内容

（一）水样的采集

主要包括收集监测区域的基础资料，河流监测断面的布设，监测断面上采样垂线和采样点的确定，采样器、容器的选择和准备，采样方法的确定及注意事项，水样的保存与管理。

（二）水样物理性质的检验

主要包括水温、颜色、臭、浊度、透明度的测定。

（三）水样的 pH 值测定

（四）水样中无机化合物的测定

主要包括汞、铬（Cr^{6+}）、砷、氟的测定。

（五）化学需氧量（COD_{Cr}）的测定

（六）五日生化需氧量（BOD_5）的测定

（七）水中含氮化合物的测定

主要包括氨氮（NH_3-N）、硝酸盐氮（NO_3^--N）、总氮的测定。

五、方法

（一）水样的采集

1．基础资料的收集

（1）水体的水文、气候、地质和地貌资料。如水位、水量、流速及流向的变化；降雨量、蒸发量及历史上的水情；河流的宽度、深度、河床结构及地质状况；湖泊沉积物的特性、间温层分布和等深线等。

（2）水体沿岸城市分布、工业布局、污染源及其排污情况、城市给排水情况等。

（3）水体沿岸的资源现状和水资源的用途；饮用水水源分布和重点水源保护区；水体流域土地功能及近期使用计划等。

（4）历年水质监测资料。

2．河流水样的采集

要取得有代表性的水样，需要确定监测断面及采样时间和频次。

（1）采样断面的布设。

①城市或工业区河段，应布设对照断面、控制断面和削减断面。

②污染严重的河段可根据排污口分布及排污状况，设置若干控制断面，控制的排污量不得小于本河段总量的 80%。

③本河段内有较大支流汇入时，应在汇合点支流上游处及充分混合后的干流下游处布设断面。

④水质稳定或污染源对水体无明显影响的河段，可只布设一个控制断面。

⑤河流或水系背景断面可设置在上游接近河流源头处，或未受人类活动明显影响的河段。

⑥供水水源地、水生生物保护区以及水源型地方病发病区、水土流失严重区应设置断面。

⑦城市主要供水水源地上游 1 000 m 处应设置断面。

⑧国际河流出入国际线的出入口处。

⑨尽可能与水文测量断面重合。

（2）确定采样垂线和采样点。

①河流采样垂线布设方法与要求。河流（潮汐河段）采样垂线的布设见表4-1。

表4-1 监测断面采样垂线的布设

水面宽	垂线设置
水面宽≤50 m	设一条中泓垂线
水面宽50～100 m	左、右近岸有明显水流处各设一条垂线
水面宽＞100 m	设一条中泓垂线，以及左、右近岸有明显水流处各设一条垂线

②河流的采样点布设要求。河流采样垂线上采样点布设应符合表4-2规定，特殊情况可按河流水深和待测物分布均匀程度确定。水体封冻时，采样点应布设在冰下水深0.5 m处；水深小于0.5m时，在1/2水深处采样。

表4-2 垂线上采样点的设置

水深	垂线上的采样点
水深≤5 m	水面下0.5 m设一个点
水深5～10 m	水面下0.5 m处和河底以上约0.5 m处设一个点
水深＞10 m	水面下0.5 m处和河底以上约0.5 m处，河深1/2处设一个点

（3）采样容器。采样容器应由惰性物质制成，抗破裂、清洗方便、密封性和开启性均好，以保证样品免受吸附、蒸发和外来物质的污染。

①测定有机及生物项目应选用硬质（硼硅）玻璃容器。

②测定金属、放射性及其他无机项目可选用高密度聚乙烯或硬质（硼硅）玻璃容器。

③测定溶解氧及COD应使用专用贮样容器。

④容器在使用前应根据监测项目和分析方法的要求，采用相应的洗涤方法洗涤。

（4）采样器的准备。根据当地实际情况，可选用以下类型的水质采样器。

①直立式采样器。适用于水流平缓的河流、湖泊、水库的水样采集。

②横式采样器。用于山区水深流急的河流水样采集。

③有机玻璃采样器。主要用于水生生物样品的采集，也适用于除细菌指标与油类以外水质样品的采集。

采样器在使用前，应先用洗涤剂洗去油污，用自来水冲净，再用10%盐酸洗刷，自来水冲净后备用。

（5）采样方法和注意事项。

①采样方法。

a. 水样一般采集瞬时样。

b. 水下采样一般采用直立式采样器或有机玻璃采样器。

②采样时应注意以下事项。

a. 水样采集量根据监测项目及采用的分析方法所需水样量及备用量而定。

b. 采样时，采样器口部应面对水流方向。用船只采样时，船首应逆向水流，采样在船舷前部逆流进行，以避免船只污染水样。

c. 除细菌、油等测定用水样外，容器在装入水样前，应先用该采样点水样冲洗 3 次。

d. 测定溶解氧与 BOD_5 的水样采集时应避免曝气，水样应充满容器，避免接触空气。

（6）现场测定。地表水现场测试项目有：pH 值、色度、水温、浊度、透明度、电导率和溶解氧。

（7）水样的保存。水样的保存方法主要有冷藏法和化学法。为防止水样中的金属元素在保存期间发生变化，可以加入酸或碱调节溶液的 pH 值。

①加入生物抑制剂。如在测定氨氮、硝酸盐氮、化学需氧量的水样中加 $HgCl_2$，可抑制生物的氧化还原作用，对测定酚的水样，用 H_3PO_4 调至 pH 值为 4 时，加入适量 $CuSO_4$，即可抑制苯酚菌的分解活动。

②调节 pH 值。测定金属离子的水样常用 HNO_3 酸化至 pH 值为 1～2，既可防止重金属离子水解沉淀，又可避免金属被器壁吸附；测定氰化物或挥发性酚的水样加入 NaOH 调 pH 值为 12 时，使之生成稳定的酚盐等。

③加入氧化剂或还原剂。例如，测定汞的水样需加入 HNO_3（至 $pH<1$）和 $K_2Cr_2O_7$（0.05%），使汞保持高价态。测定硫化物的水样，加入抗坏血酸，可以防止被氧化。测定溶解氧的水样则需加入少量硫酸锰和碘化钾固定溶解氧（还原）等。

保存剂可以在实验室预先按所需量加入已洗净干燥的水样容器中，也可以在采样后加入水样。为避免保存剂在现场被沾污，最好在实验室预先加入容器中，但化学性质不稳定的不要预先加入。

3. 样品的管理

对采集到的每一个水样都要做好记录，并在每一个瓶子做上相应的标记。要记录足够的资料为日后水样鉴别提供详细依据，同时记述水样采集者的姓名、气候条件等。在现场观测时，现场测量值及备注等资料可直接记录在记录表格上。各种水样采集现场记录格式见表 4-4。

装有样品的容器必须妥善保护和密封。在输送中除应防震、避免日光照射和低温运输外，还要防止新的污染物进入容器和沾污瓶口。在转交样品时，转交人和接受人都必须清点和检查，并注明时间，要在记录卡上签字。样品送至实验室时，首先要核对样品，验明标志，准确无误时签写验收。

样品验收后，如果不能立即进行分析，则应妥当保存，防止样品组分的挥发或发生变化，以及被污染的可能性。

（二）水样物理性质的检验

1．水温

温度为现场观测项目之一，常用的测量仪器有水温计。用水温计测量水温时，注意读取温度值时，一定要迅速。必要时可重复测量。水温表应定期校核。测量时将水温计插入一定深度的水中，放置5 min后，迅速提出水面并读数。

2．颜色

（1）方法的选择。测定较清洁的、带有黄色色调的天然水和饮用水的色度，用铂钴标准比色法，以度数表示结果。此法操作简便，标准色列的色度稳定，易保存。对受工业污水污染的地面水和工业污水，可用文字描述颜色的种类和深浅程度，并以稀释倍数法测定色的强度。

（2）样品的采集与保存。所取水样应为无树叶、枯枝等杂物。将水样盛于清洁、无色的玻璃瓶内，尽快测定。否则应在4℃条件下冷藏保存，在48 h内测定。

（3）铂钴标准比色法。溶液色度为500度的铂钴标准溶液应保存在密闭玻璃瓶中，存放在暗处。水样浑浊时，可离心澄清或0.45 μm 滤膜过滤澄清，但不能用滤纸。如果样品中有泥土或其他分散很细的悬浮物，虽然预处理也得不到透明水样时，则只测表色。

（4）稀释倍数法。当用描述法说明工业废水的颜色时，用深蓝色、棕黄色、暗黑色等文字描述。若定量说明工业废水，需按一定的稀释倍数，用水稀释到接近无色时，记录稀释倍数，以此表示该水样的色度。当测定水样的真色时，应用离心法去除悬浮物后测定；测水样的表色时，待水样中大颗粒悬浮物沉降后，取上清液测定。

3．臭

水样应采集在具塞玻璃瓶中，并尽快分析。如需要保存水样，则至少采集500 mL于玻璃瓶并充满瓶口，冷藏，并确保冷藏时不得有外来气味进入水中。不能用塑料容器盛水样。

（1）测定方法选择。测定臭有两种常用方法，即文字描述法和臭阈值法。

（2）测定方法及注意事项。

①方法。监测人员依靠自己的嗅觉，在20℃和煮沸后稍冷闻其臭，用适当的词句描述臭特性，并按六个等级报告臭强度（表4-3）。

表4-3 臭强度等级

等 级	强 度	说 明
0	无	无任何气味
1	微弱	一般人难以察觉，嗅觉灵敏者可以察觉
2	弱	一般人刚能察觉
3	明显	已能明显察觉
4	强	有显著的臭味
5	很强	有强烈的恶臭或异味

②注意事项。臭检测法是根据人的嗅觉感受程度描述的，因此，所得结论将因人而异。同时，无臭水的制作一定要严格按监测规范中的要求进行。市售蒸馏水、去离子水不能直接用做无臭水，因其有特殊的气味。

4．浊度

测定水样浊度可用分光光度法和目视比浊法。样品收集于具塞玻璃瓶内，取样后应尽快测定。如需保存，可在 4℃冷暗处保存 24h，测试前要激烈振摇水样并恢复到室温。

（1）分光光度法。器皿应清洁，水中无溶解的空气气泡，水样应无碎屑及易沉的颗粒。浊度标准贮备液配制时一定要在（25±3）℃下反应 24 h。标准浊度贮备液的浊度为400度，可保存一个月。

无浊度水：将蒸馏水通过 0.2 μm 滤膜过滤，收集于用蒸馏水淋洗 2 次的烧瓶中。

（2）目视比浊法。浊度标准液制备时一定要严格控制配制条件，按标准分析方法规定的操作步骤进行。当水样超过100度时，应稀释后测定。

5．透明度

透明度的测定一般有 3 种方法，根据所拥有的设备情况，选择其中一种测定方法测定。测定方法分别为：铅字法、塞氏盘法、十字法。

（1）铅字法测定。本检验的主观影响较大，要求在照明等条件一致的情况下取多次或数人测定结果的平均值。操作中，将振荡均匀的水样倒入透明度计筒内时要快，观察时若需放出水样则应缓慢放出，直到刚好能辨认出符号为止。记录此时水柱高度的厘米数，估计至 0.5 cm。

（2）塞氏盘法。透明度盘的颜色应鲜艳（黑白分明）。现场测量时，应背光将盘平放入水中，逐渐下沉，至恰恰不能看见盘面的白色时，记取其尺度，就是透明度度数，以 cm 为单位。

（3）十字法。此法为现场测量，放水测定时放水速度要慢。取透明度计，将其底部白瓷片（白瓷片上具有标准十字图标）用洁净的纱布擦净，将振荡均匀的水样倒入筒内，从上垂直向下看，直至黑色十字完全消失为止。除去水中空气泡后，慢慢地放出入水，直到明显地看到“十”字，而“4 个黑点”尚未见到为止。记录此时水柱高度。水柱高度在 1 m 以上的水样即算透明。

（三）水样的 pH 值测定

1. 准备

（1）蒸馏水。所用蒸馏水为新煮沸的无二氧化碳、pH 值为 6～7 的蒸馏水。

（2）标准 pH 溶液。用购买的袋装 pH 试剂稀释配制或自行配制。

（3）仪器校准。

①正确调整温度补偿值。将水样与标准溶解调到同一温度，记录测定温度，将仪器温度补偿旋钮调至该温度处。

②溶液的 pH 值与测量值误差不得大于 0.1 个 pH。

③玻璃电极在使用前应在蒸馏水中浸泡 24 h 以上。用毕，冲洗干净，浸泡在水中。

④测定时，玻璃电极的球泡应全部浸入溶液中，使它稍高于甘汞电极的陶瓷芯端，以免搅拌时碰破。

⑤玻璃电极的内电极与球泡之间以及甘汞电极的内电极与陶瓷芯之间不可存在气泡，以防断路。

⑥甘汞电极的饱和氯化钾液面必须高于汞体，并应有适量氯化钾晶体存在，以保证氯化钾溶液的饱和。使用前必须先拔掉上孔胶塞。

⑦玻璃电极球泡受污染时，可用稀盐酸溶解无机盐结垢，用丙酮除去油污（但不能用无水乙醇）。按上述方法处理的电极应在水中浸泡一昼夜再使用。

⑧选用与水样 pH 值相差不超过 2 个 pH 单位的标准溶液校准仪器。

2. 水样测定

每次测定时电极必须清洗干净并不附着水珠。将电极浸入水样中，小心搅拌，待读数稳定后记录 pH 值。为防止空气中二氧化碳溶入或水样中二氧化碳逸失，测定前不宜提前打开水样瓶塞。

（四）水样中无机化合物的测定

1. 汞的测定

测定方法的选择：常用的方法有原子荧光光度法、氢化物发生-原子吸收分光光度法、冷原子吸收分光光度法。现选择冷原子吸收分光光度法。

测定要点：

（1）水样预处理：在硫酸-硝酸介质中，加入高锰酸钾和过硫酸钾溶液，于近沸或煮沸条件下消解水样，过剩的氧化剂用盐酸羟胺溶液还原。

（2）空白试样的制备：用蒸馏水代替水样，按照水样制备步骤制备空白试样。

（3）绘制标准曲线：按照水样介质条件，配制系列汞标液，分别吸取适量注入还原瓶内，加入氯化亚锡溶液，迅速通入载气，记录指示表最高读数或记录仪的峰高。用同法测定空白试样。用扣除空白值的各测量值为纵坐标，相应标准溶液浓度为横坐标，绘制标准曲线。

（4）水样的测定：取适量处理好的水样于还原瓶中，按照测定标准溶液的方法测其最高读数或峰高，从标准曲线上查得汞的浓度，再乘以稀释倍数，即得水样汞的浓度。

2．铬（Cr^{6+}）的测定

（1）测定方法的选择。铬（Cr^{6+}）的测定可采用二苯碳酰二肼分光光度法、原子吸收分光光度法。分光光度法是标准方法。

（2）样品保存。水样应用瓶壁光洁的玻璃瓶采集。水样采集后，加入氢氧化钠调节 pH 值约为 8。所采水样应尽快测定，如放置，不得超过 24 h。

（3）二苯碳酰二肼分光光度法。在酸性溶液中，六价铬与二苯碳酰二肼反应，生成紫红色化合物，其最强吸收波长为 540 nm，摩尔吸光系数为 4×10^4。本方法适用于地面水和工业废水中六价铬的测定。检测范围 0.004～1.000 mg/L。

3．砷的测定

（1）测定方法选择。测定砷的两个比色法，其原理相同，具有类似的选择性。但新银盐分光光度法测定快速、灵敏度高，适合于水和废水中砷的测定，特别是天然水样，是值得选用的方法。而二乙氨基二硫代甲酸银（Ag·DDC）光度法是一种经典方法，适合分析水和废水。

（2）Ag·DDC 光度法。锌与酸作用，产生新生态氢。在碘化钾和包化亚锡存在下，使五价砷还原为三价，三价砷被新生态氢还原成气态砷化氢（胂）。用二乙氨基二硫代甲酸银-三乙醇胺的三氯甲烷溶液吸收胂，生成红色胶体银，在波长 510 nm 处，测吸收液的吸光度。

（3）样品保存及预处理。样品采集后，用硫酸将样品酸化至 pH<2 保存。清洁的地下水、地表水，可直接取样进行测定，否则样品应进行预处理。

（4）方法的适用范围。本方法可适用测定水和废水中的砷。方法测定范围为 0.007～0.500 mg/L。

（5）干扰的消除。

①铬、钴、铜、镍、汞、银或铂的浓度高达 5 mg/L 时也不干扰测定，只有锑和铋能生成氢化物，与吸收液作用生成红色胶体银干扰测定。按本方法加入氯化亚锡和碘化钾，可抑制 300 μg 锑盐的干扰。

②硫化物对测定有干扰，可通过乙酸铅棉去除。除硫化物的乙酸铅棉若稍有变黑，应立即更换。

③硝酸浓度为 0.01 mol/L 以上时有负干扰，故不适合作保存剂。若试样中有硝酸，分析前要加硫酸，再加热至冒白烟予以去除。

④锌粒的规格（粒度）对砷化氢的发生有影响，表面粗糙的锌粒还原效率高，规格以 10～20 目的为宜。粒度大或表面光滑者，虽可适当增加用量或延长反应时间，但测定的重复性较差。

⑤吸收液柱高应保持 8～10 cm，导气管毛细管口直径以不大于 1 mm 为宜。因吸收液中的氯仿沸点较低，在吸收胂的过程中可挥发损失，影响胂的吸收，当室温较高时，建议将吸收管降温，并不断补加氯仿于吸收管中，使之尽可能保持一定高度的液层。

⑥夏天高温季节，还原反应激烈，可适当减少浓硫酸的用量，或将砷化氢发生瓶放入冷水浴中，使反应缓和。

⑦在加酸消解破坏有机物的过程中，勿使溶液变黑，否则胂可能有损失。

⑧吸收液以吡啶为溶剂时，反应物的最大吸收峰为 530 nm，但以氯仿为溶剂时，反应物的最大吸收峰则为 510 nm。

⑨测定过程的显色反应过程应全部在通风柜中进行，并且要严格检查砷化氢发生器的气密性。

4．氟的测定

（1）测定方法的选择。水中氟化物的测定方法主要有：氟离子选择电极法，氟试剂比色法，茜素磺酸锆比色法和硝酸钍滴定法及离子色谱法。电极法选择性好，适用范围宽，水样浑浊、有颜色均可测定，测量范围为 0.05～1900 mg/L。比色法适用于含氟较低的样品，氟试剂法可以测定 0.05～1.8 mg/L（F^-）。茜素磺酸锆目视比色法可以测定 0.1～2.5 mg/L（F^-），由于是目视比色，误差比较大。氟化物含量大于 5 mg/L 时可以用硝酸钍滴定法。对于污染严重的生活污水和工业污水，以及含氟硼酸盐的水样均要进行预蒸馏（预蒸馏法有水蒸气馏法和直接蒸馏法）。

（2）测定方法：氟离子选择电极法。

（3）水样的采集和保存。本方法适用水和污水中氟的测定。水样有颜色、浑浊不影响测定。温度影响电极的电位和电离平衡，须使试液和标准溶液的温度相同，并注意调节仪器的温度补偿装置使之与溶液的温度一致。每次要检查电极的实际斜率。所用水为去离子水或无氟蒸馏水。方法的测定范围为 0.05～1 900 mg/L

的 F^-。

（4）干扰的消除。

①本法测定的是游离的氟离子浓度，某些高价阳离子（例如三价铁、铝和四价硅）及氢离子能与氟离子络合而有干扰，所产生的干扰程度取决于络合离子的种类和浓度、氟化物的浓度及溶液的 pH 值等。在碱性溶液中氢氧根离子的浓度大于氟离子浓度的 1/10 时影响测定。测定溶液的 pH 值为 5～8。

②氟电极对氟硼酸盐离子（BF_4^-）不响应，如果水样含有氟硼酸盐或者污染严重，应预先进行蒸馏。

③通常，加入总离子强度调节剂以保持溶液的总离子强度，并络合干扰离子，保持溶液适当的 pH 值，就可以直接进行测定。

④电极用后应用水充分冲洗干净，并用滤纸吸去水分，放在空气中或者放在稀的氟化物标准溶液中。如果短时间不再使用，应洗净，吸去水分，套上保护电极敏感部位的保护帽。电极使用前仍应洗净，并吸去水分。

⑤根据测定所得的电位值，可从标准曲线上查得相应的氟离子浓度（mg/L）。也可用标准加入法的计算式求得。

⑥测定结果可以用氟离子（mg/L）表示，也可以用其他认为方便的方法表示。

（五）化学需氧量（COD_{Cr}）的测定

1．COD_{Cr} 法

在强酸性溶液中，一定量的重铬酸钾氧化水样中还原性物质，过量的重铬酸钾以硫酸亚铁铵作为指示剂，用硫酸亚铁铵溶液回滴（硫酸亚铁铵临用前，用重铬酸钾标准溶液标定）。根据重铬酸钾用量计算出水样的 COD_{Cr} 值，以氧（mg/L）表示。

2．注意事项

（1）加入硫酸汞的量应保持水样中硫酸汞∶氯离子=10∶1（*W*/*W*）。

（2）对于化学需氧量小于 50 mol/L 应用 0.0250 mol/L 重铬酸钾标准溶液的溶液，回滴时用 0.01 mol/L 硫酸亚铁铵标准溶液。

（3）水样加热回流后，溶液中重铬酸钾剩余量应为加入量为宜。

（4）COD_{Cr} 的测定结果应保留三位有效数字。

（5）每次实验时，应对硫酸亚铁铵标准滴定溶液进行标定，室温较高时应注意其浓度变化。

（六）五日生化需氧量（BOD_5）的测定

1．稀释倍数法测定

将待测水样适当处理后，在（20±1）℃有氧条件下培养 5 d，测定出培养前后水样中的溶解氧值，其溶解氧的差值即为 BOD_5 的值，以氧（mg/L）表示。

2．溶解氧、微生物的控制

待测水样中溶解氧，微生物种类、数量的控制。

（1）水样经培养后所消耗的溶解氧大于 2 mg/L，而剩余溶解氧在 1 mg/L 以上。当有机物含量较多时，要稀释后测定和培养测定。

（2）当水样中不含微生物时，应进行接种，引入能分解废水中有机物的微生物。必要时，（如有毒、难分解）要引入驯化后的微生物种。

3．测定范围

本方法适用于测定 BOD_5 大于或等于 2 mg/L，最大不超过 6 000 mg/L 的水样。当水样 BOD_5 大于 6 000 mg/L，会因稀释带来一定的误差。

4．BOD_5 测定时干扰物质的消除

（1）水中有机物的生物氧化过程，可分为两个阶段。第一阶段为有机物中的碳和氢氧化生成二氧化碳和水，此阶段称为碳化阶段。完成碳化阶段在 20℃大约需 20 d。第二阶段为含氮物质及部分氨氧化为亚硝酸盐及硝酸盐，称为硝化阶段。完成硝化阶段在 20℃时约需要 100 d。因此，一般测定水样 BOD_5 时，硝化作用很不显著或根本不发生硝化作用。对于这样的水样，如果只需要测定有机物降解的需氧量，可以加入硝化抑制剂，抑制硝化过程。

（2）在两个或三个稀释比的样品中，凡消耗溶解氧大于 2 mg/L 和剩余溶解氧大于 1 mg/L 时，计算结果时，应取其平均值。若剩余的溶解氧小于 1 mg/L，甚至为零时，应加大稀释比。溶解氧消耗量小于 2 mg/L，有两种可能，一种是稀释倍数过大；另一个可能是微生物菌种不适应，活性差，或含毒物质浓度过大。这时可能出现在几个稀释比中，稀释倍数大的消耗溶解氧反而较多的现象。

（3）稀释水。稀释水的准备力求每批次的水是同次处理的。水温控制在 20℃左右，所用曝气压缩机为无油空压机。空气经活性炭和水洗涤要充分，同时曝氧要充分以保证水中 DO 值达到 8 mg/L 左右。

（4）接种水、接种稀释水。用城市污水、表层土壤浸出液，或用含城市污水的河水、湖水，或污水处理厂的出水，或分析含有难以降解物质的废水时，在其排污口下游 3～8 km 处取水样作为废水的驯化接种液的接种水时，应考虑季节、气温对微生物的影响而造成的对接种水质量的影响，以及所需的驯化时间调整。同时每升稀释水中接种液的加入量也应调整。接种稀释水配制后立即使用。

（5）为检查稀释水和接种液的质量，以及化验人员的操作水平，可将 20 mL 葡萄糖-谷氨酸标准溶液用接种稀释水稀释至 1 000 mL，按测定 BOD_5 的步骤操作。测得的 BOD_5 应为 180～230 mg/L。否则应检查接种液、稀释水的质量或操作技术是否存在问题。

(6) 水样稀释倍数超过 100 倍时，应预先在容量瓶中用水初步稀释后，再取适量进行最后稀释培养。

(七) 水中含氮化合物的测定

1. 水体中氨氮（NH_3-N）的测定

(1) 测定方法的选择及样品保存。氨氮的测定方法，通常有纳氏试剂比色法、水杨酸-次氯酸盐比色法和电极法等。纳氏试剂比色法具有操作简便、灵敏等特点。水中钙、镁和铁等金属离子，硫化物，醛和酮类，颜色以及浑浊等均干扰测定，需作相应的预处理。水杨酸-次氯酸盐比色法具有灵敏、稳定等优点，干扰情况和消除方法同纳氏试剂比色法。电极法通常不需要对水样进行预处理和测量范围宽等优点。氨氮含量较高时，可采用蒸馏-酸滴定法。

水样采集在聚乙烯瓶或玻璃瓶内，并应尽快分析，必要时可加硫酸将水样酸化至 pH$<$2，于 2～5℃下存放。酸化样品应注意防止吸收空气中的氨而导致污染。

(2) 样品的预处理。因水样带色或浑浊以及含其他一些干扰物质，将影响氨氮的测定。故在测定水样中的氨氮时，需将水样作适当处理。预处理方法有絮凝沉淀法和蒸馏法两种。

①蒸馏水。水样稀释及试剂配制所用蒸馏水均为无氨蒸馏水。

②絮凝沉淀法。适合于较清洁的水样。

③蒸馏法。适合于污染严重的水样或工业废水样。在水样蒸馏时，应避免发生暴沸，否则馏出液温度过高，氨吸收不完全（挥发）。应防止蒸馏时产生泡沫。若水样中含有余氯，则按 0.35%硫代硫酸钠 0.5 mL 去除 0.25 mg 氯的比例加入。

(3) 纳氏试剂比色法测定水体中的氨氮（NH_3-N）。

①测定原理。碘化汞和碘化钾的碱性溶液与氨反应生成淡红棕色胶态化合物，此颜色在较宽的波长范围内具有强烈吸收。通常测量用波长为 410～425 nm。

②方法的适用范围及干扰消除。脂肪胺、芳香胺、醛类和有机氯胺类等有机化合物，以及铁、锰、镁和硫等无机离子，因产生异色或浑浊而引起干扰；水中颜色和浑浊亦影响比色。为此，需经絮凝沉淀过滤或蒸馏预处理。易挥发的还原性干扰物质，还可在酸性条件下加热以去除。对金属离子的干扰，可加入适量的掩蔽剂加以消除。本法（比色法）最低检出浓度为 0.025 mg/L，测定上限为 2 mg/L。水样作适当的预处理后，本法可适用于地面水、地下水、工业污水和生活污水的测定。

a. 纳氏试剂在配制时应注意，按方法（GB 7479—87）配制时配制的溶液要静置过夜，将上清液移入聚乙烯瓶中，密塞保存。

b. 纳氏试剂中碘化汞与碘化钾的比例，对显色反应的灵敏度有较大影响。静置后生成的沉淀应除去。

c. 滤纸中常含痕量铵盐，使用时注意用无氨水洗涤。所用玻璃器皿应避免被实验室空气中的氨沾污。

2．水体中硝酸盐氮（NO_3^--N）的测定

（1）测定方法选择及样品保存。水中硝酸盐氮的测定方法颇多，常用的有酚二磺酸光度法、镉柱还原法、戴氏合金还原法、离子色谱法、紫外法和电极法。酚二磺酸法测量范围较宽，显色稳定。镉柱还原法适用于测定水中低含量的硝酸盐。戴氏合金还原法对严重污染并带深色的水样最为适用。离子色谱法需有专用仪器，但可同时和其他阴离子联合测定。紫外法和电极法常作为筛选法。水样采集后应及时进行测定。必要时，应加硫酸使 $pH<2$，保存在 4℃以下，在 24h 内进行测定。

（2）酚二磺酸光度法测定硝酸盐氮（NO_3^--N）。

①方法原理。硝酸盐在无水情况下与酚二磺酸反应，生成硝基二磺酸酚，在碱性溶液中生成黄色化合物，进行定量测定。

②测定方法的适用范围和干扰消除。本方法适用于饮用水、地下水和清洁地面水中 NO_3^--N 的测定，检出范围为 0.02～2.0mg/L。水中含氯化物、亚硝酸盐、铵盐、有机物和碳酸盐时可产生干扰，应在前处理时消除干扰。本方法实验用水应为无硝酸盐蒸馏水。

（3）过硫酸钾氧化-紫外分光光度法测定水体中硝酸盐氮（NO_3^--N）。

①方法原理。硝酸根离子对 220 nm 波长光有特征吸收，与其标准溶液对该波长光的吸收程度比较定量。

②测定方法的适用范围和特点。本法适用于清洁地表水和未受明显污染的地下水中硝酸盐氮的测定，其最低检出浓度为 0.08 mg/L，测定上限为 4 mg/L。方法简便快速，但对含有机物、表面活性剂、亚硝酸盐、六价铬、溴化物、碳酸氢盐和碳酸盐的水样，需进行预处理。

3．总氮的测定

总氮包括有机氮和无机氮化合物（氨氮、亚硝酸盐氮和硝酸盐氮）。水体总氮含量是衡量水质的重要指标之一。

常用测定方法有：

（1）加和法：分别测定有机氮、氨氮、亚硝酸盐氮和硝酸盐氮的量，然后加和而得。

（2）过硫酸钾氧化-紫外分光光度法：在水样中加入碱性过硫酸钾溶液，于过热水蒸气中将大部分有机氮化合物及氨氮、亚硝酸盐氮氧化成硝酸盐，再用紫外分光光度法测定硝酸盐氮含量，即为总氮含量。

六、工具与仪器

海拔表、GPS、地形图、皮尺、钢卷尺、直尺、直立式水样采集器、流速仪、盛水容器、水温计、便携式 pH 计、塞式盘、紫外-可见分光光度计、原子吸收分光光度计、记录本。

七、思考题

1．为了使采集的水样具有代表性，必需的准备工作有哪些？
2．水样采集后为什么要添加保存剂？如何添加？

八、记录表

表 4-4 水样采集记录表

共______页，第______页

河流（湖、库）名称	断面或站名	样点	编号	采样时间	天气	气温/℃	水位/m	流速/(m/s)	流量/(m^3/s)	物理性质					备注
										水温/℃	pH	DO	氧化还原电位/mV	电导率	

实习二 校园空气质量监测

一、目的

通过对大气环境中主要污染物进行定期或连续的监测，判断大气质量是否符合国家制定的大气质量标准，并为编写大气环境质量状况评价报告提供数据；为研究大气质量的变化规律和发展趋势，开展大气污染的预测预报工作提供依据；为政府部门执行有关环境保护法规，开展环境质量管理、环境科学研究及修订大气环境质量标准提供基础资料和依据。

二、原理

1．空气和废气监测的主要内容

根据国家现行要求，空气和废气监测主要应包括以下内容：

①环境空气例行监测。环境空气连续采样实验室分析、环境空气自动监测。

②大气降水监测。

③污染源监测。固定污染源监测、流动污染源监测。

环境空气自动监测系统目前在我国三级以上环境监测站推广使用，全国重点城市已实现环境空气质量日报（周报），随着监测技术的不断发展，空气质量预报也会成为现实。

固定污染源监测主要是进行各种工业排放废气监测，重点污染企业逐步实行烟气排放连续监测，以达到排放总量控制的目的。流动污染源监测主要是进行汽车排气监测。

通过空气样品采集的实习，掌握空气采样点的布置和样品采集方法，掌握采样设备的正确操作使用，解决采样现场所遇到的实际问题，提高工作应变能力。了解空气采样质量保证的重要性。

2．采样点数的确定

采样点的设置数目要根据监测范围、人口密度、污染物的空间分布、气象和地形条件等综合考虑。《环境监测技术规范（大气和废气部分）》中规定了城市人口数量与大气监测点设置数量的关系（表 4-5）。

表 4-5　我国大气环境污染例行监测采样点设置数目

市区人口数量/万人	SO_2、NO_x、TSP	灰尘自然沉降量	硫酸盐化速率
＜50	3	≥3	≥6
50～100	4	4～8	6～12
100～200	5	8～11	12～18
200～400	6	12～20	18～30
＞400	7	20～30	30～40

注：（1）表中要求的测点数对有自动监测系统的城市，以自动监测为主，以连续采样点为辅；对无自动监测系统的城市，以连续采样点为主，辅以单机自动监测。每个城市单机自动监测点一般控制在两个左右。（2）表中各测点数中包括一个城市的主导风向上的区域背景测点。

3. 采样布点方法

采样点设置的方法主要有网格布点法、功能区布点法、同心圆布点法和扇形布点法四种。此四种采样布点方法，可以单独使用，也可以综合使用，并且要掌握各种方法的适用范围，以保证所采集的样品具有代表性。

4. 采样时间和频率

①采样时间和采样频率取决于监测目的、污染物分布特点及人力、物力等因素。

②《大气污染监测技术规范（大气和废气部分）》对空气污染例行监测规定了采样时间和采样频率（表 4-6）。

表 4-6　采样时间和频率

监测项目	采样时间和频率
二氧化硫	隔日采样，每天连续采集 24±0.5 h，每月 14～16d，每年 12 个月
氮氧化物	同二氧化硫
TSP	隔双日采样，每天连续采集 24±0.5h，每月 5～6d，每年 12 个月
灰尘自然沉降量	每月采样 30±2 d，每年 12 个月
硫酸盐化速率	每月采样 30±2 d，每年 12 个月

5. 监测项目的确定

《环境监测技术规范（大气和废气部分）》中规定了大气污染例行监测的监测项目（表 4-7）。

表 4-7　环境空气采样例行监测项目

必测项目	选测项目
二氧化硫、氮氧化物、TSP、灰尘自然沉降量、硫酸盐化速率	一氧化碳、PM_{10}、光化学氧化剂、氟化物、铅、汞、苯并[a]芘、总烃和非甲烷烃

6. TSP 的测定原理

（1）TSP 定义。TSP 是总悬浮颗粒物的简称。按我国现行大气环境质量标准规定，为空气动力学当量直径在 100 μm 以下的液体和固体微粒的总称。

微粒的直径在 10 μm 以下的（0.1～10 μm）称为可吸入颗粒物（PM_{10}），而大于 10 μm 小于 100 μm 的微粒因重力作用而易于沉降者称为降尘。

（2）TSP 的来源及其危害。主要由建筑工程、风沙等因素造成，是大气污染物的重要指标。PM_{10} 能随呼吸进入人体，危害健康，长期悬浮在大气中不沉降，降低大气能见度。TSP 能吸附污染物，参与大气化学反应，加重污染程度等。

（3）TSP 的测定原理。采集一定体积的大气样品，通过已恒重的滤膜，悬浮微粒被阻留在滤膜上，根据采样滤膜的增量及采样体积，计算总悬浮微粒的浓度。

滤膜有效直径为 80mm 时，流量应为 7.2～9.6m^3/h，100mm 时为 11.3～15m^3/h，用以上流量采样，线速约为 40～53cm^3/s。

7．SO_2 测定原理

（1）SO_2 的理化性质。SO_2 的相对分子质量是 64.06，为无色、有强烈刺激性气味的气体，相对密度是 2.26，1L SO_2 气体在标准状况下重为 2.93 g，在 0℃和 20℃1L 水中，分别能溶解 79.8L、39.4L，SO_2 熔点为–75.5℃，沸点为 10.02℃。

（2）SO_2 的来源及危害。空气中 SO_2 主要来自燃煤产生的废气。SO_2 和 H_2O 作用生成亚硫酸（H_2SO_3），故称为亚硫酸酐，它有还原剂的作用，也有氧化剂的作用，但氧化性不如还原性突出。空气中的 SO_2 与雨水结合并进一步氧化后，形成酸性降雨。酸雨（pH≤5.6）对室外的金属材料有很强的腐蚀作用，危害极大。空气中 SO_2 还可被降尘吸附形成酸性降尘。空气中 SO_2 含量高的地区，还能造成地表水的酸化和土壤呈酸性，妨碍农作物的生长发育。

（3）“四氯汞钾溶液吸收-盐酸恩波副品红比色法”的测定原理。二氧化硫被四氯汞钾溶液吸收后，生成稳定的二氯亚硫酸盐络合物，该络合物再与甲醛及盐酸恩波副品红作用，生成紫红色络合物。在 575nm 处测量吸光度。当用 5mL 吸收液采样体积 30L 时，测定下限为 0.020mg/m^3，测定上限为 0.18mg/m^3。当用 50mL 吸收液，24h 采样体积为 288L 时，测定下限为 0.020mg/m^3，测定上限为 0.19mg/m^3。

8．NO_x 的测定原理

（1）NO_x 的来源。空气中含氮的氧化物有一氧化二氮（N_2O）、一氧化氮（NO）、二氧化氮（NO_2）、三氧化二氮（N_2O_3）等，其中占主要成分的是一氧化氮和二氧化氮，以 NO_x（氮氧化物）表示。

NO_x 污染主要来源于生产、生活中所用的煤、石油等燃料燃烧的产物（包括汽车及一切内燃机燃烧排放的 NO_x）；其次是来自生产或使用硝酸的工厂排放的废气。当 NO_x 与碳氢化物共存于空气中时，经阳光紫外线照射，发生光化学反应，产生一种光化学烟雾，它是一种有毒性的二次污染物。

（2）NO_x 对人体健康的危害。氮氧化物主要是对呼吸器官有刺激作用。由于氮氧化物较难溶于水，因而，能侵入呼吸道深部细支气管及肺泡，并缓慢地溶于肺泡表面的水分中，形成亚硝酸、硝酸，对肺组织产生强烈的刺激及腐蚀作用，引起肺水肿。亚硝酸盐进入血液后，与血红蛋白结合生成高铁血红蛋白，引起组织缺氧。在一般情况下，当污染物以二氧化氮为主时，对肺的损害比较明显，二氧化氮与支气管哮喘的发病也有一定的关系；当污染物以一氧化氮为主时，高铁血红蛋白症和中枢神经系统损害比较明显。

NO_x对动物的影响浓度大致为1.0 mg/m^3，对人的影响浓度大致为0.2 mg/m^3。国家环境质量标准规定，居住区的平均浓度低于 0.10 mg/m^3，年平均浓度低于0.05 mg/m^3。

（3）测定原理。二氧化氮被吸收液吸收后，生成亚硝酸和硝酸。其中亚硝酸与对氨基苯磺酸起重氮化反应，再与盐酸萘乙二胺耦合，呈玫瑰红色，根据颜色深浅，用分光光度法测定。

空气中的氮氧化物包括一氧化氮或二氧化氮等。在测定氮氧化物时，应先用三氧化铬将一氧化氮氧化成二氧化氮，然后测定二氧化氮的浓度。使用称量法校准的二氧化氮渗透管配制的标准气，测得NO_2（气）→NO_2^-（液）的转换系数为0.76，因此，在计算结果时要除以转换系数0.76。此方法检出限为0.05 μg/5 mL（按与吸光度 0.01 相对应的亚硝酸根含量计），当采样体积为 6 L 时，氮氧化物（以二氧化氮计）的最低检出浓度为0.01 mg/m^3。

三、实习地介绍

云南农业大学位于春城昆明，北依龙泉山、东傍盘龙江，毗邻著名风景名胜昆明黑龙潭公园。在校全日制本专科学生12213人，硕士研究生1483人，博士研究生123人，留学生118人，成人教育学生8351人。校园占地2156亩。校舍面积45.4万m^2；学校现设17个学院，涵盖了种植业、养殖业、水利水电、农业工程、烟草学院、普洱茶学院、农业经济管理等涉农学科以及部分人文社会科学学科。

四、实习内容

（一）空气样品的采集

主要包括采样方法的确定、采样要求、样品编号和采样记录、样品运输与保存。

（二）重量法测定空气中的总悬浮颗粒物（TSP）

（三）四氯汞钾溶液吸收-盐酸恩波副品红比色法测定空气中的二氧化硫

（四）盐酸萘乙二胺分光光度法测定空气中的NO_x

五、方法

（一）空气样品的采集

1．采样方法的确定

采样方法主要有直接采样法、富集采样法和无动力采样法（详见环境空气例行监测分析法中样品采集部分）。本次实习采用富集采样法。

2．采样要求

①到达采样地点后，安装好采样装置。试启动采样器2～3次，检查气密性，观察仪器是否正常，吸收管与仪器之间的连续是否正确，调节时钟与手表对准，确保时间无误。

②按时开机、关机。采样过程中应经常检查采样流量，及时调节流量偏差。对采用直流供电的采样器应经常检查电池电压，保证采样流量稳定。

③用滤膜采样时，安放滤膜前应用清洁布擦去采样夹和滤膜支架网表面的尘土，滤膜毛面朝上，用镊子夹入采样夹内，严禁用手直接接触滤膜。采样后取滤膜时，应小心将滤膜毛面朝内对折。将折叠好的滤膜放在表面光滑的纸袋或塑料袋中，并贮于盒内。要特别注意有无滤膜屑留在采样夹内，应取出与滤膜一起称量或测量。

④采样的滤膜应注意是否出现物理性损伤及采样过程中是否有穿孔漏气现象，一经发现，此样品滤膜作废。

⑤用吸收液采气时，温度过高、过低对结果均有影响。温度过低时吸收率下降，过高时样品不稳定。故在冬季、夏季采样吸收管应置于适当的恒温装置内，一般使温度保持在15～25℃为宜。而二氧化硫采样温度则要求在23～29℃。氮氧化物采样时要避光。

⑥采样过程中采样人员不能离开现场，注意避免路人围观。不能在采样装置附近吸烟，应经常观察仪器的运转状况，随时注意周围环境和气象条件的变化，并认真做好记录。

⑦采样记录填写要与工作程序同步，完成一项填写一项，不能超前或后补。填写记录要翔实。内容包括：样品名称、采样地点、样品编号、采样日期、采样开始与结束的时间、采样流量、采样时的温度、压力、风向、风速、采样仪器、吸收液情况说明等，并有采样人签字。

3．样品编号和采样记录

（1）样品编号。

①大气样品编号是由类别代号、顺序号组成。

②类别代号用环境空气关键字中文拼音的1～2个大写字母表示。

③顺序号用阿拉伯数字表示不同地点采集的样品，样品顺序号从001号开始，一个顺序号为1个采样点采集的样品。

④对照点和背景点样品，在编号后加注。

⑤样品登记的编号、样品运转的编号均与采集样品的编号一致，以防混淆。

（2）采样记录。采样记录是监测工作中的一个重要环节。在实际工作中，采样之后应及时准确规范地填写采样记录表，做好采样记录。

4．样品运输与保存

①SO_2和NO_2样品采集后，迅速将吸收液转移至10mL比色管中，避光、冷藏保存，详细核对编号，检查比色管的编号是否与采样瓶、采样记录上的编号相对应。

②样品应在当天运回实验室进行测定。采集的样品原则上应当天分析，当天因故不能分析的应将样品置于冰箱中在5℃下保存，最大保存期限不超过72h。

③采集TSP（PM_{10}）的滤膜每张装在1个小纸袋或塑料袋中，然后装入密封盒中保存。不要折，更不能揉搓。运回实验室后，放在空干燥器中保存。

④样品送交实验室时应进行交接验收，交、接人均应签名。采样记录与样品一并交实验室统一管理。

（二）空气中总悬浮颗粒物（TSP）的测定（重量法）

1．采样方式的分类

采样方式有大流量（0.967～1.14 m^3/min）、中流量（0.05～0.15 m^3/min）和低流量（0.01～0.05 m^3/min）三种采样方式，且采集到的微粒粒径大多数应在100μm以下。

用超细玻璃纤维滤膜或过氯乙烯膜采样，在测定总悬浮微粒质量后，可分别测定有机物（如多环芳烃）、金属元素（如铜、铅、锌、镉、铬、锰、铁、镍、铍等）和无机盐（如硫酸盐、硝酸盐等）。

2．滤膜

滤膜编号应用铅笔，编号写在“光面”，滤膜应在采样前、后的同等条件下进行恒重、称量。

3．采样

按仪器说明在指定地点装配好仪器，滤膜正确地放在采样头上，安装好，启动仪器，调节流量至规定值开始采样至规定体积量。取下滤膜妥善保管好，带回实验室再干燥（恒湿恒温），恒重，称量。

采样时应使采样头的进气方向与仪器的排气方向不在同一方位上，采样时应迎风向采样。

（三）空气中二氧化硫的测定

1．试剂的配制

参照《环境科学实验教程》（李元，2007）。

2．测定步骤

（1）标准曲线的绘制。取 8 支 10mL 具塞比色管，按表 4-8 所列参数配置标准色列。

表 4-8　亚硫酸钠标准色列

试剂	管号							
	0	1	2	3	4	5	6	7
2.0μg/mL 亚硫酸钠标准溶液/mL	0.00	0.60	1.00	1.40	1.60	1.80	2.20	2.70
四氯汞钾吸收液/mL	5.00	4.40	4.00	3.60	3.40	3.20	2.80	2.30
二氧化硫含量/μg	0.00	1.2	2.0	2.8	3.2	3.6	4.4	5.4

在以上各管中加入 6.0g/L 氨基磺酸铵溶液 0.50mL，摇匀。再加 2.0g/L 甲醛溶液 0.50mL 及 0.016%盐酸恩波副品红使用液 1.5mL，摇匀。当室温为 15～20℃时，显色 30min；室温为 20～25℃时，显色 20min；室温为 25～30℃时，显色 15min。用 1cm 比色皿，于 575nm 波长处，以水为参比，测定吸光度。以吸光度对二氧化硫含量（μg）绘制标准曲线，或用最小乘法计算出回归方程式。

（2）采样。短时间采样：用内装 5mL 四氯汞钾吸收液的多孔玻璃吸收管以 0.5L/min 流量采样 10～20L。24h 采样：测定 24h 平均浓度时，用内装 50mL 吸收液的多孔玻璃板吸收瓶以 0.2L/min 流量、10～16℃恒温采样。

（3）样品测定。样品混浊时，应离心分离除去。采样后，样品放置 20 min，以使臭氧分解。

短时间样品：将吸收管中的吸收液全部移入 10mL 具塞比色管内，用少量水洗涤吸收管，洗涤液并入具塞比色管中，使总体积为 5mL。加 6 g/L 氨基磺酸铵溶液 0.5mL，摇匀，放置 10 min，以除去氮氧化物的干扰。以下步骤同标准曲线的绘制。24h 样品：将采集样品后的吸收液移入 50mL 容量瓶中，用少量水洗涤吸收瓶，洗涤液并入容量瓶中，使溶液总体积为 50.0mL，摇匀。吸取适量样品溶液置于 10mL 具塞比色管中，用吸收液定容为 5.00mL。以下步骤同短时间样品测定。

3．计算

$$\text{二氧化硫}(\text{mg/m}^3)=\frac{W}{V_n}\times\frac{V_t}{V_a}$$

式中：W——测定时所取样品溶液中二氧化硫含量（由标准曲线查知），μg；

V_t——样品溶液总体积，mL；

V_a——测定时所取样品溶液体积，mL；

V_n——标准状态下的采样体积，L。

4．注意事项

（1）温度对显色影响较大，温度越高，空白值越大。温度高时显色快，褪色也快，最好用恒温水浴控制显色温度。

（2）对品红试剂必须提纯后方可使用，否则，其中所含杂质会引起试剂空白值增高，使方法灵敏度降低。已有经提纯合格的0.2%品红溶液出售。

（3）六价铬能使紫红色络合物褪色，产生负干扰，故应避免用硫酸-铬酸洗液洗涤所用玻璃器皿，若已用此洗液洗过，则需用（1+1）盐酸溶液浸洗，再用水充分洗涤。

（4）用过的具塞比色管及比色皿应及时用酸洗涤，否则红色难以洗净。具塞比色管用（1+4）盐酸溶液洗涤，比色皿用（1+4）盐酸加 1/3 体积乙酸混合液洗涤。

（5）四氯汞钾溶液为剧毒试剂，使用时应小心，如溅到皮肤上，立即用水冲洗。对用过的废液要集中回收处理，以免污染环境。

（四）空气中 NO_x 的测定（盐酸萘乙二胺分光光度法）

1．试剂的配制

参照《环境科学实验教程》（李元，2007）。

2．测定步骤

（1）标准曲线的绘制。取 7 支 10mL 具塞比色管，按表 4-9 所列数据配制标准色列。

表 4-9　亚硝酸钠标准色列

试剂	管号						
	0	1	2	3	4	5	6
亚硝酸钠标准溶液/mL	0.00	0.10	0.20	0.30	0.40	0.50	0.60
吸收原液/mL	4.00	4.00	4.00	4.00	4.00	4.00	4.00
水/mL	1.00	0.90	0.80	0.70	0.60	0.50	0.40
NO_2^-含量/μg	0.0	0.5	1.0	1.5	2.0	2.5	3.0

以上溶液摇匀，避开阳光直射放置 15 min，在 540 nm 波长处，用 1 cm 比色皿，以水为参比，测定吸光度。以吸光度为纵坐标，相应的标准溶液中 NO_2^- 含量（μg）为横坐标，绘制标准曲线。

（2）采样。将一支内装 5.00 mL 吸收液的多孔玻板吸收管进气口接三氧化铬-砂子氧化管，并使管口略微向下倾斜，以免当湿空气将三氧化铬弄湿时污染后面的吸收液。将吸收管的出气口与空气采样器相连接。以 0.2～0.3 L/min 的流量避光采样至吸收液呈微红色为止，记下采样时间，密封好采样管，带回实验室，当日测定。若吸收液不变色，应延长采样时间，采样量应不少于 6 L。在采样的同时，应测定采样现场的温度和大气压力，并做好记录。

（3）样品的测定。采样后，放置 15 min，将样品溶液移入 1 cm 比色皿中，按绘制标准曲线的方法和条件测定试剂空白溶液和样品溶液的吸光度。若样品溶液的吸光度超过标准曲线的测定上限，可用吸收液稀释后再测定吸光度。计算结果应乘以稀释倍数。

3．计算

$$\text{氮氧化物（mg/m}^3\text{）} = \frac{A - A_0}{b \times 0.76 V_n}$$

式中：A —— 样品溶液的吸光度；

A_0 —— 试剂空白溶液的吸光度；

b —— 标准曲线斜率的倒数，即单位吸光度对应的 NO_2 毫克数；

V_n —— 标准状态下的采样体积，L；

0.76 —— NO_2（气）转换为 NO_2^-（液）的系数。

4．注意事项

（1）吸收液应避光，且不能长时间暴露在空气中，以防止光照时吸收液显色或吸收空气中的氮氧化物而使试管空白值增高。

（2）氧化管适于在相对湿度为 30%～70%时使用。当空气相对湿度大于 70%时，应勤换氧化管；小于 30%时，则在使用前，用经过水面的潮湿空气通过氧化管，平衡 1 h。在使用过程中，应经常注意氧化管是否吸湿引起板结，或者变为绿色。若板结会使采样系统阻力增大，影响流量；若变成绿色，表示氧化管已失效。

（3）亚硝酸钠（固体）应密封保存，防止空气及湿气侵入。部分氧化成硝酸钠或呈粉末状的试剂都不能用直接法配制标准溶液。若无颗粒状亚硝酸钠试剂，可用高锰酸钾滴定法标定出亚硝酸钠贮备液的准确浓度后，再稀释为含 5.0 μg/mL 亚硝酸根的标准溶液。

（4）溶液若呈黄棕色，表明吸收液已受三氧化铬污染，该样品应报废。

（5）绘制标准曲线，向各管中加亚硝酸钠标准溶液时，都应以均匀、缓慢的速度加入。

六、工具与仪器

海拔表、GPS、地形图、多孔玻璃吸收管（用于短时间采样）、多孔玻璃吸收瓶（用于 24 h 采样）、双球玻璃管（内装三氧化铬-砂子）、空气采样器（流量 0～1 L/min）、中流量 TSP 采样器、紫外-可见分光光度计、记录本。

七、思考题

1．怎样结合监测区域的实际情况，选择和优化布点方法？

2．二氧化硫和氮氧化物监测时应该注意什么？

实习三　校园噪声监测

一、目的

评价校园噪声环境质量，为研究校园噪声环境质量变化提供基础数据。通过实习进一步巩固课本知识，深入了解区域环境噪声和交通噪声的具体监测方法和数据处理等方法。并培养团结协作精神以及综合分析与处理问题的能力。

二、原理

环境噪声是随时间而起伏的无规律噪声，因此，测量结果一般用统计值或等效声级来表示，本实验用等效声级表示。

将各网点每一次的测量数据（200 个）顺序排列找出 L_{10}、L_{50}、L_{90}，求出等效声级 L_{eq}，再将该网点一整天的各次 L_{eq} 值求出算术平均值，作为该网点的环境噪声评价量。

三、实习地介绍

云南农业大学位于春城昆明，北依龙泉山、东傍盘龙江，毗邻著名风景名胜昆明黑龙潭公园。在校全日制本专科学生 12213 人，硕士研究生 1483 人，博士研究生 123 人，留学生 118 人，成人教育学生 8351 人。校园占地 2156 亩。校舍面积 45.4 万 m^2；学校现设 17 个学院，涵盖了种植业、养殖业、水利水电、农业工程、烟草学院、普洱茶学院、农业经济管理等涉农学科以及部分人文社会科学学科。

四、实习内容

校园噪声污染源调查、监测点的布设以及监测点的噪声监测。

五、方法

1. 校园噪声污染源调查

可按表 4-10 和表 4-11 的方式进行调查。

2. 噪声监测

（1）监测点的布设。根据污染源的布点，以网格布点法布置采样点。将学校划分为 25 m×25 m 的网格，测量点选在每个网格的中心，若中心点的位置不宜测量，可移到旁边能够测量的位置。各测点具体位置应在总平面布置图上注明。

（2）监测项目和分析方法的确定。按照区域环境噪声监测方法和交通噪声监测方法，以及相应的噪声质量标准执行。

（3）测定步骤。每组三人配置一台声级计，顺序到各网点测量，时间从 8：00—17：00，每一网格至少测量 4 次，时间间隔尽可能相同。

读数方式用慢挡，每隔 5 s 读一个瞬时 A 声级，连续读取 200 个数据。读数的同时要判断和记录附近主要噪声来源（如交通噪声、施工噪声、工厂或车间噪声、锅炉噪声等）和天气条件。

（4）数据处理。将各网点每一次的测量数据（200 个）顺序排列找出 L_{10}、L_{50}、L_{90}，求出等效声级 L_{eq}，再将该网点一整天的各次 L_{eq} 值求出算术平均值，作为该网点的环境噪声评价量。

$$L_{eq} \approx L_{50} + d^2/60, \qquad d = L_{10} - L_{90}$$

按表 4-10 的要求，以 5 dB 为一等级，用不同颜色或阴影线绘制学校噪声污染图，同时与相应的噪声质量标准计算超标情况。

表 4-10　环境噪声质量标准分级表

噪声带	颜色	阴影线
35 dB	浅绿色	小点，低密度
36～40 dB	绿色	中点，中密度
41～45 dB	深绿色	大点，高密度
46～50 dB	黄色	垂直线，低密度

噪声带	颜色	阴影线
51～55dB	褐色	垂直线，中密度
56～60dB	橙色	垂直线，高密度
61～65dB	朱红色	交叉线，低密度
66～70dB	洋红色	交叉线，中密度
71～75dB	紫红色	交叉线，高密度
76～80dB	蓝色	宽条垂直线
81～85dB	深蓝色	全黑

六、工具与仪器

海拔表、GPS、地形图、声级计、秒表。

七、思考题

1．噪声的叠加和相减如何进行？

2．什么叫等效声级 L_{eq}？

八、记录表

表 4-11 校园污染源情况调查

测点编号	测点地点	污染源名称	污染源数量	测点方位	噪声等级	备注
1						
2						
3						
4						
5						
6						
7						
8						
9						
10						
11						
⋮						

实习四　公路建设项目环境影响评价

一、目的

通过本次实习，以公路建设项目环境影响评价为例，让学生对如何开展环境影响评价有一个完整的认识，掌握公路建设项目环境影响评价的过程，熟悉环境影响评价报告书的编写格式。

二、原理

（一）环境影响评价在公路建设中的作用

近 10 多年来，我国公路网络总规模和整体技术水平都有较大的提高，国道主干线建设取得了重大发展，但为适应国民经济发展的需要，交通运输业作为国民经济发展的枢纽和先锋必须得到迅速发展，必须新建和扩建各种等级公路，增加汽车保有量。然而在公路交通事业迅猛发展，在增加运输能力、促进地区经济迅速发展的同时，也在一定程度上加剧了资源、环境、人口之间的矛盾，并随着我国总体环境质量恶化和人口的增加变得更加突出。

面临人口与交通发展的压力，公路交通领域的环境保护工作越来越引起人们的关心和高度重视，保护和改善环境，实行持续发展战略，促进公路交通事业与环境协调发展已成为公路界的共识。我国政府始终坚持把环境保护作为国家发展的基本国策，制定了“经济建设、城乡建设、环境建设同步规划、同步实施、同步发展”的指导方针，为保证环境保护参与决策，提出了环境保护管理的“八项制度”。交通部明确规定，对公路交通建设项目必须“先评价，后建设”，充分利用环境影响评价这一有效工具的作用，为公路建设开发项目的决策服务。

1．公路环境保护存在的问题

我国是世界上人口最多的发展中国家，同时也是受公路交通环境有害影响危害最严重的国家之一。近 20 年来，我国公路环保工作虽然取得了一定的成绩，在各个领域取得了多项进展，但从现状和发展趋势来看，还存在诸多不容忽视的重大问题。

（1）机动车尾气对大气污染严重。各种机动车均排放有害物质到大气中，主要的污染物是碳氢化合物、一氧化碳、氮氧化物、含铅化合物、苯并[*a*]芘等，以及二次污染物——光化学污染物等。对烟尘、氮氧化物、一氧化碳和二氧化硫 4

种主要污染物的统计表明，交通运输业已占我国大气污染物的10%。这表明，机动车尾气污染已成为我国的主要大气环境问题之一。

（2）公路交通噪声污染问题亟待解决。我国近10年来，机动车车辆增长速度很快，几乎是每5年增加1倍，另外，我国汽车保有量相对较少，但噪声水平却比国外高，因此，交通噪声在全国有逐年加重的趋势。据统计，全国城市道路交通噪声平均等效声级为71.5dB；全国80%左右的交通干线两侧环境噪声超过国家标准，局部路段超标严重。随着我国公路建设伴随着国家经济建设的迅猛发展，公路建筑施工噪声也越来越严重。尽管施工噪声具有暂时性特点，但是，由于人口稠密、施工任务繁重，施工期面广而工期较长，因此，噪声污染相当严重。

（3）生态破坏加剧，生物多样性不断减少。公路交通环保工作由于缺乏系统规划和科学指导，管理和执法力度不够，因公路基础设施建设强度和规模加大而引起的森林、草原、湿地和沙地植被破坏严重，生态功能退化；由于公路建设衍生的环境污染和生态破坏导致了土壤污染、动植物生境的破坏，引起更大的生态压力，生物多样性面临的威胁也很严重。

（4）环境地质问题日益突出。公路建设对自然资源的过量开发和不合理利用导致的生态环境破坏较为严重，交通干线环境地质问题突出，地质灾害较为频繁，地下水水质、滑坡、崩塌、泥石流、地面沉降、地裂缝等地质灾害呈增多趋势。因公路施工组织不善、缺乏环境监理等主、客观原因导致部分公路建设过程中产生大量固体废弃物（尤其是在山岭重丘区），扬尘污染大气，渗滤液污染地表水、地下水和周围环境，成为潜在的环境隐患；部分公路（主要是 2级以下公路及等外公路）直接影响区域内水土流失面积、侵蚀强度，危害程度在局部地区呈上升趋势。

（5）科技工作与公路交通环保事业发展的需要不相适应。公路交通环保事业仍未摆脱粗放型经济增长方式，污染控制和生态环境建设的发展主要依赖投资规模扩大，多占用资源和高消耗来实现的，科技与环保脱节状况仍很严重。公路环保科技进步贡献率低，成果转化率低，在大规模大范围推广应用得更少。基础性研究薄弱，科技储备少，后劲不足。库存“成果”实际上没有多少含金量，大量的环境治理、经济和市场需要的技术拿不出来。公路环保事业科技创新不够，高新技术特别是生物技术、信息技术和新材料技术等在公路环保方面没有重大突破。科技队伍总体实力薄弱且不够稳定。公路环保科技的总体水平与世界先进国家差距最少在 20年。

（6）公路环境保护资金渠道不畅、投入不足、欠账较多。

（7）公路环境保护工作是国际事务的重要内容。公路交通运输业是温室气体、损耗臭氧层物质排放和生物多样性破坏的重要来源之一，因此，履行国际环境公约的任务十分繁重。同时，环境保护成为我国公路建设外资引进的重要条件之一，若不能有效地遏制公路交通建设对环境的有害影响，将影响我国在国际社会中的影响力和参与度。

上述7个方面的矛盾对我国公路交通建设项目环境管理工作提出了比以往更为严峻的挑战。对于这些后果严重、社会反响强烈的环境问题，如果不尽早进行研究和采取防治措施，则不仅不能解决公路交通运输与环境，乃至全国人口、资源与环境协调发展的重大问题，而且可能会导致较大规模的生态灾难，直接影响到公路沿线地区社会经济发展，人民群众的生活和社会安定团结。

保护和建设生态环境，改变传统的公路交通的发展模式，以较低的资源代价和环境代价换取较高的公路交通发展速度，达到经济效益、社会效益和环境效益的统一，实现公路交通运输业和环境的持续发展，这应是我国公路交通发展战略的重要抉择。

2. 我国公路交通项目环境影响评价工作的特点

（1）公路交通建设项目环境影响评价的范围不断扩大。公路交通建设项目的环境影响评价咨询业经历了从无到有、逐步发展的曲折过程，公路交通建设项目环境影响评价的范围不断扩大。从项目的性质来看，环评对象从初期的世界银行和亚洲开发银行的贷款项目，现已扩大到国家、省、市和县级公路交通建设项目；从公路的规模来看，环评对象从以往的单一新建高速公路建设项目，现已扩大到一级、二级公路，改、扩建公路。

（2）公路交通建设项目环境影响评价是基本建设程序中不可缺少的环节。公路交通建设项目的环境影响报告书经项目主管部门预审，并依照规定程序报环境保护行政主管部门批准，环境影响报告书经批准后，交通系统或国家的计划部门方可批准建设项目设计任务书。在国家和省属公路交通建设项目的立项审批工作中，环境影响报告书的审批程序已作为建设项目的决策和设计的约束条件，环境影响评价制度已成为二级以上的公路建设项目必须遵照执行的工作准则。

（3）环境影响评价制度执行的时段限于在项目可行性研究和初步设计中期阶段。中华人民共和国国务院令第253号《建设项目环境保护管理条例》规定，开发建设项目可行性研究阶段必须编制环境影响报告书，环境影响报告书经批准后，计划部门方可批准建设项目设计任务书。铁路、交通建设项目经环境主管部门批准后，可延迟到初步设计阶段。这就明确地表明了公路建设项目的环境影响评价制度执行的时段，是从项目可行性研究阶段得到计划部门批准到初步设计审批之前的项目阶段。这既体现了公路交通建设项目的行业特点，又体现了环境影响评价制度是用于建设项目环境管理的一种战略防御手段，起到了保证公路建设的良性发展的作用。

（4）我国的公路交通建设项目的环境影响评价制度实行持证评价和评价机构资格审查制度。目前，承担公路交通建设项目的环境影响评价工作的单位，必须持甲级“建设项目环境影响评价资格证书”，并按照证书中规定的范围开展环境影响评价，并对评价结论负责，对持证单位实行申报和定期考核的管理程序及分级管理的体制，由环保部和各省、自治区、直辖市人民政府环境保护部门二级管理，对考核不合格或违反有关规定的执行以罚款乃至中止和吊销“证书”的处罚。

（5）环境影响报告书执行审批制度。各级人民政府环境保护部门对公路建设项目的环境保护实施统一的监督管理；负责公路建设项目环境影响报告书或环境影响报告表审批。审批权在各级人民政府的环境保护部门，根据项目大、小（按投资规模）分项审批，不得擅自越权。审批程序特点是一律由建设单位负责提出，报至主管部门预审，再由主管部门提出预审意见转报负责审批的环境保护部门审批。另外，建设项目的性质、规模、建设地点等发生较大改变时，按照规定的审批程序重新报批。对于环境问题有争议的建设项目，其环境影响报告书（表）可提交上一级环境保护部门审批。

3. 我国公路交通项目环境影响评价的发展趋势

虽然目前我国公路交通对国民经济发展的制约性得到了一定的改善，但公路交通的发展水平总体上仍处于滞后阶段，为适应国民经济发展的需要，公路交通运输业作为国民经济发展的枢纽和先锋必须得到迅速发展，必须新建扩建各种等级公路建设项目，坚持公路交通环境影响评价制度的重要性和迫切性更显突出。

（1）进行以公路网为基础的区域环境影响评价。我国公路交通的迅猛发展和人口增长都已达到很高的密度，特别是东、南部地区，人多地少，经济密集，环境容量空间日益狭小，加之城镇规划不合理或根本无规划等主客观因素，这使许多地区几乎没有环境容量去容纳新建公路建设项目。公路交通与环境之间矛盾尖锐，已需要从更高的角度和从公路网的范畴来评价项目的可行性。以往的以单一公路交通建设项目为单元的环境影响评价和“三同时”管理日益不能适应新的形势要求，而必须在考虑一条公路建设项目的影响时，同时考虑公路网与区域环境状况和允许程度的关系问题。因此，单个公路建设项目的环评与以公路网为基础的区域环评相结合就成为现阶段公路交通建设项目环境管理的必然要求。

在区域环评中，要遵循“整体评价、总量控制、定期监测、科学管理”这个导则，整体评价就是把公路建设项目放在公路网整体中来看待，要作超出拟建公路建设项目本身的区域性环评。总量控制就是从公路网区域环评出发，给出排污总量或资源供需平衡总量，如此才能定量地控制污染，并保证公路选址、建设管理和技术经济的合理性。定期监测是实行公路网区域和公路建设项目环境管理的主要手段。科学管理则是指公路项目环境管理的深化与提高，实行全公路网的合理化管理，这也是环评落实的重点。

将单个公路建设项目与公路网区域环评相结合或并举，对公路环评工作提出了更高的要求。第一，环评必须注意公路网所在区域功能，与区域规划相结合；第二，必须注意公路布局的合理性，并需对资源配置、公路网构成等提出优化建议；第三，必须从总量控制出发，实行污染总量控制，实行污染物集中处理；第四，必须与国家的有关经济建设政策、法规更紧密地结合；第五，必须根据区域经济特征和环境特点，区别对待。

为了充分发挥环境影响评价制度对公路项目的合理选址、公路网的合理布局及生态破坏和污染综合防治的指导作用，必须强调先评价、后建设的原则。

（2）国际环评接轨。随着公路交通领域国际金融组织贷款项目的迅速增长，也给环评工作带来新问题。我国建设项目的环评工作一向以污染控制为主，但世行、亚行的援助项目一般把环境资源分为四类：第一类是物质环境，即大气、水、土壤等；第二类是生态环境，并以大的生态系统观点看待；第三类是社会经济环境，如公众参与、经济环境、美学、文物等；第四类是人的生存质量，即人权之类的问题，如拆迁和移民安置等。此外，还特别关注环境行动的落实。目前，国际金融组织贷款项目的趋势是趋向宏观、重视政策评价、提高有效性，不提倡模型预测，而建议用 GIS（地理信息系统），这些都是我国公路环评有待改进和提高的方面。此外，一些国际贷款项目还提出由国外指定的咨询公司进行环评，这就使我国面临如何与走进来的外国公司竞争以及走出去参与国际竞争等问题。

为了适应我国加快改革开放速度的要求，应认真研究应用国外先进的环境评价程序和技术，同时要研究简化环境影响评价报告书审批手续，积极开展环境影响评价有效性的研究，提高环境影响评价的实用性、科学性，改革审批程序等具体办法。

（3）重视公路建设带来的负面生态环境影响。我国目前人口多，底子薄，公路主体工程投资严重不足。随着公路基础设施建设的发展规模不断扩大，对生态环境的压力越来越重，公路建设项目往往涉及大范围的生态环境变化问题，需作出科学的评价和采取有效的预防或补救措施。但是，由于我国地理气候条件差异大，生态系统复杂、多样，又缺少深入的生态科学基础研究支持，有关生态环境的评价还没有一套行之有效的技术方法，缺乏定量评价，成为公路环境影响评价工作中的弱点和难点，这也是今后公路交通建设项目环境影响评价的工作重点和亟待发展的方向。

（4）重视验收和后评价工作。环境管理的“三同时”和验收是一个相互结合、密不可分的有机体。验收既是环评的一部分，又是对环评的检验和落实过程。我国建设项目环境管理中对评价程序作了详细的规定。但对验收程序未作详细规定，又受到管理部门人员较少的限制，因而验收工作未得到充分重视，执行不力。这样，就使某些公路环评工作流于形式。在国家对经济管理由微观管理转向宏观控制的新形势下，加强公路建设项目的环境保护工作验收已成为保障建设项目环境管理有效性的关键环节。

公路建设项目后评价是公路基本建设程序的重要组成部分。进行公路建设项目后评价的目的是通过全面总结，为不断提高决策、设计、施工、管理水平，合理利用资金，提高投资效益，改进管理，制定相关政策等提供科学依据。目前，交通部门对主体工程的后评价工作非常重视，但公路交通建设项目的环境保护后评价工作尚未提到议事日程。公路建设项目亟待实施环境保护后评价制度，以及制定公路建设项目环境保护后评价报告编制办法。

（5）公路建设项目环境管理工作的深化。我国的环境保护工作正处在一个重要时期，需要不断深化以适应经济的快速发展，环境质量要求也日益提高。对公路建设项目环境管理工作需深化的领域重要表现在公路建设的环境保护要从注重公路竣工治理转向整个建设过程的预防和控制；环境政策除继续强化管理外，要加强适应市场经济体制的建设；环保重点要从污染控制扩大到整个资源和生态环境保护领域；需真正推行依靠科学进行决策的环境战略等；加强工程分析，推行有利于资源和环境可持续发展的公路建设措施和工艺；加强对建设项目社会经济影响的评价；加强对建设项目环境损益的分析；加强对环境保护行政方案的判定；对危险化学品和有毒有害原料或产品的运输管理，应强调风险评价和风险管理研究的必要性；在环境评价工作中坚持走群众路线，保证公众参与。依靠法律、加强管理，协调解决公路交通建设领域中日益增多的跨部门、跨地域的矛盾。公路环评工作要深化，攀上一个新台阶，必须加强科学研究，总结经验，解决新问题，出台新措施。

4．环境影响评价对促进公路建设和发展的积极作用

我国公路交通建设项目的环境影响评价工作的实践表明，在公路交通建设事业发展水平较快、环境投入有限的情况下，依法强化管理是控制环境污染和生态破坏的有效手段，也是我国特色环境保护的一条成功经验。环境影响评价制度正是强化环境管理的基石，是用于建设项目环境管理的一种战略防御手段，它在促进环境建设和经济建设持续协调发展中具有极其重要的作用。

（1）保证公路建设项目路线方案和总体布局的合理性。合理的公路网和路线布局是保证国民经济和环境持续发展的前提条件，而不合理的布局则往往是资源浪费和造成环境破坏的重要原因。从某种意义上讲，公路建设项目的环境影响评价过程，就是认识公路建设与生态环境相互依赖和相互制约关系的过程。在这个过程中，不但要考察社会、资源、交通、技术、经济、消费等因素，还要分析环境现状，阐明环境承受能力和防患措施。也只有这样，才能为公路建设项目的持续健康发展提供保证，为公路沿线工业、农业、水利、林业、人口分布实现合理发展提供了可能。

（2）指导公路环境管理工作，减缓公路建设和运营对环境的负面影响。我国已将环境影响评价纳入法制轨道。目前，我国的高等级公路建设项目对该制度的执行率已接近 100%。通过有效的环境影响评价工作，使环境影响评价结论在公路设计期、建设期和营运期得到了有效的贯彻，因公路建设引发的环境和社会问题得到了有效的控制，初步达到公路开发建设和经济效益的统一。

我国人均耕地占有水平很低，发展公路交通与土地占地的矛盾十分突出。如何减少对土地，尤其是耕地的占用，历来是公路交通基础设施建设优先解决的问题。环境影响评价在这方面的作用尤其突出。

在设计期的规划、景观、水质保护、防洪、熟土保护和土地复垦；施工期的环境保护在招投标的体现，生态、水质保护措施和人群健康，水土流失，环境空气质量保护，施工噪声；营运期的环境空气质量，声环境，公路路域绿化和植被恢复等方面问题在公路建设项目的环境影响报告书中都得到了应有的重视，在实践中基本上得到了落实和贯彻。

（3）为公路影响区域的社会经济发展和规划提供信息。区别于其他建设项目，公路建设项目具有工程规模大、路线长、建设期和营运期对环境影响复杂等特点。通过对环境影响进行评价，可为该项目的施工期、营运期的环境管理，以及沿线的经济发展、城镇建设及环境规划提供科学依据。如为达到防止汽车尾气污染物和交通噪声对沿线城镇和乡村污染的要求，明确提出大气污染物和噪声的达标距离，对未来沿线城镇布局及发展规划提出科学依据；对环境管理机构、监测与机构的设置，对重点污染物和污染源的监测控制手段等，作出合理的安排。

（4）是国家环境保护政策、法律法规宣传和实施的有效途径。公路建设项目的环境影响评价工作是最早与国际环评接轨的行业环境管理措施之一。公众参与工作历来是公路建设项目环境影响评价报告书的重点。通过有效的公众参与调研工作，公路环境影响评价成为国家环保政策、法律法规宣传和实施的有效途径。

（5）为公路建设项目的环境管理提供科学依据。在对公路建设项目进行环境影响评价时，要对拟建公路沿线周围地区的环境状况进行调查（包括必要的监测和测试），还要对其周围地区的环境建设期和营运期的影响进行分析和预测。根据现状评价和预测结果，确定一条公路建设项目对环境的负面影响应该控制在什么程度上方能达到地区环境规划和环境标准的要求。从而，对该拟建公路的环境管理提出既符合国情的环境要求，又符合公路运营和社会经济要求的适宜对策。

（6）促进相关环境科学技术的发展。公路交通建设项目的环境影响评价涉及自然科学和社会科学的广泛领域，包括基础理论研究和应用技术开发。环境影响评价工作中遇到的难题，必然是对相关公路交通和环境科学技术的挑战，进而推动相关公路交通和环境科学技术的发展。

公路建设项目的环境影响评价工作的开展对交通系统实行可持续发展战略，促进公路交通事业与环境协调发展的作用是有目共睹的。正是由于公路交通建设项目的环境影响评价，交通系统在公路环保科学基础理论、环境法规和管理制度、应用技术研究与推广、环保产业等方面取得了一批科研成果。如“七五”期间，交通部组织实施了重点科研项目“汽车排放对环境影响和防治技术研究”;“八五”则实施了重点科研项目“防治贵黄公路交通噪声声屏障技术的研究”“云南山区高等级公路边坡生物防护技术的研究”“安徽省高等级公路生态工程综合技术及效益的研究”，并制定了《公路建设项目环境影响评价规范》;“九五”期间交通部已将“交通湿地保护规划”“控制新建公路对环境有害影响研究和示范”课题列为交通部计划内项目，作为环境研究的重要内容之一，科研开始与公路环境工程建设紧密联系，公路环保科学研究开始注意到与国际接轨。

正是由于环境影响评价提出的新问题，在公路植被净化大气污染、减噪的能力、容量、植物种选择和配置；公路声屏障声学设计原理、吸隔声材料选择、结构设计、景观设计及其声学效果检测的理论和方法；GIS 和 GPS 支持的公路环境信息监测、管理的应用技术和数据的更新技术；利用 GIS 进行公路环境多因子综合评价，环境影响评价的预测与评价模型集成了 GIS 的理论和技术；减噪路面新材料的研制技术，声屏障设计和构件的先进材料复合技术及应用研究；机动车辆排放的机外净化有关适用材料技术；节水、改土、固坡新材料的研制技术；路域生态工程及生态环境综合治理技术，山岭重丘区防治地质灾害，水土保持、土地复垦技术，路域草坪的研究和开发技术；公路建设与森林、湿地和自然保护区的生物多样性保护等方面，社会各界都进行了广泛的研究，所取得的成果，已直接应用于公路环保实践。

（二）主要相关法律法规、产业政策、环评技术导则及行业污染控制标准

相关的法律法规请查阅以下文件：

1.《交通建设项目环境保护管理条例》(交通部第 17 号令)

2.《全国生态环境保护纲要》(2000 年 11 月)

3.《公路建设项目环境影响评价规范》(JTGB 03—2006)

4.《关于加强资源开发生态环境保护监管工作的意见》(环发[2004]24 号)

（三）公路建设项目环境影响评价注意要点

1. 工程分析要点

（1）建设项目的基本情况的全面介绍：地理位置、路线方案起讫点名称及主要控制点、建设规模、技术标准、预测交通量、工程内容（技术指标与技术工程数量、筑路材料与消耗量、路基工程、路面工程、桥梁涵洞、交叉工程、架线设施）、建设进度计划、占地面积、总投资额。

（2）重点工程的详细描述：重点工程名称、规模、分布，永久占地和临时占地类型及数量，临时占地应包括取土场、弃土场、综合施工场地（可能包括拌场和料场）、桥梁施工场、施工便道等，及占用基本农田的数量。

（3）施工场地、料场占地和分布；取、弃土量与取、弃土场设置，施工方式。

（4）服务区设置情况（规模）。

（5）拆迁安置及环境敏感点分布，包括砍伐树林种类与数量。

（6）工程项目全过程的活动，主要考虑施工期、运行期，一定要给出各环境要素污染源强。

（7）根据以上要求对路线比较方案进行描述，重点考虑工程路线是否涉及敏感区及少占用耕地的方案比选。

2. 主要环境影响及防治措施

（1）生态环境。做好生态环境现状调查与评价，明确公路沿线生态功能区划与规划，详细调查生态敏感和脆弱区及法规确定需特殊保护区。对项目建设沿线受保护动植物的影响，对地表植被的破坏和深挖高填所引起的水土流失；对营运期的阻隔影响。干扰影响包括施工期和营运期污水排放对沿线水环境影响。施工期生态影响问题、弃渣问题、环境监理问题、污染控制问题，施工人员生活污水、施工场地生产废水的影响分析及措施、隧道施工的影响（地下水及山顶生态）；营运期服务区生活污水的排放。对敏感生态保护目标的影响，如占用基本农田、湿地、天然森林和自然保护区等，造成不可逆或不可恢复的损害。应提出相关防治和保护措施，必要时改变路线、改进工程设计或施工计划。

（2）社会环境。项目占地的农业影响；居民生活质量影响，如噪声；房屋拆迁安置。与其他规划产生的相互干扰包括沿线的资源开发与利用及相应产生的环境问题；项目建设对沿线自然景观和人文景观的影响、社会阻隔，应提出相关防治和保护措施及改进建议。

（3）环境空气质量。施工期：主要分析贮存和运输道路、拌和场等产生的粉尘、沥青烟的影响，提出合理选址和管理方案；运营期：针对敏感点所受 CO、NO_x 影响，提出影响减缓措施。

（4）环境噪声。分析施工机械设备噪声对声环境敏感区域的影响，对沿线筛选的敏感点或敏感区域作出污染防治措施。运营期，针对声环境敏感点，逐点评价影响和提出噪声防治措施。

（5）环境风险分析（包括污染风险和生态风险）。按风险源分析、风险预测、风险后果、风险防范和应急措施进行风险分析。在报告中提出如何调整和完善建设项目设计和线位方案，必须把不利的环境影响降到最低程度，并应在实施计划和设计中提出消除、减缓或改善环境质量的要求。

三、实习地介绍

昆明，云南省省会，国家级历史文化名城，云南省政治、经济、文化、科技、交通中心，昆明位于云南省中部，东经 102°10′—103°40′，北纬 24°23′—26°33′。南北长 237.5 km，东西宽 152 km，总面积约 21 011 km^2，是我国面向东南亚、南亚乃至中东、南欧、非洲的前沿和门户，具有“东连黔桂通沿海，北经川渝进中原，南下越老达泰柬，西接缅甸连印巴”的独特区位优势。市域地处云贵高原，总体地势北部高，南部低，由北向南呈阶梯状逐渐降低。中部隆起，东西两侧较低。以湖盆岩溶高原地貌形态为主，红色山原地貌次之。大部分地区海拔为 1 500～2 800 m。城区坐落在滇池坝子，海拔 1 891 m，三面环山，南濒滇池，湖光山色交相辉映。昆明属低纬度高原山地季风气候，冬无严寒，夏无酷暑，四季如春，年平均气温 15℃左右，年均日照 2 200 h 左右，无霜期 240 d 以上，年均降水量约 1 000 mm。

昆明市内有京昆、沪昆、汕昆、广昆、渝昆、杭瑞高速等高速过境。昆明市区主要出行方式为公交，建有快速公交道路 9 条，公交线路 295 条。

四、实习内容

（一）大气环境调查

评价范围为路中心线两侧各 200 m 范围内，如果在评价区内或边界外附近含有城镇、风景旅游区、名胜古迹等法定保护对象时，评价距离可适当扩大到路中心线两侧 300 m 范围内。

测定一氧化碳（CO）、氮氧化物（NO_x）的浓度。

（二）水环境调查

调查范围为路中心线两侧各 200 m 范围内有无重要水源。当遇到地方政府部门规定的饮用水水源地，可扩大到 1 000 m 范围内。

（三）声环境调查

调查路中心线两侧各 200 m 范围内有无声敏感目标。测定背景噪声。

（四）生态环境调查

调查评价区内有无生态敏感和脆弱区及法规确定需特殊保护区。评价项目建设对生态环境影响的程度。

五、方法

（一）大气环境调查

用一氧化碳检测仪测定一氧化碳的含量。用氮氧化物检测仪测定二氧化氮的含量。

（二）水环境调查

实地调查法。

（三）声环境调查

用噪声测定仪测定背景噪声。

（四）生态环境调查

实地调查法。项目建设对生态环境影响的程度，参考表 4-12。

表 4-12　生态环境影响程度分级

无影响	一般影响	严重影响
保护物种的数量、分布、生存环境均未引起变化	保护物种的数量、分布、生存环境只产生一般改变，仍能正常生存	使保护物种数量减少或因生存环境破坏而迁移他处

六、工具与仪器

昆明市交通地图、卷尺、噪声测定仪、一氧化碳检测仪、氮氧化物检测仪。

七、思考题

1．公路的环境影响你认为是施工期大还是运营期大，为什么？
2．公路建设对环境最大的影响体现在哪几个方面？

八、记录表

表 4-13 公路建设对生态环境的影响调查表

调查环境	概况记录
大气环境	
水环境	
声环境	
生态环境	
总结	

九、附录

嵩明（小铺）至昆明高速公路环境影响评价分析

1 项目简介

拟建公路全长 55.6 km。建设地点涉及昆明市官渡区、嵩明县、呈贡县、空港经济区、昆明经济技术开发区。

2 主要环境影响

（1）生态环境：拟建公路永久占地 415.22 hm^2，被占用面积最大的是水田；临时占地 86.81 hm^2，被占用面积最大的是荒草地。项目建设不会对评价区的土地利用格局造成显著影响，也不会造成任何一种植被类型在评价区内消失，对动物种类和数量的影响不大。

（2）水环境：评价区内的主要水体有肠子河、果马河、杨林河（四清大沟）、东河、宝象河、东干渠、南冲水库和冲子箐水库。该项目建设期生活污水的总产生量约为 144 000 m^3。运营期跨水体桥梁的最大小时径流量为 127 173.78 m^3。K8＋100～K24＋880 路段内农灌沟渠较密集，拟建公路与牛栏江上游支流果马河、杨林河、四清大沟、东河、青年大沟并行，并行长度长，最近处距离大于 200m，应加强施工监管，严禁向水体中弃渣，同时必须做好施工建筑材料和弃渣的防护措施，避免因雨水冲刷后进入水体中对水质造成污染，施工场地和施工营地的设置应尽量远离地表水体，最近距离不得低于 200m，营地尽量租用民房。施工中产生的生产废水必须收集后设沉淀池进行处理，并根据实际情况添加中和剂，处理达标后方可利用或外排。施工人员生活污水经沉淀池及隔油池处理后用于绿化、路面降尘、农灌等，不能直接排入水体。

（3）声环境：从 34 处声环境敏感点预测结果来看，有 6 处敏感点在运营近、中、远期部分区域均达标；有 8 处敏感点在运营近、中期部分区域达标。拟建公路运营期后，两侧区域的环境噪声明显增高，以交通噪声为主。

（4）环境空气：拟建公路施工期主要污染物为扬尘、沥青烟和苯并[*a*]芘，其对环境有一定的影响，但影响范围较小，一般只在公路沿线附近，且为短期影响，施工期一结束，其影响将随之消失。拟建公路运营期各路段由于汽车尾气的排放，以 NO_2 为标志的沿线环境空气质量在运营近、中期能满足 GB 3095—1996《环境空气质量标准》二级标准要求，运营远期起点（小铺）—小街立交段及小街立交—杨林立交段 NO_2 浓度可能出现超标现象的敏感点约有 18 处，但除哈前村外，其他敏感点由于所在位置与拟建公路路基有较大高差，汽车尾气对这些敏感点的影响较小。

3 拟采取的环境保护对策措施

严格按照设计施工，禁止超计划占地；施工结束后对临时用地及时恢复；尽量减少植被破坏，对于无法避免的破坏，应及时恢复植被和生态环境；严格实施水土保持措施，坚持“先防护，后施工”的原则；对施工废水和生活污水进行处理，实现达标排放等；噪声防护措施拟采取隔声屏、隔声窗、绿化带、跟踪监测等措施。通过以上从生态环境、水环境、环境空气、声环境等方面采取的一些环境保护对策、措施和建议来尽量减小该工程项目对环境的不利影响。

4 环境影响评价结论要点

公路评价区内不涉及风景名胜区、自然保护区、世界自然遗产地、饮用水水源保护区、基本农田保护区、森林公园等环境敏感区。公路施工期和营运期将不可避免地对公路沿线两侧一定范围的生态环境、水环境、声环境、环境空气、社会环境和景观等产生一定程度的负面影响。工程建设单位在认真实施本报告书所提出的各项环境保护对策措施及环境管理、监理和监测要求的情况下，拟建公路的建设从环境保护方面论证是可行的。

第五章　农用化学物质污染及防治实习

实习一　农业面源污染调查

一、目的

农业面源污染是我国水体氮、磷富营养化的主要原因。选择云南省杞麓湖流域典型的农业种植区为调查区域，通过对该区域的农业面源污染源（包括生活污染、人粪尿、农村固体废弃物及生活垃圾、化肥、畜禽养殖、农田养分流失、村镇地表径流、水产养殖等）调查，进行农业面源污染评价与分析，为该区域农业面源污染控制对策的制定提供依据。

二、原理

（一）农业面源污染

农业面源污染又称农业非点源污染，是由于农业生产过程中对农用化学物质不合理使用、过度畜牧业养殖和农村生活污水排放等，使氮、磷等营养物质、农药、重金属等有机和无机污染物及土壤颗粒等沉积物，通过地表径流和地下渗漏，造成环境尤其是水域环境的污染。目前，中国水体氮、磷污染物中来自工业、生活污水和农业面源的污染大约各占 1/3；中国地表水的面源污染也占很大比重，湖泊的氮、磷 50%以上来自于农业面源污染。

（二）农业面源污染类型

农业面源污染主要包括化肥污染、农药污染、秸秆污染、畜禽养殖业污染、塑料农膜污染、农村生活污染、自然灾害引起的污染等。

1．化肥污染

主要问题是施用量大、肥料配比不合理和流失严重。

（1）施用量大。从 20 世纪 50 年代的 0.6 万 t 提高到 2001 年的 4253.8 万 t，平均化肥使用量为 400 kg/hm^2，成为世界上施用化肥最多的国家。全国化肥的施用量 1990 年为 2590 万 t，2002 年为 4124 万 t，占全世界平均消费量的 1/4，达 400 kg/hm^2，远远超过国际上为防止水体污染而设置的 225 kg/hm^2 化肥使用安全上限。未被利用的养分通过径流、淋溶、反硝化、吸附和侵蚀等方式进入环境，污染水体、土壤和大气，是农业面源污染的主要责任者。大理洱海流域面源氮、磷污染负荷分别占流域污染负荷的 97.1%和 92.5%，农田过量施用化肥是造成面源污染的主要原因。

（2）肥料配比不合理。全国 N∶P∶K 比例平均为 1∶0.45∶0.17，氮肥用量偏高，重化肥，轻有机肥，造成土壤酸化、地力下降等，化肥营养元素的流失构成了农业面源污染的最重要部分。

（3）流失严重。中国的氮肥平均利用率约 35%，大约相当于发达国家的 1/2，剩余的部分除以氨和氮氧化物的形态进入大气外，其余大都随降水和灌溉进入水体，导致地下水中氮、磷物质含量增高、江河湖泊富营养化，成为重要农业面源污染物。

2．畜禽养殖业污染

由于我国养殖业不断发展壮大，每年畜禽粪便及粪水的排放总量逐年增加，但由于畜禽粪便运输困难，施用麻烦，又没有化肥的速效作用，因此，近年来在农业生产中受到冷落，大量畜禽粪便未经过处理就直接排放，这些畜禽粪便携带大量的大肠杆菌、寄生虫卵等病原微生物和大量的氮、磷等进入江河湖泊或地下水，不仅污染养殖场周围的环境，而且导致水体和大气的污染，更是我国江河湖海富营养化的主要污染源。从畜禽粪便的土地负荷来看，中国总体的土地负荷警戒值已经达到一定的环境胁迫水平，部分地区呈现出严重或接近严重的环境压力水平。畜禽粪便主要污染物 COD、BOD、NH_4-N、TP、TN 的流失量逐年增加，2010 年的流失量分别为 728.26 万 t、498.83 万 t、132.20 万 t、41.95 万 t 和 345.50 万 t，其中总氮和总磷的流失量超过化肥的流失量。

3．农村生活污染

随着农村经济的快速发展，农村生活所产生的废水和垃圾量日益增多，与此同时，随着农村生活水平的逐步提高，生活污水量大，成分复杂。其中的氮、磷排入水体，会引起水体富营养化，病原菌、虫卵等进入水体造成污染。另外，由于中国农村和村镇有沿河沿湖岸堆放垃圾的习惯，这些垃圾在暴雨时会被直接冲入河道，从而形成更直接、危害更大的面源污染。目前，我国大多数河流都受到不同程度的污染。农村基础设施落后，普遍缺乏基本的排水和垃圾清运处理系统，与此同时，随着农村生活水平的逐步提高，传统的农业生产中固体废弃物的再利用方式在逐步弱化，大量蔬菜、秸秆等生产垃圾与生活垃圾一起四处堆放，在雨水的冲刷下使大量的渗滤液排入水体。

4．水土流失

由于人们不合理地耕作、乱砍滥伐导致森林面积锐减等，自然灾害在近年来频繁发生，尤其是水土流失引起的土壤侵蚀和养分流失是十分惊人的。我国水土流失的面积已由20世纪50年代的160万hm^2增加到目前的367万hm^2，占国土面积的38.2%，对国土安全构成了威胁。据研究，我国1998年流失的表土至少50亿t，数百万吨的N、P、K等重要营养物质和肥沃的表土层付诸东流。农业耕种带来的扰动活动实际上会增加农田的侵蚀。90%以上的营养物流失与土壤流失有关。水土流失带来的泥沙是有机物、金属、磷酸盐等的主要携带者。水土流失是导致发生面源污染的重要因素。流失的土壤带走了大量的氮、磷等营养物质，成为面源污染系统中不容忽视的重要组成部分。

三、实习地介绍

1．杞麓湖

杞麓湖是一个封闭型高原湖泊，总径流面积 354.2 km^2，占全县总面积的47.8%，湖面面积35.9 km^2，最大水深6.8 m，平均水深4.5 m，水容量1.68亿m^3。水源补给全靠降雨，且湖泊无明显的出水口，泄洪完全依赖于东部天然的石灰岩溶隙落水，下泄于华宁县王马大龙潭出露汇入南盘江，由于淤泥堵塞，下泄流量由原来的6.7 m^3/s下降至现在的2.487 m^3/s。

杞麓湖属富营养型湖泊，水质污染以有机污染和氮、磷污染为主。

2．杞麓湖北岸

杞麓湖流域辖秀山镇、河西镇、四街镇、九街镇、杨广镇、纳古镇及兴蒙乡等六镇一乡，流域面积354.2 km^2，占通海县土地面积的47.8%。2003年耕地面积16.6万亩，占全县总耕地面积的89.8%；流域内总人口24.02万人，其中非农业人口33 997人。流域人口密度662人/km^2，流域人口占全县总人口的89.9%。

杞麓湖北岸包括六街村、马家湾、兴义村、义广哨4个村。六街村人口4 371人，耕地面积3 575亩。马家湾人口1 850人，耕地面积834亩。兴义村人口3 554人，耕地面积1 752亩。义广哨人口2 409人，耕地面积1 074亩（图5-1）。

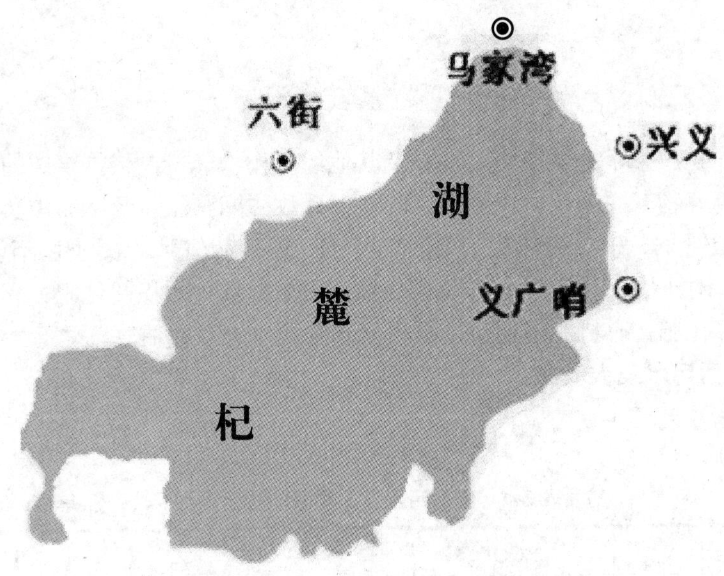

图 5-1　杞麓湖北岸四个村地理位置

四、实习内容

（一）农业面源污染调查问卷设计

农业面源污染源调查内容包括生活污染、人粪尿、农村固体废弃物及生活垃圾、化肥、畜禽养殖、农田养分流失、村镇地表径流、水产养殖等。

（二）农业面源污染调查实施

以农业统计年报为基础数据来源，并收集各种相关文献资料。某些当年统计数据难以查找的则以往年为准，以此类推，获得面源污染的初步资料。收集种植业、畜禽养殖、水产养殖、农村生活污染和径流污染数据。

（三）农业面源污染评价与分析

采用等标污染率指数法：

$$P_i = Q/S_i，K_i = P_j/\Sigma P_j$$

式中：Q_i —— 污染物排入水环境的量，t/a；

S —— 评价标准，采用 GB 3838—88 III类水质标准，即 COD_{Cr} 15 mg/L，总氮 1.0 mg/L，总磷 0.1 mg/L；

P_i —— 污染物 i 的等标排放量，10^6 m^3/a；

K_i —— 污染率指数。

五、农业面源污染源排污系数及其计算方法

根据作物产量、蔬菜产量、油料及其他经济作物产量，依据一定的折算标准估算农业废弃物产生量，再根据一定的流失系数估算农业固废 N、P 负荷，同理进行人畜粪便 N、P 负荷估算、生活垃圾 N、P 负荷估算、农村生活污水 N、P 负荷估算，对于农田化肥 N、P 负荷估算，可根据播种面积及化肥、有机肥施用强度，计算化肥、有机肥施用量，再根据一定的流失系数估算。

1. 生活污水及人粪尿

排污系数见表 5-1。

表 5-1 生活污水、人粪尿的排污系数　　单位：kg/（人·a）

污染源	COD_{Cr}	TN	TP
村生活污水	5.84	0.584	0.146
镇生活污水	7.30	0.73	0.183
人粪尿（10%）	1.98	0.806	0.0524

注：人粪尿入水系数以 10%计。

2. 农村固体废弃物

农村固体废弃物产生量按人均 0.7 kg/d，总氮和总磷排放系数分别为 0.21%和 0.22%，入河量按 7%计。

3. 化肥

化肥流失量计算公式：TN=（氮肥＋复合肥×0.33）×20%

TP=（磷肥＋复合肥×0.33）×43.66%×15%

化肥入河量=化肥流失量×60%

4. 畜禽养殖

畜禽养殖污染情况见表 5-2、表 5-3 和表 5-4。

表 5-2 各类畜禽粪尿的年排泄系数　　单位：kg/（头·a）

污染源	猪	牛	羊	家禽
粪	234	10 950	730	7.5
尿	522	6 570	—	—

表 5-3　畜禽粪尿污染物年排放量　　单位：kg/（头·a）

项目	牛粪	牛尿	猪粪	猪尿	家禽粪	羊粪
COD_{Cr}	226.3	21.9	20.7	5.91	1.165	4.4
TP	8.61	1.46	1.36	0.34	0.115	0.45
TN	31.9	29.2	2.34	2.17	0.275	2.28

表 5-4　畜禽粪尿污染物的流失率及进入水体率　　单位：%

项目	COD_{Cr}	TN	TP
流失率	17.41	23.08	16.4
入水率	11.32	21.28	15.4

5．农田养分流失

$$W=w\times A\times ER_i\times C_i\times 100$$

式中：W —— 农田随泥沙运移输出的污染物（N、P）污染负荷，t；

w —— 农田单位面积泥沙流失量，t/hm^2；

A —— 农田总面积，hm^2；

ER_i ——污染物 i 的富集系数（P 取 2，N 取 3）；

C_i —— 土壤中污染物 i（N、P）的平均含量，%；

水土中污染物入河系数为 1.0。

6．村镇地表径流

$$L=R\times C\times A\times 10^{-6}$$

式中：L —— 污染物的年负荷量，kg/a；

R —— 平均年径流量；

C —— 径流污染物的平均浓度，mg/L。

集水区面积（m^2），即为村镇住宅占地面积。

六、思考题

1．农业面源污染有何特征？

2．针对农业面源污染现状，有何防治对策？

七、记录表

表 5-5　农用化肥使用及污染状况调查表

______市______县______乡______村

编码	指标名称		计量单位	数据			备注
				水田	旱地	园地	
1	氮肥	施用总量	t				
2		其中：碳铵施用量	t				
3		尿素施用量	t				
4		折纯量	t（以 N 计）				
5	磷肥	施用总量	t				
6		其中：过磷酸钙施用量	t				
7		钙镁磷肥施用量	t				
8		折纯量	t（以 P_2O_5 计）				
9	复合肥	施用总量	t				
10		其中：氮折纯量	t（以 N 计）				
11		磷折纯量	t（以 P_2O_5 计）				
12	化肥施用总量		t				
13	施用化肥农地面积		亩				
14	单位面积平均施用量		kg/亩				
15	施用化肥农地面积占同类农地总面积比例		%				

表 5-6　农作物秸秆污染状况调查表

______市______县______乡______村

编码	指标名称	计量单位	大小麦	水稻	玉米	油菜	豆类	薯类	蔬菜瓜类	棉花	花生	甘蔗	茭白	麻类
1	农作物产量	t												
2	秸秆产生量系数	t/t	1.20	1.06	1.34	1.60	1.60	1.00	0.12	1.70	1.00	0.15	1.40	1.80
3	秸秆产生量	t												
4	秸秆产生总量	t												
5	秸秆农业利用量	t												
6	秸秆还田量	t												
7	秸秆非农业利用量	t												
8	主要利用方式													
9	秸秆焚烧量	t												
10	秸秆废弃量	t												

表 5-7　畜禽养殖污染状况调查表

________市________县________乡________村

编码	指标名称		计量单位	猪	牛	羊	鸡	鸭	鹅	兔
1	畜禽存栏总数									
2	畜禽散养总数									
3	直接排放畜禽粪尿数量占产生总量比例									
4	畜禽粪尿使用率									
5	畜禽粪尿还田率									
6	污水处理设施	数量								
7		处理能力								
8		投资								
9	固体废弃物处理设施	数量								
10		处理能力								
11		投资								

表 5-8　人粪尿、生活垃圾、生活污水污染状况调查表

________市________县________乡________村

编码	指标名称		单位	数据	备注
1	农村人口数		人		
2	人粪尿	粪尿产生系数	t/（人·a）	0.821	
3		粪产生系数	t/（人·a）	0.091	
4		尿产生系数	t/（人·a）	0.730	
5		粪尿产生总量	t		
6		粪产生总量	t		
7		尿产生总量	t		
8		粪尿使用总量	t		
9		粪尿还田总量	t		
10		粪尿处理总量	t		
11	生活垃圾	产生系数	t/（人·a）	0.255	
12		产生总量	t		
13		综合利用量	t		
14		处理设施	数量	台（套）	
15			能力	t/a	
16			投资	万元	
17	生活污水	产生系数	t/（人·a）	22.0	
18		产生总量	t		
19		综合利用量	t		
20		处理设施	数量	台（套）	
21			能力	t/a	
22			投资	万元	

表 5-9 调查点所属乡镇人口及土地利用情况表

县区	所属乡镇	人口数量/人	农业人口/人	耕地面积/亩	农作物播种面积/亩	粮食作物播种面积/亩	蔬菜播种面积/亩	油料及经济作物播种面积/亩	粮食总产量/t	蔬菜总产量/t
合计										
合计										

注：1. 农业人口总数及年增长率，用于人口增长、生活污水产生量、生活垃圾产生量、人粪尿产生量的预测；

2. 播种面积可用于计算化肥、有机肥施用量；

3. 粮食和蔬菜产量可用于计算秸秆产生量。

表 5-10 调查点所属乡镇施用化肥、有机肥情况表

县区	所属乡镇	乡镇耕地面积/hm^2	化肥施用强度/[kg/（hm^2·a）]	化肥施用数量/t	氮肥施用强度/[kg/（hm^2·a）]	氮肥施用数量/t	磷肥施用强度/[kg/（hm^2·a）]	磷肥施用数量/t	有机肥施用强度/[kg/（hm^2·a）]	有机肥施用数量/t
合计										
合计										

注：化肥和有机肥施用强度和施用量的统计用于计算流失量。

表 5-11　乡镇生活污水及粪便产量统计表

县区	所属乡镇	人口数/人	生活污水量/m^3	生活垃圾量/t	人粪/t	年末大牲畜存栏/头	大牲畜出栏/头	大牲畜粪尿/t	年末生猪存栏/头	生猪出栏/头	猪粪尿/t	家禽存栏/只	家禽出栏/只	家禽粪/t
合计														
合计														

注：大牲畜、猪、家禽的存栏、出栏头（只）数，养殖周期，用于计算畜禽粪便产生量。同时还需调查检测秸秆中 N、P、有机质含量；人均生活垃圾产量，及垃圾中 N、P、有机质含量；人均生活污水产生量及生活污水中 N、P、COD 含量。

实习二　农药污染的调查与诊断

一、目的

通过农户走访和田间调查，统计农田农药的施用量，农药对农作物生长的危害，并分析造成不良影响的原因，进一步认识农用化学物质对植物生长的危害。

二、原理

农药施用过量、比例不合理、品种不适合和施用技术不当等不合理施用会对植物生长和发育造成不良影响，包括对植物生长的直接影响和间接影响。直接影响主要是对植物体的直接伤害作用；间接影响主要是通过影响土壤的物理、化学性质和土壤生物的组成、区系，间接影响植物根系的生长和植株发育。最终导致植物生长和发育不正常，严重影响农作物的产量和品质。

据统计，目前世界上生产和使用的农药有几千种。中国每年用量达 50 万～60 万 t，其中约 80%的农药直接进入环境，每年使用农药的面积在 2.8 亿 hm^2 以上。全世界每年的农药产量按有效成分统计，约在 500 万 t 以上。

20 世纪 80 年代以来，温室、大棚等蔬菜种植面积迅速增加，重茬、连作导致蔬菜病虫害加重，每年因此造成的损失达 20%以上。我国农药生产主要集中在江苏、浙江、天津、山东等地，使用量较大的是上海、浙江、山东、江苏和广东。以小麦为主要农作物的北方干旱地区施药量小于南方水稻产区，蔬菜、水果的用药量明显高于其他农作物。近年来农药使用量有增加的趋势，如 1990 年为 7.33×10^8 kg，1995 年为 1.09×10^9 kg，2000 年达到 1.28×10^9 kg，2003 年达到 1.33×10^9 kg。其中，上海和浙江用药量最高，分别达 10.8 kg/hm^2 和 10.41 kg/hm^2。更为严重的是，由于农药的大量使用，害虫的天敌或其他益虫迅速减少，造成追加施用农药的恶性循环。而这些农药的利用率只有 30%左右，随着使用量和使用年数的增加，农药残留逐渐增加，残留地域逐渐扩大，产生了立体式污染。由此，对农药使用和依赖程度呈现出恶性循环现象。农药的大量使用，使得蔬菜中农药残留量超标问题日益突出，研究农药残留的现状及防治对策显得尤为重要。

（一）蔬菜中农药残留污染现状

六六六、DDT 禁用以后，蔬菜上主要使用有机磷、有机氮和菊酯类农药等替代品种。目前，六六六、DDT 在蔬菜和水果上的残留极低，有机磷、拟除虫菊酯类等农药品种在蔬菜上的残留则日趋严重。

1991 年天津市韭菜中毒事件，仅南开医院就收治 100 多人；1991 年山东博兴县湖滨乡“1605”污染韭菜，造成 120 人中毒；1997 年夏季高温期间，江苏省因食用农药残留超标的蔬菜而中毒的事件，见诸报端的达 70 多起；1998 年山东省宁津县一菜农违反国家农药安全使用规定，在韭菜上使用“1605”，造成 10 余人中毒，1 人死亡。1999 年我国由于农药残留引起的蔬菜食物中毒事件共有 37 起。2000 年 5 月农业部农药检定所组织北京、上海、重庆、山东和浙江 5 省市的农药检定所，对 50 个蔬菜品种，1293 个样品的农药残留进行抽样检测，农药残留超标率达 30%，残留浓度高者为允许残留量的几倍甚至几十倍。

湖南省农药检定所自 2000 年开始，对湖南省部分城市农贸市场、超市、蔬菜生产基地进行跟踪采样监测，2000 年 11—12 月，共抽检 10 个蔬菜品种 143 批样品，检出率 34.3%，超标率 20.3%；2001 年，对长沙、株洲、湘潭、益阳、浏阳等地的蔬菜生产基地与农贸市场的蔬菜进行采样检测，共抽样 983 批，检出率 28.0%，超标率为 21.3%；2002 年共采样 2121 批，其中检出率 20.1%，超标率

12.0%。检测出的农药品种主要是有机磷和菊酯类农药。

2001 年，辽宁省对沈阳、大连、鞍山、锦州、辽阳等 5 市的韭菜、芹菜、甘蓝、菜花、油菜、黄瓜和芸豆 7 种蔬菜中甲胺磷、乙酰甲胺磷、甲拌磷、氧化乐果、敌敌畏、对硫磷、甲基对硫磷等 10 种农药进行农药残留抽检，结果发现，97 个样品中超标率达 57.7%。2003 年夏季，泰安市对蔬菜中有机氯、有机磷等 11 种化学污染物残留量进行了测定，结果表明，所检查的 108 份蔬菜中有机磷农药残留超标现象比较严重，甲胺磷超标率为 12.96%。中山市 2002 年检测上市蔬菜 182 份，有机磷农药超标率为 44.0%。2002 年 10 月 29 日，国家质量监督检验检疫总局公布了当年秋季产品质量抽查结果，其中蔬菜农药残留量的抽查结果最为引人关注。共抽查了 23 个大中城市的大型蔬菜批发市场，发现有 47.5%的蔬菜农药残留量超标，也就是说，在我国有将近一半的蔬菜都是按国家规定属于不能食用的“农药蔬菜”。

同年我国部分省市利用速测法检测蔬菜中的农药残留量超标情况：其中北京蔬菜超标率为 10%，天津蔬菜超标率为 9.2%，内蒙古蔬菜超标率为 12.9%，河北蔬菜超标率为 14%，山西蔬菜超标率为 8.97%，辽宁蔬菜超标率为 6.90%，黑龙江蔬菜超标率为 8.57%，吉林省蔬菜超标率为 10.3%。我国蔬菜中农药残留情况相当普遍也十分严重。

（二）农药的分类及农药残留的危害

1. 常用的农药分类

迄今为止，在世界上各国注册的农药已有 1500 多种，其中常用的有 500 余种。按来源可分为矿物源、化学合成及生物源三大类；按其化学结构可分为无机类、有机类、抗生素和生物农药，其中，有机类包括有机磷类、有机氯类、氨基甲酸酯类、拟除虫菊酯类和有机金属类农药等；按主要防治对象可分为杀虫剂、杀螨剂、杀菌剂、除草剂和植物生长调节剂。

2. 农药残留的危害

农药是一类生物活性物质，可能会对特定环境中生物群落的组成和变化引起某种冲击；同时农药又是一类化学活性物质，能够同环境中的其他物质或物体发生相互作用，或在特定的环境中扩散分布，最后也表现为对生物的影响。因农药残留引起的中毒事件在食物中毒总数中 1998 年占 22.5%，1999 年占 39.7%，2000 年占 37.3%。

（1）农药残留对生态系统的危害。农药在使用时，一般只有 10%左右黏附在作物上，其余 90%的农药通过各种方式向环境扩散。农药对环境的污染取决于其各自不同的化学组成和化学稳定性。动植物吸收了残留在环境中微量的农药会在体内蓄积，然后通过生物链作用使残留农药多次转移，多次蓄积，残留量逐渐增大。也就是说，通过食物链的生物富集作用，越靠近食物链终端的生物，体内农药含量越高。人类处于食物链的最高位，因此，受害最为严重。此外，自然界的各种生物存在的彼此依赖、相互制约、大体生态平衡的关系会因此而破坏。

（2）农药对人类健康的危害。农药残留超标成为餐桌上的隐形杀手，影响着人类饮食安全和身体健康。研究表明，农药对人体的危害不仅表现在干扰人体化学信息的传递，破坏体内某些重要的酶，而且还阻碍器官发挥正常的生理功能，如导致神经系统功能失调等。虽然少量的农药残留不会对人体造成立即、直接的毒害，但是农药的分子结构比较稳定，绝大多数在生物体内很难被代谢分解、排泄。

癌症、不孕症、内分泌紊乱等疾病均与农药污染有关。并且，有报道认为农药污染对月经期、孕期、哺乳期的妇女危害性更大，中枢神经抑制剂类农药可能导致神经行为紊乱，如焦虑、抑郁、狂躁等，并且在年轻劳动者和女性劳动者中，因农药接触造成的神经系统紊乱与死亡率之间的相关性大于其他人群。蔬菜农药残留超标，会直接危及人体的神经系统和肝、肾等重要器官。例如，DDT、美曲膦脂、DDV、乐果对实验动物有致突变作用；内吸磷、西维因有致畸作用；杀虫脒、灭草隆等有致癌性。DDV、马拉硫磷等还能损害精子，使受孕能力降低。有机磷农药对多种三磷酸腺苷酶具有抑制作用，可导致性周期失调、胚胎发育障碍、子代发育不良甚至死亡。二溴氯丙烷可导致男性不育。

（3）农药对害虫天敌的危害。在自然环境中，害虫与天敌之间保持着生态平衡的关系，使用农药对害虫和天敌都有不同程度的杀伤作用。当农药使用以后，残存的害虫仍可依赖作物为食料，重新迅速繁衍起来。而以捕食害虫为生的天敌，在施药后，当害虫恢复大量繁殖以前，由于食物短缺，生长受到抑制，同时在施药后的一段时间内，在天敌与害虫之间建立新的生态平衡之前，有可能发生害虫的再次猖獗。此外，长期使用同种农药防治害虫，还会导致主要害虫被控制，而次要害虫上升为主要害虫，甚至可使原来不是害虫的种类转为害虫，产生新的害虫群体。

（4）对土壤微生物和土壤动物的危害。土壤微生物和土壤动物是调节土壤肥力的重要因素。但是，由于田间喷洒农药时的药液流失、土壤药剂处理或化学灌溉、使用后抛撒的废弃农药造成的农药残留破坏了土壤微生物的繁殖，使敏感性的菌种受到抑制，土壤微生物的种群趋于单一化，引起原有的平衡紊乱，功能失调，从而影响土壤物质和能量的循环，影响土壤微生物的氨化、硝化和呼吸作用等，由此破坏土壤理化性质，影响着作物生长，造成了土壤污染。

（5）对水环境的危害。水体中的农药污染主要来源有：农药生产、加工企业废水的排放及水体施药；施用于农田的农药随雨水或灌溉水向水体的迁移；大气中的残留农药和农药使用过程中的漂移沉降，以及施药工具和器械的清洗等。其中，农田农药流失为最主要来源。水体被农药污染后，会使其中的水生生物大量减少，破坏生态平衡；由于水生生物对农药具有富集作用，造成对生物的污染，导致鱼类和其他水生生物的死亡；地下水受到农药污染后极难降解，易造成持久性污染，若被当做饮用水水源，将会严重危害人体健康。

（6）对昆虫的危害。目前使用的多数杀虫剂具有广谱杀虫活性，据观察，长期使用杀虫剂或除草剂的农田，各类昆虫及土坡表层的微生物，特别是栖息在特殊落叶、落枝上的昆虫及微生物几乎完全被消灭，加速了农林生态系统中生物相的贫乏化，要恢复到从前的状态也需要较长的时间。另据报道，昆虫减少已危及植物的生长，因为很多植物生长时需要昆虫传花授粉。并且，长期使用同一种农药可使害虫产生耐药性，抗药性的产生使防治效果降低，不但需要增加药剂的处理次数，而且还会不断提高用药剂量，或者应用新的活性更强的杀虫剂，这样必然加剧了对生态环境的污染和对生态系统的危害。

（7）对社会经济效益造成的影响。农产品农药污染不仅影响了我国农产品出口，造成了很大的经济损失，而且直接制约了我国农产品在国际市场上的竞争能力。农药残留已经成为制约农业和农村经济发展的重要因素之一。我国出口的农产品由于农药残留量超过国际标准，达不到进口国卫生技术标准的要求使产品被拒绝进口，并失去产品的原有价值。以苹果为例，我国苹果产量居世界第一位，而目前我国苹果出口量仅占生产总量的 1%左右，出口受阻的主要原因是农药残留超标。中国橙优质率为 3%左右，而美国、巴西等柑橘大国橙类的优质品率达 90%以上，原因是中国橙的农药残留量等超标。美国 FDA2003 年的检测报告显示，在 1 537 份进口水果中，检出违禁农药的比例为 5.3%，2 494 份进口蔬菜样品的违禁农药检出率为 6.7%，抽检的样品来自许多不同的国家，其中，从中国进口的产品被抽样的数量排到了第 2 位。而近年来，我国与日本因蔬菜中农药残留严重超过日本规定的标准而多次出现贸易纠纷，最终导致日本采取了禁止进口中国蔬菜的措施。

三、实习地介绍

晋宁县地处昆明市西部，距市区 40 km，交通便利，总耕地面积 1.4 万多 hm^2、总人口 27.3 万。晋宁属低纬度高原亚热带季风气候，气候宜人，无霜期长，光照充足，雨量充沛，年均降雨量 907.1 mm，年均气温 15.7℃，年日照 2 316 h。全县耕地海拔 1 340～2 648 m，地形地貌多样，土地资源丰富，土壤质地多为红壤、紫色土，53.9%为酸性土壤，35.1%为中性土壤，是发展蔬菜产业的理想区域。

近年来，随着优化种植结构步伐的加快以及市场经济的冲击，晋宁县蔬菜生产发展较快，播种面积呈现逐年扩大的趋势，蔬菜产业已成为种植业中的主要产业之一，并向区域化、标准化、规模化、商品化、产业化的方向发展。至 2009 年全县蔬菜播种面积已达 1.2 万 hm^2，总产量 34.7 万 t，总产值 5.9 亿元。随着全县种植业结构调整与优化，蔬菜产业迅猛发展。

四、实习内容

调查地点选在晋宁县蔬菜种植面积大、具有代表性的 3～4 个乡镇，每个乡镇选取 30 个农户，全县共选择 90～120 个农户作为全年跟踪调查对象。调查采取问卷调查和农民用药登记相结合的方法进行。其中，问卷调查是设计好问卷组织各农户填写。农民用药登记采用设计的表格，由农民根据每次用药情况逐项进行填写（表 5-12）。整个调查结束后，对调查样本进行汇总、归纳。

表 5-12　入户问卷调查表

编号:	姓名:
文化程度（文盲，小学，初中，高中，中专，大专，大学及以上）	蔬菜种植面积________亩
年总收入________元 其中种植蔬菜收入_________元	用于防治蔬菜杂草害虫的农药的购买渠道（本村个体户，正规农资部门，县或乡镇农技部门）
选取药品根据（以往用药经验，看农药标签，听取农技员推荐意见，听取亲友邻居推荐用药）	选取药品主要依据（注重防治效果，考虑效果的同时考虑价格，考虑农药的毒性）
确定用药时期根据（视田间病虫发生情况确定，看到别人用药也随之用药，根据以往的用药经验）	种植蔬菜每年用药______次 种植蔬菜每年的农药总费用______元

田间实地调查。寻找农民残留在田间地头的农药瓶，农药塑料袋，登记农民用药的品种和用药的频率（表 5-13 和表 5-14）。

五、方法

1．资料查阅。（1）通过仔细阅读实习指导书，明确实习目的、要求、对象、范围、深度、工作时间、所采用的方法及预期所获的成果；（2）调查研究地的农药使用，收集农药造成的危害等相关资料。

2．询问调查。使用调查表进行询问调查。

六、工具

GPS、调查表、记录本。

七、思考题

通过走访或调查得知，农民施用农药存在的问题有哪些？

八、记录表

表 5-13　田间调查表

时间		地点	
农药品种	出现次数	农药品种	出现次数

表 5-14　农药的污染和危害调查表

时间：	地点：
污染事件：	
时间：	地点：
污染事件：	

实习三　蔬菜中农药残留分析

一、目的

通过本实习要求学生学习和掌握我国蔬菜中农药污染概况，农药残留检测技术的现状，农药残留分析样品前处理方法，气相色谱仪、高效液相色谱仪的基本结构和工作原理，并掌握利用气相色谱仪、高效液相色谱仪进行农药残留检测的基本操作技术和方法。

二、原理

（一）我国蔬菜中农药污染问题概况

我国是一个传统的蔬菜生产大国，据统计，全国蔬菜播种面积在 1334.7 万 hm^2 以上，蔬菜总产量超过 40500 万 t。我国蔬菜种植面积大，且种植的蔬菜品种丰富，达 2000 多个品种，然而病虫害发生的种类多，危害严重。农药的发明和使用无疑减小了害虫的危害，大大提高了农作物的产量，但随着农药的大量和不合理的使用，食品中的农药残留对人类健康造成的负面影响也日益显露出来。蔬菜在我国民众的膳食结构中占 40%以上，我国人均蔬菜年占有量（250 kg）远远高于世界平均水平，因此，对蔬菜中农药残留毒性问题更应重视。

为了防止农药污染，保证食品安全，近 10 年来，有的地区开展了无农药污染生产技术研究和开发工作，最近几年绿色食品的开发生产，给人们提供了安全食品途径，但是，这仅限于个别地区和特定的环境，现在还无法形成规模化的生产，而且在生产、加工过程中仍摆脱不了农药污染的威胁。所以，为了维护消费者的健康，开展蔬菜中农药残留的检测和农药残留去除研究具有重要的现实意义。

（二）农药残留检测技术的现状

1. 国外农药残留检测技术的现状

由于农药品种越来越多，为提高农药的检测速度，降低检测成本，多残留分析已成为食品中农药残留分析技术的主流。主要有气相色谱与质谱联用技术、液相色谱与质谱联用技术、毛细管电泳与质谱联用以及气相、液相色谱与多级质谱联用技术等。最有代表性的有美国 FDA 的方法（可检测 360 多种农药），德国 DFG 的方法（可检测 325 种农药）、S19 方法（可检测 220 种农药），荷兰卫生部的方法（可检测 200 多种农药），加拿大的方法（可检测 251 种农药）和日本厚生劳动省通知或告示法（可检测 400 多种农药）。各国都通过法律手段明确执法主体和各职能部门的职责，以及相关监管程序和方法。例如，欧盟理事会 96/23/EC 指令就规定了各种动物性产品必须监控残留的物质，抽样和检测的操作程序，抽样的频率和水平，以及发现违规后的追踪调查和处理措施。澳大利亚制定了专门的《国家残留监测管理法 1992》和《国家残留监控（国税/进口税）征收法》。

2. 国内农药残留检测技术的现状

我国农残分析检测从 20 世纪 70 年末期开始进入以气相色谱、液相色谱为主的阶段。但与国外先进农药残留检测技术相比，我国农药残留检测技术主要存在以下 4 个方面的不足（以 GB/T 系列标准为例）：

（1）残留检测方法覆盖面窄，检测速度慢。我国于 2003 年、2005 年和 2006 年分别颁布了食品中有机磷农药残留的测定方法（20 种）、水果和蔬菜中 446 种农药多残留测定方法（气相色谱－质谱和液相色谱－质谱法）及水果和蔬菜中 405 种农药及相关化学品的残留量的测定方法（液相色谱法－串联质谱法）。这是我国目前农药残留检测标准方法中涵盖农药种类最多的几种方法。另外，国家标准和行业标准中农药种类交叉还很多，与我国目前登记使用的 622 个有效成分，23 000 多种农药相差甚远。

（2）仪器方法未能及时更新，检测技术与国际、国内限量不配套。当前国际农药残留检测方法普遍使用毛细管柱分离技术，而我国现有的许多检测方法标准仍然使用填充柱分离技术，分离效果差，检测限达不到最新的限量要求，有些检测标准方法检出限高出最高残留限量 1～2 个数量级，已无法适应工作要求。农药检测用选择性检测器（ECD、FPD 等）、单纯用保留时间定性，容易受到其他农药和基质干扰，另外，一些农药也无法用选择性检测器检测。

（3）样品前处理技术落后。使用传统自装的层析柱或使用大量试剂的液液分配净化，试剂用量大到 100 mL 以上，时间长，成本高。

（4）采样技术规范和检测体系不完善，没有检测质量控制手段，无法保证检测结果的准确可靠。我国的农残检测结果有时得不到国际认可，一个很重要的原因是我国的采样技术规范和质量保证及控制体系没有得到国际的认可，影响了我国农产品的国际竞争力。

（三）蔬菜中农药残留分析方法概况

农药残留分析是复杂混合物中痕量组分的分析技术，农药残留分析既需要精细的操作手段，又需要高灵敏度的痕量检测技术。根据检测原理不同，农药残留检测技术研究较多的有仪器分析法、免疫分析法、生物传感器法、酶抑制法、生物检测技术等。

1．仪器分析法

（1）气相色谱法（GC）。气相色谱法（GC）是农药残留分析中最重要的方法之一，所用的柱子绝大部分为毛细管柱，它的分离能力强，灵敏度高。但是，气相色谱对于沸点高或热稳定性差的农药不能进行分离检测，使其应用受到一定的限制。现代气相色谱一般采用选择性检测器。常用的检测器有电子捕获检测器（ECD）、氮磷检测器（NPD）和原子激发检测器（AED）。

（2）高效液相色谱法（HPLC）。高效液相色谱法（HPLC）的检出限比气相色谱的要高。HPLC 对于 GC 不能分析的高沸点或热不稳定的农药可以进行有效的分离检测。HPLC 在进行农药残留分析时一般用 C18 和 C8 作填料，以甲醇、乙腈等水溶性溶剂作流动相。HPLC 连接的检测器一般为紫外吸收（UV）、质谱（MS）、荧光、二极管阵列检测器和电化学检测器。紫外吸收（UV）检测器是最常用的一种检测器，它对温度和流量的变化不太敏感，而对许多样品具有高的灵敏度。

（3）超临界流体色谱法（SFC）。超临界流体色谱法结合了 GC 和 HPLC 的优点，可以弥补 GC 和 HPLC 的不足，适宜于分析热不稳定而高效液相色谱又不易分析的农药化合物。SFC 的优点是分离效果好，选择性好，可以连接 GC 或 HPLC 的检测器，通用性好。而且固相萃取（SFE）与 SFC 还可以直接连接，使样品的提取、净化和测定一次完成，使分析时间更短，分析结果更好。SFC 还可以与 MS 联用。

（4）毛细管电泳法（CE）。毛细管电泳法（CE）是利用物质离子在电场中移动的速度不同来进行分离检测的，常用的检测器为 UV。它广泛地应用于生物大分子领域的分离及有机小分子和无机离子的分析中。CE 的优点是分离速度快，分离效果好。与 HPLC 相比，CE 所需的样品量极少，仅为几纳升。由于 CE 具有分离效率高、速度快、样品用量少等特点，近年来得到了迅速发展。

2．免疫分析法（AI）

免疫分析法（AI），又叫酶免疫吸附分析法（ELISA），它是利用抗原与抗体的结合反应来进行检测的方法。由于抗体是专为抗原产生的，实验专一性及亲和力强，因而方法灵敏。AI 的优点是快速、灵敏、简单，选择性高、费用低，基体对测定的干扰很小，提取净化的要求不是太高，因此，非常适宜于农药残留的现场分析。此外，还有放射免疫法、荧光免疫法和流动注射免疫法。

3．其他分析法

在农药残留的分析中，还有一些其他的分析检测方法，主要有薄层色谱法（TLC）、分光光度法、电化学法（极谱法、伏安法）、生物传感器、生物检测技术等。由于这些方法的通用性比较差，只能对少数农药进行检测，因此，在农药残留的分析中应用不是很多。

（1）薄层色谱法。薄层色谱法是在平面上用吸附剂（如硅胶、氧化铝等）铺成薄层作为固定相进行层析的一种色谱方法。当固定相（固体吸附剂）与溶剂（流动相）把试样展开时，由于各种溶质在固定相和流动相之间的亲和力不同，移动速度不同，不同的物质就被彼此分离开。

（2）酶抑制法。酶抑制法是根据昆虫毒理学原理发展而成。动物体内正常的神经传导代谢产物乙酰胆碱，被体内一种水解酶（乙酰胆碱酯酶）水解为乙酸和胆碱，从而维持机体内正常的神经传导过程。而有机磷、氨基甲酸酯类农药，对动物体内的乙酰胆碱酯酶有抑制作用。正常情况下，乙酰胆碱酯酶催化乙酰胆碱水解，其水解产物与显色剂反应，产生黄色物质，而有机磷农药作为乙酰胆碱酯酶的抑制剂，与乙酰胆碱争夺乙酰胆碱酯酶功能部位，抑制了乙酰胆碱的水解与显色。根据乙酰胆碱酯酶酶活性的抑制率高低来判断有机磷或氨基甲酸酯类农药浓度。

三、实习内容

（一）蔬菜样品的采集、制备及预处理

（二）样品测定

1. 高效液相色谱法检测小白菜中乐果、溴氰菊酯、氯氰菊酯残留
2. 薄层色谱法检测蔬菜中乐果残留
3. 气相色谱法对蔬菜中有机磷杀虫剂的多残留检测
4. 蔬菜中农药残留快速检测——酶抑制法

四、方法

（一）蔬菜样品的采集、制备及预处理

1. 样品的采集

（1）对样品的要求：采集的植物样品要具有代表性、典型性和适时性。

（2）布点方法：在划分好的采样小区内，常采用梅花形布点法或交叉间隔布点法（图 5-2）确定代表性的植株。

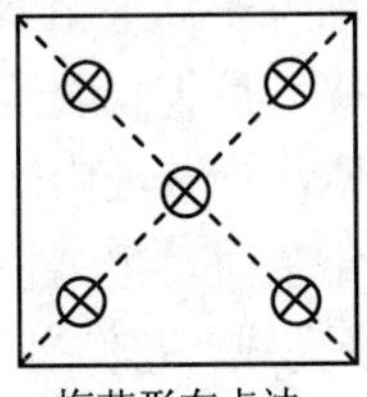

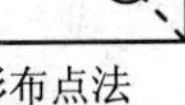

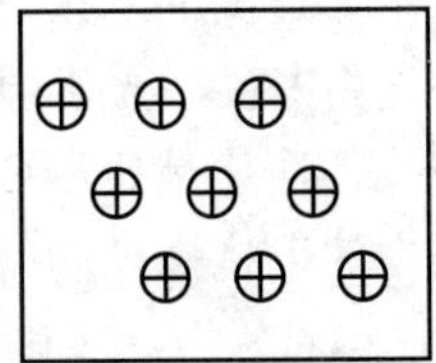

梅花形布点法　　交叉间隔布点法

图 5-2　采样点布设方法

（3）采样方法：在每个采样小区内的采样点上分别采集 5～10 处植株的根、茎、叶、果实等，将同部位样混合，组成一个混合样；采集样品量要能满足需要，一般经制备后，至少有 20～50 g 干重样品。

（4）采样地点：晋宁县蔬菜生产基地。

2．样品的制备与预处理

由于样品是多汁的瓜、果、蔬菜样品，应制备成新鲜样品。对于不同性质样品中的不同目标物需要采用不同的预处理技术。目前常用的预处理技术包括以下几种。

（1）蔬菜样品的提取。提取是指使用适当的溶剂将待测物从固态样品中转移至易于净化和分析的液态样品。常用的方法有：

①浸渍、漂洗法：该方法是将磨细的试样装入具塞锥形瓶中，加入适当的溶剂，振摇、浸泡一定时间甚至过夜，将试样中的残留农药浸出，直接吸取上清液（必要时还要离心或过滤），然后进行净化。该方法对于附着在水果和蔬菜表面的农药有很好的提取效果，测定叶类蔬菜中非内吸性农药的效果也很好。

②匀浆、捣碎法：该方法是将试样与提取溶剂一起装入组织捣碎机中通过高速旋转的搅、拌、刮进行掺和，使溶剂侵入样品组织，与其中的残留农药充分的接触，残留农药被提取出来。此法简便、快速，效果好，被普遍采用，尤其适用于叶菜类及果实样品。

③振荡法：该方法是将装有试样和提取溶液的具塞容器（如具塞锥形瓶、分液漏斗或具塞不锈钢管等），放在振荡机上进行往返振荡或旋转振荡，使容器内的提取溶剂与试样充分地接触，以深入到样品组织的内部提取残留农药。此法简便而且提取效果好，是现今采用最多的方法之一。

④索氏提取法：此方法提取效率高，操作简便，但提取时间长。采用索氏提取法时，应该考虑被测农药的热稳定性，待测农药必须在热溶剂中多次回流而不会分解。通常，本法适用于谷物及其制品、干果、脱水蔬菜、菜叶、干饲料等样品，可用于提取六六六、滴滴涕、狄氏剂等多种有机氯农药、部分有机磷农药和氨基甲酸酯农药等。含水分过高的水果、蔬菜等不宜采用索氏提取法。动物性组织的样品，在提取前，先用海砂和无水硫酸钠一起研磨成干粉后再进行提取。

（2）蔬菜样品的净化。净化是要尽可能地从提取液中除去与待测物同时存在的杂质，以减少色谱图中的干扰峰，同时避免杂质对色谱柱和检测器的污染。现代残留分析中，有些方法可将提取、净化一步完成，它们之间的界限已十分模糊。常用的净化手段有液液萃取（LLE）、固相萃取（SPE）、超临界流体萃取（SFE）。

①液液萃取（LLE）。液液萃取（LLE）是最早使用的一种提取净化方法，该方法不需要昂贵的设备和试剂，方法简单，易于操作。一般步骤是将样品和萃取剂置于匀浆机或组织捣碎机中高速捣碎匀浆，使农药被完全萃取，然后过柱净化。常用的柱填料吸附剂为硅酸镁、氧化铝、硅胶等。LLE 的缺点在于使用了大量有毒溶剂，对环境和操作人员的身体健康是一种威胁。

②固相萃取（SPE）。固相萃取（SPE）是一种非常重要的提取净化手段，它可以将农药从非常稀的溶液中富集起来，从而更有利于分析。SPE 是根据物质极性的不同来进行分离的。选择一定极性的填料，将待分离样品过柱，使物质选择性地吸附于填料上，然后再进行洗脱，从而达到分离净化的目的。常用的填料有硅酸镁、氧化铝、硅胶、C18、C8、C2、氰基柱（CN）、聚二甲基硅烷（PDMS）、聚丙烯酸盐（PA）等聚合物。在 SPE 的基础上，出现了固相微萃取（SPME）和基质固相分散（MSPD）。它们具有分离效果好，分析速度快，样品、萃取溶剂以及填料用量少等优点。在水果蔬菜的农药残留分析中，SPME 和 MSPD 已经逐步取代了 LLE，成为主要的提取净化方法。

③超临界流体萃取（SFE）。超临界流体萃取（SFE）是以超临界状态的二氧化碳作为萃取剂，其特点是黏度低，流动性、渗透性好。SFE 具有选择性好、前处理简单、分离时间短、完全避免了有毒有机溶剂的使用等优点。其缺点是实验条件的选择和优化比较困难，萃取体系的可选择性差，仪器价格昂贵。

此外，还有超声波辅助萃取（UAE）、微波辅助萃取（MAE）、加速溶剂萃取（ASE）、凝胶渗透色谱提取（GPC）等。

本实习采用振荡或捣碎匀浆法提取，液液萃取或固相萃取法净化。

（二）样品测定

1．小白菜中农药残留检测——高效液相色谱法

液相色谱检测条件：色谱柱：C18 柱 4.6 mm×150 mm（大连依利特科学仪器有限公司）；流动相：甲醇：水（VV）=85：15；紫外检测波长：254 mn（溴氰菊酯、氯氰菊酯），273 μm（乐果）；流速：1.0 mL/min；柱温：30℃；进样体积：100 μL。

用保留时间 3.7 min 对乐果进行定性，用峰面积对乐果进行定量。用保留时间 1.5 min 对溴氰菊酯进行定性，峰面积对溴氰菊酯进行定量。用保留时间 2.2 min 对氯氰菊酯进行定性，峰面积对氯氰菊酯进行定量。具体方法见《环境科学实验教程》（李元，2007）。

2．蔬菜中乐果残留量测定——薄层色谱法

测定方法内容主要包括制板、点样、展开、显色、定量、回收率测定等。具体方法见《环境科学实验教程》（李元，2007）。

3．蔬菜中有机磷杀虫剂的多残留测定——气相色谱法

气相色谱测定条件：惠普 GC 7890A，带 FPD 检测器；色谱柱为 HP 1701 石英毛细管柱，25 m×0.25 mm；进样口温度 240℃；检测器温度 260℃；柱温 80℃保持 1 min，10℃/min 升温至 200℃，3℃/min 升温至 220℃，保持 10 min，20℃/min

升温至240℃，保持2 min；载气为氮气1 mL/min，补充气30 mL/min，`氢气为3.5 mL/min，空气为110 mL/min；分流比30（不分流进样时间0.7 min）；进样量1 μL。

该方法保留时间甲胺磷为16.13 min，乐果为23.19 min，甲基对硫磷为26.26 min。具体方法见《环境科学实验教程》（李元，2007）。

4. 蔬菜中农药残留快速检测——酶抑制法

（1）样品提取液、对照液的制取。取表面干净的小白菜，用不锈钢管取菜叶片（至少取8～10片菜叶）；番茄从表皮至果肉1～1.5 cm取样。样品切碎后取2 g放入提取瓶内，加入20 mL稀释液振荡5 min。倒出提取液，静止5 min。将提取液瓶内上部清液倒入试管内静置，用移液管吸取上清液3 mL移入另一试管内，此即为样品提取液。取3 mL稀释液放入试管中，此即为对照液。稀释液的配制见《环境科学实验教程》（李元，2007）。

（2）培养。在对照液、样品提取液中加入50 μL酶液和50 μL显色剂，摇匀后放入水浴锅中（37～38℃）培养10 min。酶液和显色剂的配制见《环境科学实验教程》（李元，2007）。

（3）测定。在对照液、样品提取液中加入0.1 mL底物试剂，摇匀后倒入比色皿中，立即放入仪器的样品器皿中，关闭样品池盖，按下仪器“检测”按钮，仪器自动完成检测。

由WZ-201型农残快速检测仪测得样本中含有的有机磷和氨基甲酸酯类农药对乙酰胆碱酯酶酶活性的抑制率。抑制率的计算见《环境科学实验教程》（李元，2007）。

五、实验材料、工具与仪器

（一）实验材料

供试材料为小白菜。一部分均匀喷施浓度为800 mg/L的40%乐果乳油、50 mg/L的25%溴氰菊酯乳油、90 mg/L的45%氯氰菊酯乳油，50 mg/L的40%甲胺磷乳油、50 mg/L的50%甲基对硫磷乳油；另一部分喷水作为空白对照。

农药标样：农业部环境保护科研监测所研制的乐果-丙酮液（100 mg/L）、国家标准物质研究中心提供的氯氰菊酯（99.7% ±02%）、溴氰菊酯（99.7% ±0.2%）、甲胺磷标准样品、甲基对硫磷标准样品。其他试剂按要求购置。

（二）工具与仪器

工具：GPS、地图、钢卷尺、取样刀、剪刀、塑料袋、记录本。

仪器：高速组织捣碎机，离心机，玻璃层析管（3 cm×30 cm），K-D浓缩器，恒温箱，玻璃板（10 cm×12 cm），玻璃层析柱（2.0 cm×20 cm），气相色谱仪（配FPD检测器），毛细管色谱柱，高效液相色谱仪（Prostar），紫外-可见检测器，回旋式振荡HX-I，旋转式蒸发仪RE-52AA，玻璃层析柱（300 mm×15 mm，带聚四氟乙烯旋塞），色谱柱C18柱4.6 mm×150 mm（大连依利特科学仪器有限公司）；电子天平，微型注射器，微孔过滤器，微孔滤膜（0.4 μm），WZ-201 型农残快速检测仪。

六、思考题

1．气相色谱仪的基本结构包括哪几个部分？各有什么作用？

2．应用气相色谱法测定农药残留，如何进行定性分析和定量分析？

3．从分离原理、仪器构造和应用范围等方面简要比较气相色谱法和高效液相色谱法的异同点。

第六章　环境规划与管理实习

实习一　环境规划实习

一、目的

环境规划是环境科学专业的专业课程之一，它是一门实践性很强的课程，同时是环境科学专业学生毕业后所从事的主要职业之一。课程实习是环境科学专业教学计划的重要组成部分，通过实习，熟悉规划区自然与人文社会经济环境信息收集；在环境预测的基础上，要求学生能够对规划期内区域的环境质量状况分析预测；培养学生根据规范，编制环境规划报告书的能力；熟练掌握规划区生态环境综合整治规划的编制。

二、原理

（一）规划编制目的

人类的经济和社会活动必须既遵循经济规律，又遵循生态规律，否则终将受到大自然的惩罚。环境规划的目的在于调控人类自身的活动，减少污染，防止资源破坏，从而保护人类生存、经济和社会持续稳定发展所依赖的基础——环境。环境规划是实行环境目标管理的基本依据和准绳，是环境保护战略和政策的具体体现，也是国民经济和社会发展规划体系的重要组成部分。编制和实施环境规划对于协调人与环境、经济与环境的关系以及保证国家长治久安、实现可持续发展具有深远的意义。

1．环境规划的概念

环境规划指为使环境与社会经济协调发展，把“社会-经济-环境”作为一个复合生态系统，依据社会经济规律、生态规律和地学原理，对其发展变化趋势进行研究，而对人类自身活动和环境所做的时间和空间的合理安排。

2．环境规划的内涵

（1）环境规划研究对象是“社会-经济-环境”复合生态系统，它可能指整个国家，也可能指一个区域（城市、省区、流域）。

（2）环境规划任务在于使该系统协调发展，维护系统良性循环，以谋求系统最佳发展。

（3）环境规划依据社会经济原理、生态原理、地学原理、系统理论和可持续发展理论，充分体现这一学科的交叉性、边缘性。

（4）环境规划的主要内容是合理安排人类自身活动和环境。其中，既包括对人类经济社会活动提出符合环境保护需要的约束要求，还包括对环境的保护和建设作出的安排和部署。

（5）环境规划是在一定条件下优化，它必须符合一定历史时期的技术、经济发展水平和能力。

（二）环境规划的作用

（1）促进环境与经济、社会可持续发展；
（2）保障环境保护活动纳入国民经济和社会发展计划；
（3）合理分配排污削减量、约束排污者的行为；
（4）以最小的投资获取最佳的环境效益；
（5）实行环境管理目标的基本依据。

（三）环境规划的原则

（1）经济建设、城乡建设和环境建设同步原则；
（2）遵循经济规律，符合国民经济计划总要求的原则；
（3）遵循生态规律，合理利用环境资源的原则；
（4）预防为主，防治结合的原则；
（5）系统原则；
（6）坚持依靠科技进步的原则；
（7）强化环境管理的原则。

（四）环境规划目标的确定

环境规划的目的就是实现预定的环境目标，环境规划目标是通过环境指标体系表征的。

1. 环境规划目标的概念

环境规划目标是环境规划的核心内容，是对规划对象（如国家、城市和工业区等）未来某一阶段环境质量状况的发展方向和发展水平所作的规定。它既体现了环境规划的战略意图，也为环境管理活动指明了方向，提供了管理依据。

2. 确定环境规划目标的原则

环境规划目标既不能过高，也不能过低，而要恰如其分，做到经济上合理、技术上可行和社会上满意。只有这样，才能发挥环境规划目标对人类活动的指导作用，才能使环境规划纳入国民经济和社会发展规划成为可能。

（1）以规划区环境特征、性质和功能为基础。确定目标要基于相应规划区的性质、特征和功能，抓住其自身特征，而不能采用“一刀切”的方法，比如，对无能力防治和对污染特别敏感的区域，目标应高一些，而对环境容量大，承载能力强的区域，可以适当放低目标，推动经济发展，并最终反过来促进环境与经济的协调发展。

（2）以经济、社会发展的战略思想为依据。我国经济、社会发展的战略思想就是社会、经济、科学技术相结合，人口、资源、环境相结合的协调发展，这就说明了发展经济与保护环境的关系。所以，环境规划也要以此为依据，促进经济、社会、环境的协调发展。

（3）环境规划目标应当满足人们生存发展对环境质量的基本要求。环境规划目标不仅要满足环境与经济协调发展的需要，还要保证人们生存发展的基本要求得到满足。第一，确定目标应高于人们生活对环境质量的要求，尤其对于符合要求的饮用水、清洁空气、适当的生存空间和娱乐休闲等生活条件要得到保证。第二，确定的目标也要高于生产对环境质量的要求，保证符合标准的生产用水、空气、生产用地、生产材料和能源等，从而保证生产的顺利进行。

（4）环境规划目标应当满足现有技术经济条件。环境规划总是在一定的条件支持下才能实现的，确定目标应考虑现有的管理、防治技术和人才结构问题，要分析现有经济水平能够提供多少资金用于环境保护，这一点至关重要。正确的做法是把环境规划目标和经济目标协调起来进行综合平衡，以保证资金投入。不同地区技术经济条件不同，但都应在现有和可能有的技术和经济条件下确定环境规划目标。

（5）环境规划目标要求能做时空分解、定量化。无论定性目标，还是定量目标，都要把目标具体化，在时间上和空间上能进行分解细化目标，使目标具体、详细、具有可实施性，便于环境规划方案的管理、监督、检查和执行。

3. 环境规划目标的可达性分析

经过调查、分析、预测，确定出环境规划目标后，还要对规划目标进行可达性分析并及时反馈回来对目标进行修改完善，以使目标准确可行。

（1）环境保护投资分析。在环境规划中其目标一旦确定，污染物总量削减指标、环境污染控制指标和环境工程设备建设指标就相应确定。逐项计算完成各项指标所需资金，在留有余地的前提下得出一个总投资预算。同时，考虑环保投资占同期国民总值的比例，计算出国家和地方准备投入的环保资金，两相比较并得出结论。过高、过低或持平都须反馈回来，对目标重新修正，保证在投资范围内进行环境保护。我国环保投资占同期国民生产总值比例呈上升趋势，由过去不足0.7%到1%，再到“九五”期间的1%～1.5%。随着投资比例的加大，环境目标便越易实现。

（2）技术力量分析。

①环境管理技术：环境管理的加强使环境管理逐渐走向科学化、现代化。现有的环境管理已由单一的定性管理转向定性、定量综合，并最终走向定量管理。同时，由点源控制已转向集中控制，末端控制转向生产全过程控制。管理技术的提高为环境目标的实施提供了强有力的技术支持。分析管理技术水平用以分析规划目标的确定是否具有可行性，以确保目标的准确性，保证规划的有效性。

②污染防治技术：迅速发展的科学技术推动污染防治技术的进步。特别是清洁生产工艺的发展正是从根本上抓住污染防治，从原材料的处理、生产加工、产品涉及废弃物回收利用都有新技术的采用。所以，现有的污染防治技术也是环境目标得以实现的重要条件。

③技术人才与技术推广：我国在环境管理、环境污染防治等领域还缺乏知识面广、技术过硬的专业人才，还没有形成合理的技术人才结构，这势必影响到技术进步和推广。在确定的目标可达性分析中，要认清环境领域的技术人才形式，评估其技术力量大小和可能的力度，最终为顺利实现环境目标提供支持。

（3）污染负荷削减能力分析。削减能力由两部分组成：一是现有的削减能力，通过调查和评价，统计出区域内污染削减的平均水平，估算出其已有削减力。二是潜在的削减能力，在现有削减力的基础上，可以预测、推演其削减潜力，并分析挖掘潜力的可能性，从而概算出今后一定时期该区域可能增加的污染负荷削减能力。得出规划区的污染负荷削减能力，便可与实现目标所要求的削减能力进行比较，据此得出最终的可行性分析结果。

（4）其他分析。在环境规划目标可达性分析中，还涉及公民素质分析。经济落后、生产方式传统、旧观念作祟加之教育上不去的现实，决定了有些区域公民素质不高，环保意识淡薄，直接影响环境目标落实的难度。在较开放、经济文化发展较高的地区，相对而言，环境目标更易实现。此外，其他一些影响措施、控制对策、法规执行程度等因素也应当加以分析，在执行有力与不力中，有执法管理部门的原因，也有群众的原因，有政治，也有经济的原因。要综合分析目标的可行性。

（五）环境现状调查与评价

1. 环境质量现状评价

在环境保护工作中，需要对环境进行广泛的、深入的、全面的监测和调查研究，根据调查和监测的结果进行统计分析和计算，对环境质量作出综合评价，找出环境中存在的问题，然后才能有针对性地制定改善和提高环境质量的规划和措施。

环境评价是在环境调查分析的基础上，运用数学方法，对环境质量、环境影响进行定性和定量的评述，旨在获取各种信息、数据和资料。它是制定规划的基础工作。

（1）自然环境评价。自然环境评价主要为环境区划和评估环境的承载能力服务。一般应包括区域自然环境现状、大气环境污染现状、水体环境污染现状、土壤环境污染现状、噪声污染现状和固体废弃物污染现状。在对区域环境现状调查的基础上进行系统的分析和研究，找出目前存在的各种环境问题以及在规划期内亟待解决的主要环境问题，作出区域环境质量评价。

（2）经济、社会现状评价。①区域相关的经济现状：主要是指与环境规划内容有直接或间接关系的那部分经济活动，这些经济活动影响着区域环境质量的状况。所以，在进行区域环境规划时，需要考虑这些相关的经济发展状况。②区域内相关的社会因素：主要是社会人口状况的分析和社会意识状况的分析。另外，还包括社会制度和体制、体育等社会概况，并分析对区域环境所产生的影响。

（3）污染评价。根据污染类型，进行单项评价，按污染物排放总量排队，由此确定评价区内的主要污染物和主要污染源。污染评价还应酌情包括乡镇企业污染评价和生活及面源污染分析等。污染评价还应考察现存环境设施运行情况、已有环境工程的技术和效益，作为新规划工程项目的设计依据和参考。水污染评价技术遵照有关技术规程进行。

2. 环境评价工作和内容

（1）污染源调查：了解污染物排放量和污染物毒性，综合评价污染源对环境的潜在危害，选出地区主要污染物和污染源。

（2）监测项目的确定：在主要污染物地球化学性质分类的基础上，确定何类污染物为本区的监测项目。

（3）监测网点的布局：根据工、农业和城市各物质要素分布特点以及自然条件，规划合理的监测网点。

（4）获得环境污染数据：采集代表性样品，设计样品前处理方案测试，获得可靠数据。

（5）环境质量综合评价：对监测数据进行标准化计算，合理叠加，用作图法显示评价区环境质量综合污染状况。

（6）人体健康与环境质量关系的确定：计算各种疾病率（死亡率）与环境质量系数之间的相关性，确定人体健康与环境污染的相关性。

（7）建立环境污染计算模式：以监测数据为基础，综合室内模拟实验，确定模式中的参数，建立符合评价区情况的计算模式。

（8）环境预测研究：将未来工业设计数据、工业治理设计参数代入模式。研究随工业发展和“三废”治理，环境污染的未来变化趋势。

（六）社会经济与环境预测

1. 社会和经济发展预测

社会发展预测重点是人口预测。预测规划期内区域内的人口总数、人口密度和人口分布等方面的发展变化趋势。

经济发展预测重点是能源消耗预测、国民生产总值预测和工业部门产值预测。预测区域生产布局的调查、生产力发展水平的提高和区域经济基础、经济规模和经济条件等方面的变化趋势。

预测随着社会、经济的发展所带来的各种环境问题，预测区域环境质量随着人们的生产和消费活动变化的规律性，预测区域污染物发生量和人口分布、人口密度、生产布局和生产力发展水平等因素之间的关系。

2. 环境容量和资源预测

根据区域环境功能的区划、环境污染状况和环境质量标准来预测区域环境容量的变化，预测区域内各类资源的开采量、储备量以及资源的开发利用效果。

3. 环境污染预测

预测各类污染物在大气、水体、土壤等环境要素中的总量、浓度以及分布的变化，预测可能出现的新污染物种类和数量。

4. 环境治理和投资预测

各类污染物的治理技术、装置、措施、方案以及污染治理的投资和效果的预测；预测规划期内的环境保护总投资、投资比例、投资重点、投资期限和投资效益等。

5. 生态环境预测

城市生态环境，包括水资源的贮量、消耗量、地下水水位等，城市绿地面积、土地利用状况和城市化趋势等；农业生态环境，包括农业耕地数量和质量、盐碱地的面积和分布、水土流失的面积和分布；此外，还包括区域内的森林、草原、沙漠等的面积、分布以及区域内的物种、自然保护区和旅游风景区的变化趋势。

（七）环境规划方案的生成和决策过程

1. 环境规划的编制程序

环境规划过程是一个科学决策过程。从制订规划的调查评价开始到规划的实施一般分为：调查评价、污染趋势预测、功能区划、制定目标、拟订方案和优化方案、可行性分析、编写规划文本、审批等八个步骤。规划方案经过可行性综合分析之后，应将规划的全部内容编写成环境规划文本。环境规划文本有两种。一种是环境规划的研究文本，其作用是对环境规划的结论进行科学的说明，作为规划的鉴定文本，突出环境规划的科学性；另一种是环境规划的审批和行政文本，其作用是提供政府和人民代表大会审批和下达的行政文件，作为环境规划的主要结论和规定，即环境现状、行动目标与措施的说明。文字要精练。环境规划和环境保护计划须经过同级政府或作为国民经济和社会发展计划的一个组成部分与国民经济和社会发展计划一起通过人民代表大会审查批准。

2. 环境规划方案的生成

包括环境规划方案的设计和优化。

（1）环境规划方案的设计。环境规划方案的设计是在考虑国家或地区有关政策规定、环境问题和环境目标、污染状况和污染削减量、投资能力和效益的情况下，提出具体的污染防治和自然保护的措施和对策。是整个规划工作的中心，与确定目标一样都是工作重点。环境规划方案的设计过程如下。

①分析调查评价结果：包括环境质量、污染状况、主要污染物和污染源；现有环境承载力、污染削减量、现有资金和技术。明确环境现状、治理能力和污染综合防治水平。

②分析预测的结果：摆明环境存在的主要问题，明确环境现有承载能力、削减量和可能的投资、技术支持，从而综合考虑实际存在的问题和解决问题的能力。

③详细列出环境规划总目标和各项分目标，以明确现实环境与环境目标的差距。

④制定环境发展战略和主要任务，从整体上提出环境保护方向、重点、主要任务和步骤。

⑤制定环境规划的措施和对策。运用各种方法制定针对性强的措施和对策，如区域环境污染综合防治措施、生态环境保护措施、自然资源合理开发利用措施、调整生产布局措施、土地规划措施、城乡建设规划措施和环境管理措施。

（2）环境规划方案的优化。环境规划方案优化的内涵：环境规划方案是指实现环境目标应采取的措施以及相应的环境保护投资，力争投资少效果好。在制定环境规划时，一般要作多个不同的规划方案，经过对比各方案，确定经济上合理、技术上先进、满足环境目标要求的几个最佳方案作为推荐方案，供领导决策。方案优化是编制环境规划的重要步骤和内容。方案的对比要具有鲜明的特点，比较的项目不宜太多，要抓住起关键作用的因素作比较。对比各方案的环境保护投资和三个效益的统一，达到投资少效果好的目的，从实际出发选择最佳方案。

环境规划方案优化的步骤：①分析、评价现存和潜在的环境问题，寻求解决的方法和途径，研究为实现预定环境目标而采取的措施。②对所有拟定的环境规划草案进行经济效益分析、环境效益分析、社会效益分析和生态效益分析。③分析、比较和论证各种规划草案，建立优化模型，选出最佳总体方案。④预测评价区域环境规划方案的实施对社会、经济发展和环境产生的影响。⑤概算实施区域环境规划所需的投资总额，确定投资方向、重点、构成与期限以及评估投资效果等。

3. 环境规划方案的决策

环境规划方案决策是在特定的历史阶段中，根据人类社会生存和持续发展的需要，制定一定时期的环境目标，并从各种可供选择的实施方案中，通过分析、评价、比较，选定一个切实可行的环境规划方案的过程。

（1）根据人类社会生存和发展的需要，对现实存在的或潜在的环境问题性质、走向、危害程度和影响范围等各方面加以研究，进而根据社会经济水平提供的可能，提出环境决策所要达到的目标。

（2）搜集决策过程中所需的各种资料和数据。

（3）分析与实现目标有关的各种因素，从技术、经济、社会等方面的条件考虑，拟定各自所能达到目标的方案。

（4）对制订出的各种方案进行分析、比较，作出评估。

（5）在确保能实现环境决策目标的前提下，选择一个现实社会经济、技术条件能接受的方案作为实施方案。

（6）在出现所有可能的方案均不能为当时的社会经济技术条件所接受的情况时，环境目标加以修正或调整。

（八）环境规划的实施

环境规划的编制、审批和下达只是规划工作的一部分，而重要的工作是组织规划的实施。

（1）环境规划纳入总体规划。把环境保护纳入经济和社会发展规划是人类认识客观规律的进步。多年来，我国的环境问题之所以日趋严重，其中一个主要的原因就是因为过去的环境保护没有在国民经济中占一定的比例，违背了社会主义市场经济这一客观规律，以致造成了严重的环境污染和生态破坏。因此，为保证环境规划的顺利实施，各级政府在制订国民经济和社会发展计划时，必须把环境保护作为综合平衡的重要内容。

（2）全面落实环境保护资金。关于一个国家的未来环境，不仅取决于目前的环境基础，更主要的是取决于一个国家的财力和物力，也就是取决于一个国家的经济发展水平。尤其是对于环境污染欠账较多和自然生态破坏严重的我国来说，要想从根本上解决环境问题，没有或缺少一定比例的环境保护投资是不行的。环境保护投资比例问题是协调环境保护与经济和社会发展之间的一个重要问题。比例多少与规划目标相关，是实现规划目标全部措施中最根本的一环；同时，又是制约规划目标的主要因素之一。

（3）编制年度环境保护计划。环境保护规划的分类，按跨越时间分为长远规划（即长期规划）、五年计划（即中长期规划）和年度计划。编制的时间顺序，应先编制长远规划，接着编五年计划，然后在五年计划的基础上，再编制出年度计划。中长期环境规划的实施，必须靠年度环境保护计划层层分解，具体落实到各地区、各部门和各单位逐步实施，否则制定的规划再好也将会成为一纸空文。因此，各级政府在制定年度国民经济和社会发展计划的同时，要把编制年度环境保护计划作为一项重要的内容。

（4）实行环境保护目标管理。为了实现环境保护的规划目标，仅靠一般化的行政管理模式，已经不能适应目前环境保护工作的需要。把环境保护规划目标和任务与责任制紧密结合起来，实行各级领导的环境保护目标责任制的管理制度，是顺利实现规划目标和任务的重要措施。环境保护目标责任制是以签订责任书的形式，从各级领导的职责范围出发，具体规定出他们在任期内的环境保护目标和任务这一基本职责，从而理顺各地区、各部门和各单位在保护环境方面的关系，使改善环境质量的规划目标和任务得到层层落实。实行环境规划目标责任制，有利于将纳入国民经济和社会发展计划中的环境保护计划目标和任务具体化；有利于调动各地区、各部门和各单位的力量共同保护和改善环境。

三、实习地介绍

盘龙江的主源为牧羊河（又称小河），发源于嵩明县境内的梁王山北麓葛勒山的喳啦箐，由黄石岩南流入官渡区小河乡，长 54 km，径流面积 373 km^2，最大过水流量 122 m^3/s，源头高程 2 600 m；支源绍甸河（又称冷水河），源头在龙马箐，穿白邑坝子，过甸尾峡谷经芝家坟南入官渡区小河乡，长 29.4 km，径流面积 149.5 km^2，最大过水流量 67.2 m^3/s。两河在小河乡岔河嘴汇为一水后，始称盘龙江。盘龙江东流穿蟠龙桥、三家村至松华坝水库，出库后经上坝、中坝、雨树村、落索坡、浪口、北仓等村，穿霖雨桥，经金刀营、张家营等村进入昆明市区，过通济、敷润、南太、宝尚、得胜、双龙桥至螺狮湾村出市区，经官渡区南窑川南坝走陈家营、张家庙、严家村、梁家村、金家村至洪家村流入滇池。从其主源到滇池全长95.3 km，径流面积903 km^2，多年平均年径流量3.57亿m^3，河道流域高程为1 890～2 280 m，径流面积最宽处为23 km，最窄处为7.3 km。

四、实习内容

对盘龙江流域水环境进行规划，必须找出盘龙江流域目前存在的水环境问题，主要包括水量、水质、水资源利用等方面问题，查明问题的根源所在。为此，要通过污染源的调查分析、水质的监测以及水资源利用状况的调研，进而作出水环境污染现状评价和水资源利用评价。根据国民经济和社会发展要求，同时考虑客观条件，从水质和水量两个方面拟定水环境规划目标。

全面查清该河沿程的排水、用水、城镇、监测断面的空间分布及其特征值。根据对水环境污染的分析，并考虑行政区划、水域特征、污染源分布等特点，将污染源所在区域与受纳水区域划分为若干个不同的水污染控制单元。在制定水环境规划的方案中，可供考虑的措施包括调整经济结构和工业布局、实施清洁生产工艺、提高水资源利用率、充分利用水体的自净能力和增加污水处理设施等。将各种措施综合起来，提出可供选择的实施方案。

五、方法

（一）明确问题

找出盘龙江流域目前存在的水环境问题，主要包括水量、水质、水资源利用等方面问题，查明问题的根源所在。为此，要通过污染源的调查分析、水质的监测以及水资源利用状况的调研，作出水环境污染现状评价和水资源利用评价。收集以下基础资料。

（1）地图：图上应标明拟做规划的流域范围和河流分段情况。

（2）规划范围内水体的水文与水质现状数据。

（3）污染源清单：排入各段水体的污染源一览表，最好以重要性顺序排序，各排污口位置、排放方式与污染物排放量及治理现状和规划，有关非点污染源的一般情况。

（4）流域水资源规划、流域范围内的土地利用规划和经济发展规划等有关的原始规划资料，以及现状用水情况。

（二）确定规划目标

根据国民经济和社会发展要求，同时考虑客观条件，从水质和水量两个方面拟定水环境规划目标。

(1) 提出水体可能考虑的用途目标和水质控制指标。

(2) 确定不同河段的使用目标及水质指标。

(3) 列出水质超标或可能超标的河段（或其他水体），指出超标或可能超标的项目。认定有毒污染物的种类，确定应控制的主要污染物。

(4) 确定各河段（或其他水体）主要污染物的环境容量。

(5) 把各河段（或其他水体）的环境容量分配给每个废水排放口。还必须考虑将来可能增加的排污量，上游水质对下游的影响以及非点源污染负荷等因素的影响，并给一定的安全系数。该分配结果应与区域规划和设施规划相一致。

（三）河流水质功能区划

1. 水质功能区结构点位的直线展布图

为了对河流进行水质功能区划以及排污总量控制的规划管理，最基础的工作是全面查清该河沿程的排水、用水、城镇、监测断面的空间分布及其特征值，并进行图表的信息汇总。

采用河流水质功能区结构点位的直线展布图及配套表格，来定量描述有关各要素的点位布局及其特征值，可以直观、全面地表达各种信息要素及其相互关系，并将图表信息有序化和规范化。点位直线展布图成为分析水环境现状、制定水质功能区划、调整制订水质目标、追踪污染源、制订排污总量控制指标等的有用工具。河流水质功能区结构的直线展布图，可采用以下标识符号来反映各信息要素（图 6-1）。

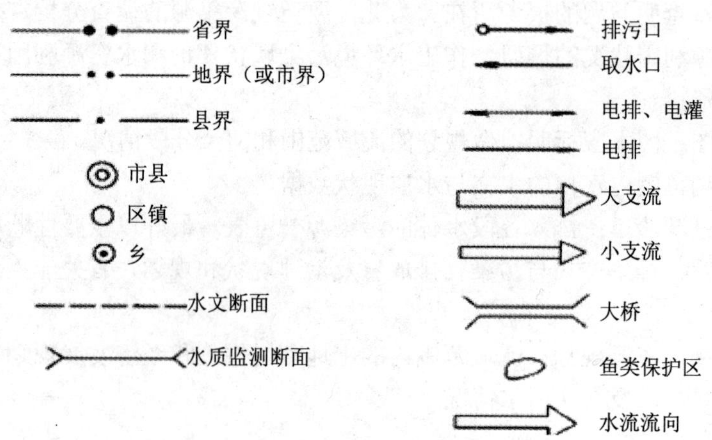

图 6-1 河流水质功能区结构的标识符号

由河流水质功能区结构直线展布图及配套表格所反映的河流水环境现状，以及经济发展规划等要求，根据河流水质功能区划的原则和技术规定，可对需要实行总量控制的污染物项目，分析拟定出该河流水质功能区若干种区划方案，对其作可达性和可行性分析，从而提出推荐的区划方案。

2．划分水污染控制单元及解析归类

根据对水环境污染的分析，并考虑行政区划、水域特征、污染源分布等特点，将源所在区域与受纳水区域划分为若干个不同的水污染控制单元。

（1）水污染控制单元划分。对于每一个控制单元，可单独进行环境评价，实施不同的控制路线。

（2）对各控制单元的主要功能进行分析说明，包括单元控制范围内的主要功能区及其所在位置和范围等，以及各功能区应执行标准（GHZB 1—1999）的类别或专业用水标准。针对不同的水质目标和不同的污染物，在同一区域可以有多种控制单元的划分方案，以适应解决不同环境问题的需要。也就是说，对于不同的控制目的，可以有不同的控制单元与之相对应。

（3）水质现状及控制断面，包括单元控制范围内设立的控制断面及其作用和水质情况。在每个控制单元内，污染物排放清单应齐全，水域控制断面应有常规监测资料。

（4）排放情况和主要污染源。分析各单元内排污源的位置、排放方式、排放强度和排放量，不同污染物的主要污染源，以及水体污染现状，确定各个单元间的现状排放情况。

（5）排污量与水质预测。说明预测年控制单元内污染物的排放情况，利用水量、质量平衡关系预测设计水文条件下控制断面的水质。

（6）主要水环境问题诊断。根据水质监测数据，以地面水水质标准为依据，对各控制单元水质状况进行评价，明确现阶段单元的主要水环境问题。

（7）控制路线的制定。分析单元内各污染源不同污染指标的控制路线。控制路线即指浓度控制、总量控制或浓度控制与总量控制相结合。

（8）允许排放量的确定。在设计条件下，根据各控制断面控制因子应达到的标准值，计算单元内各排放口排入受纳水域的允许纳污量；通过对各个控制单元的解析与评价，然后给出所研究水域内各单元的总体综合性结论。

（四）拟定规划措施

在制定水环境规划的方案中，可供考虑的措施包括调整经济结构和工业布局、实施清洁生产工艺、提高水资源利用率、充分利用水体的自净能力和增加污水处理设施等。

在水环境目标确定后，实现这一目标的途径、措施可能有多种方案，如何寻找最小费用的方案是水环境规划的重要任务。

（五）提出供选方案

将各种措施综合起来，提出可供选择的实施方案。检验和比较各种规划方案的可行性和可操作性，可通过费用—效益分析、方案可行性分析和水环境承载力分析对规划方案进行综合评价，从而为最佳规划方案的选择与决策提供科学依据。

六、工具与仪器

海拔表、地质罗盘、GPS、地形图、皮尺及污染源现状监测调查的仪器设备等。

七、思考题

1. 如何确定水污染控制单元？
2. 水环境规划方案中可采取的技术措施有哪些？
3. 如何评估水环境规划方案的可行性？

实习二　城市公园的费用效益分析

一、目的

通过对城市公园的费用和效益的分析计算，使学生掌握费用和效益分析的技术和方法，认识到城市公园的经济效益和对社会福利所作出的贡献，评价城市公园的经济合理性。

二、原理

一些政策和项目会对环境及自然资源配置造成影响。需要评估这些影响的范围，以确定是否应该颁布或执行某项政策，是否应该开发和建设某个项目。费用效益分析，就是评估这些影响的主要评价技术。

费用效益分析又称成本效益分析、效益费用分析、经济分析、国民经济分析或国民经济评价等。

（一）费用效益分析的产生与发展

1844 年，法国工程师 Jules Dupuit（杜波伊特）发表了题为“市政工程效用的评价”的论文，提出了“消费者剩余”的思想。这种思想发展成为社会净效益的概念，成为费用效益分析的基础。1936 年，美国颁布的《洪水控制法》提出要检验洪水控制计划的可行性，要求对“任何人来说”效益都必须超过费用。1950 年，美国联邦机构流域委员会的费用效益小组发表了“关于流域项目经济分析实践的建议”，第一次把当时并行独立发展的两门学科，即实用项目分析与福利经济学联系起来。20 世纪 60 年代费用效益分析扩展到其他领域，比如公路运输、城市规划和环境质量管理。而后，费用效益分析得到了较快发展。发达国家如美国、英国、法国、日本、加拿大等国普遍应用了费用效益分析方法，应用范围不断扩展，现在已扩展到对发展计划和重大政策的评价。

目前我国也积极对社会经济活动的环境影响进行费用效益分析，已取得长足进展，特别是在建设项目环境影响评价中都要进行费用效益分析，选出最佳方案，降低对环境的影响。

（二）费用效益分析的基本原理

1. 费用效益分析的重要假设

费用效益分析以新古典经济学理论为基础，有以下四个重要假设：

（1）一个人的满足程度和经济福利水平，可以用人们为消费商品和劳务而愿意支付的价格来表示或度量，在很多情况下，个人消费物品和劳务实际上并未支付费用，但个人愿意支付的金钱原则上可以从行为观察、调查资料或其他方法计算得到。

（2）用个人货币值的累加值作为社会福利的度量。

（3）帕累托最适宜条件或最优境界，即社会处于这样一种状态，对这种状态的任何改变，不能再使任何一个成员的福利增加，而同时不使其他人的福利减少，社会达到尽善尽美的境界。但事实上，在任何一种变革中，部分人受益难免不使另外的人受损，因而又提出了希克斯—卡尔多补偿原则，其内容是：如果在补偿受损失者之后，受益者仍比过去好，对社会就是有益的。补偿可以是实际补偿，也可以是虚拟补偿。虚拟补偿指对受损失者，不必由受益者来补偿，而通过社会效率的提高自然地进行补偿，同时，虚拟补偿从比较长的时间看，是一种未来的补偿，只有社会提高了效率，在经过一段时间以后，社会上人人都可以成为受益者。

（4）当社会净效益即社会总效益与总费用之差最大时，社会资源的使用在经济上才是最有效的。

2. 有关的基本概念

（1）环境破坏和污染引起的经济损失。人类活动有时候破坏或污染环境，使环境的某些功能退化，给社会带来危害，造成经济损失，这就是环境破坏或污染的经济损失。环境破坏或污染引起的经济损失可分为直接经济损失和间接经济损失两类。直接经济损失是直接造成产品的减产、损坏或质量下降所引起的经济损失，它是可以直接用市场价格来计量的。间接损失是由于环境资源功能的损害影响其他生产和消费系统而造成的经济损失。

（2）环境保护措施的效益和费用。人类为了改善和恢复环境的功能或防止环境恶化，采取了各种措施，减少环境破坏和污染引起的经济损失，减少物料流失，增加产品，给人类带来效益，这个效益称为环境保护措施的效益。这是环境费用效益分析的主要对象，它包括环境改善带来的效益和直接经济效益。环境保护的直接经济效益主要是物料流失的减少，资源、能源利用率的提高，废物综合利用，废物资源化等的效益。环境改善带来的效益是环境污染或破坏造成经济损失的减少。

环境保护设施、公共事业投资以及这些设施的运转费，就是费用效益分析中的费用。费用往往包括由于环境保护设施运行带来的新的污染损失，这也可算作环境保护设施的负效益。

（3）社会贴现率。费用效益分析所研究的问题，往往跨越较长的时间，任何环保项目或政策的费用和得到的效益都与建设周期、工程项目的使用寿命以及政策执行的长短有关，同时，费用和效益发生的时间也不尽相同。因此，在费用效益分析中，必须考虑时间因素。为了比较不同时期的费用和效益，人们对未来的费用和效益打一个折扣，在经济计算中，用贴现率作为折扣的量度，考虑了一定贴现率的未来的费用和效益称为费用或效益的现值。把不同时间（年）的费用和效益化为同一年的现值，使整个时期的费用或效益具有可比性。

3. 环境费用效益分析的步骤

（1）弄清问题。费用效益分析的任务，是评价解决某一环境问题各方案的费用和效益。然后通过比较，从中选出净效益最大的方案提供决策。因此，在费用效益分析中，首先必须弄清楚环境工程或政策的目标、分析环境问题所涉及的地域范围、列出解决这一环境问题的各个对策方案、明确各个对策方案跨越的时间范围。有的环境问题涉及的环境因子比较单一，例如废水排放污染河流、湖泊，有的环境问题涉及的环境因子比较多，例如固体废弃物的排放可能引起占用土地、污染大气、污染水体（地下水、河流、湖泊）、影响景观等，都要一一列出，以便进一步分析（图 6-2）。

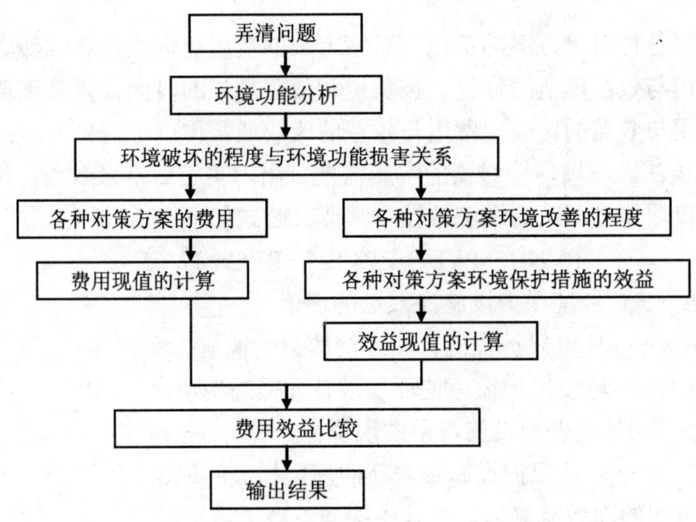

图 6-2　环境费用效益分析的步骤

（2）环境功能的分析。环境问题带来的经济损失，是由于环境资源的功能遭到了破坏，反过来影响经济活动和人体健康。环境资源的功能是多方面的，为了核算环境问题带来的经济损失，首先要弄清楚被研究对象的功能。例如，森林的功能有提供木材、林产品、固结土壤、涵养水分、调节气候、保护动植物资源等；河流的功能有为工农业、人民生活提供水源、发展渔业、航运、观赏、娱乐、防洪等。要对这些功能进行定量的评价。

（3）确定环境破坏的程度与环境功能损害的关系，即剂量-反应关系。环境破坏或被污染，环境功能就受到了损害，两者之间的定量关系是进行费用效益分析的关键。通常可以用科学实验或统计对比调查而求得（与未被污染的地方或本地污染前进行比较）。例如，据统计对比调查，退化草原的载畜能力由正常草原的1.05 头羊/hm^2 降到 0.33 头羊/hm^2。据国外大量研究资料表明，当大气中 SO_2 的浓度大于 0.06 mg/m^3 时，可使农作物减产 4%～5%。

（4）弄清楚各种对策方案改善环境的程度。对策方案改善环境功能的效益取决于对策方案改善环境的程度。例如，某方案可以使原来污染了的大气质量改善，SO_2 的浓度从 200 mg/m^3 降到 50 mg/m^3，而另一方案仅可以从 200 mg/m^3 降到 150 mg/m^3。前者的效果好于后者。

（5）计算各个对策方案的环境保护效益。根据方案可以改善环境和由此带来的环境功能改善，即受纳体的反应，来计算各种方案环境改善的效益。除此之外，还要计算各种方案可以获得的直接经济效益。例如，综合利用、各种资源回收的效益等。

（6）计算各种对策方案的费用。对策方案的费用包括投资和运转费用。

（7）费用与效益现值的计算。按费用和效益形成的时间计算其现值。

（8）费用与效益的比较。费用与效益的比较通常用以下两种方法：

①净现值法。一项环境对策的实施需要费用，实施后带来效益，用净效益的现值来评价该项环境对策的经济效益，其计算公式如下：

$$PVNB = PVDB + PVEB - PVC - PVEC$$

式中：PVNB —— 环境保护设施净效益的现值；

PVDB —— 环境保护设施直接经济效益的现值；

PVEB —— 环境保护设施使环境改善效益的现值；

PVC —— 环境保护设施费用的现值；

PVEC —— 环境保护设施带来新的污染损失的现值。

比较各方案的净效益现值，以其中净效益现值最大者为最优方案。

②效益与费用比较。求出各种方案的效益现值与费用现值之比，其比值δ最大者为最优方案，计算公式如下：

$$\delta = \frac{PVDB + PVEB}{PVC + PVEC}$$

净现值法描述的是该方案可以获得的净效益现值的大小，而“效益与费用比较”法描述的是获得效益现值为花费费用现值的倍数，当 PVNB＞0 时，δ＞1；PVNB＝0 时，δ＝1；PVNB＜0 时，δ＜1。

（三）环境影响的费用和效益评价技术

环境费用效益分析的主要问题在于如何计算环境改善带来的效益或环境污染或破坏造成的损失。环境影响的费用和效益评价技术分为三类即直接市场法、替代市场法和意愿调查评估法。

1. 直接市场法

直接市场法就是直接运用货币价格，对可以观察和度量的环境质量变动进行测算的一种方法。它包括市场价值法或生产率法、机会成本法、防护费用法、恢复费用法或重置成本法、影子工程法和人力资本法和收入损失法。

采用直接市场法应该具备以下三个方面的条件：①环境质量变化直接增加或者减少商品或服务的产出，这种商品或服务是市场化的，或者是潜在的、可交易的，甚至它们有市场化的替代物；②环境影响的物理效果明显，而且可以观察出来，或者能够用实证方法获得；③市场运行良好，价格是一个产品或服务的经济价值的良好指标。

（1）市场价值法（或生产率法）。这种方法把环境看成是生产要素。环境质量的变化导致生产率和生产成本的变化，从而引起产值和利润的变化，而产值和利润是可以用市场价格来计算的。市场价值法就是利用因环境质量变化引起的产值和利润的变化来计量环境质量变化的经济效益或经济损失。

（2）机会成本法。机会成本就是把一种资源投入某一特定用途之后，所放弃的在其他用途中所能得到的最大利益。强调的是最大利益，比如，你买房子的钱如果用于买股票，可以赚取 5 万元，投资期货可以赚取 7 万元，则机会成本是 7 万元。当你选择一种而放弃其他的选项时，可能会带给你的最大收入和价值，就是机会成本。

用环境资源的机会成本来计量环境质量变化带来的经济损益或经济损失。当某些资源应用的经济效益不能直接估算时，机会成本是一种很有用的评价技术。

任何一种资源的使用，都存在许多相互排斥的备选方案，为了作出最有效的选择，必须找出社会经济效益最大的方案。资源是有限的，且具有多种用途，选择了一种使用机会就放弃了其他使用机会，也就失去了相应的获得效益的机会。把其他使用方案中获得的最大经济效益，称为该资源选择方案的机会成本。

在环境污染或破坏带来经济损失计算中，由于环境资源是有限的，环境污染了就失去了其他的使用机会。在资源短缺的情况下，可用它的机会成本，作为由此引起的经济损失。

（3）防护费用法。当某种活动有可能导致环境污染时，人们可以采取相应的措施来预防或治理环境污染。用采取上述措施所需费用来评估环境危害的方法就是防护费用法。

（4）恢复费用法或重置成本法。假如导致环境质量恶化的环境污染或破坏无法得到有效的治理，那么，就不得不用其他方式来恢复受到损害的环境，以便使原有的环境质量得以保持。将受到损害的环境质量恢复到受损害以前状况所需要的费用就是恢复费用。恢复费用又称为重置成本，这是因为随着物价和其他因素的变动，上述恢复费用往往大大高于原来的产出品或生产要素价格。

例如，开矿引起地面塌陷，影响农业生产，可以用开垦荒地的办法来弥补。

又如，在 Kim 和 Dixon 所做的韩国水土保持研究案例中（Dixon & Hufschmidt, 1986），高原地区的土壤由于水土流失而受到损害。研究者把重置失去的土壤和营养的成本当做水土保持的收益。隐含的假设是：土壤值得保存，即土地生产的价值高于重置费用。

（5）影子工程法。影子工程法是恢复费用法的一种特殊形式，影子工程法是在环境破坏后，人工建造一个工程来代替原来的环境功能，用建造新工程的费用来估计环境污染或破坏所造成的经济损失的一种方法。

例如，森林生态效益的计量。森林每年给社会带来多少效益不易计算，可以假定森林不存在，而用另外的办法来取得现有森林对社会的效益究竟每年要花多少钱，这笔费用作为森林的效益。森林涵养水分的功能，实测单位面积森林涵养水分量，而后算出总的涵养量，用库存同等水量水库的基建费和运行费，作为森林涵养水源的效益；森林固土功能，算出该地区的总固土能力，而后用拦蓄泥沙工程代替，这笔费用作为森林固土功能的效益；森林制氧效益，算出制多少氧气，而后用市场价来计算，作为森林的制氧效益。把这些效益都加起来，则为森林的效益。

（6）人力资本法。环境质量的变化对人类健康有很大影响，与健康影响有关的货币损失有三方面：①过早死亡、疾病或者病休造成的损失；②医疗费用开支增加；③精神或心理上的代价。

人力资本法将人看做劳动力，是生产要素之一。在污染的环境下生活或工作，人会生病或过早地死亡，耽误生产或丧失劳动力，因而不能与正常人一样为社会创造财富，还使社会负担医疗费、丧葬费，并且还需要他人（非医务人员）护理，因而又耽误了他人的劳动工时，这些都是社会的经济损失。人力资本法将环境污染引起人体健康的经济损失分为直接经济损失和间接经济损失两部分。

直接经济损失：预防和医疗费用，死亡丧葬费。

间接经济损失：病人和非医务人员护理、陪住影响的劳动工时造成的损失。而舒适性损失，如病人的病痛、家属的悲伤由于很难用货币度量，因此，不在人力资本法评价的范围之内。

人力资本法的主要计算公式为：

直接经济损失：患病 $L_{11}=\alpha RC$

死亡 $L_{12}=\alpha R_d(C+B)$

间接经济损失：患病 $L_{21}=\alpha L_d P$

死亡 $L_{22}=\alpha LL\cdot P$

式中：L_{11}、L_{12} —— 直接经济损失；

L_{21}、L_{22} —— 间接经济损失；

α —— 环境污染因素在发病或死亡发生原因中所占的百分数；

R —— 患病人数；

R_d —— 死亡人数；

C —— 每个患者的医疗费用；

B —— 每个死亡者的丧葬费；

L_d —— 患者和陪住人员耽误的劳工日；

P —— 人均国民收入额；

LL —— 死亡与平均寿命相比损失的劳动日总数。

环境污染对健康的影响，一般表现为常见病的发病率或死亡率的增加。例如，大气污染使支气管疾病和肺癌的发病率增加。费用效益分析中一个重要问题是弄清楚环境污染因素在这些常见病的发病原因中占多大比重，而公式中的α，通常是通过对污染地区和无污染地区的流行病学调查和对比分析而求得的。

人力资本法评价的不是人的生命价值，而是在不同质量的条件下，人因为发病或死亡对社会贡献的差异，以此作为环境污染对人体健康影响的经济损失。

2．替代市场法

替代市场法就是使用替代物的市场价格来衡量没有市场价格的环境物品的价值的一种方法。它包括后果阻止法、资产价值法、旅行费用法和工资差额法。

（1）后果阻止法。环境质量的恶化会对人体健康和经济发展造成危害，为了阻止这种后果的发生，必须采取相应的措施，用这些投入或支出的金额来衡量环境质量变动的货币价值的方法就是后果阻止法。采用的办法有两类。一类是对症下药，通过改善环境质量来保证经济发展；但在环境质量的恶化已经无法逆转（至少不是某一经济当事人甚至一国可以逆转）时，人们往往采取另一类办法，即通过增加其他的投入或支出来减轻或抵消环境质量恶化的后果。

（2）资产价值法。当其他因素不变时，以环境质量变化引起资产价值的变化量来估计环境污染或改善造成的经济损失或收益。这种方法叫做资产价值法。

例如，房地产的价格。房地产的价格由多种因素决定，概括起来有三个方面：一是房产本身的特性（如，面积、房间数量、房间布局、朝向、建筑结构、附属设施、楼层等），二是房产所在地区的生活条件（如，交通、商业网点、当地学校的有无及质量、健身与娱乐设施、犯罪率高低等），三是房产周围的环境质量（如，空气质量、水质质量、噪声高低、绿化条件等）。在前两方面大致相同的情况下，环境质量的差异将影响房产的价格，周围的环境质量越好，房产的价格就越高；反之，房产的价格就越低。其他条件相同时，房产的价格差异，体现了环境质量的价值。

（3）旅行费用法。旅行费用法是用旅行费用作为替代物来衡量人们对旅游景点或其他娱乐物品的价值。

旅行费用法（TCM），又叫费用支出法或游憩费用法，起源于如何评价消费者从其所利用的生态系统中获得的效益。它是通过往返交通费、门票费、餐饮费、住宿费、设施运作费、摄影费、购买纪念品和土特产的费用、购买或租借设备费以及停车费和电话费等旅行费用资料确定某项自然环境的消费者剩余，并以此来估算该环境的价值。

例如，用旅行费用法对某一特定地点（假设是一个自然保护区）的价值进行评估。

①确定旅行人次与旅行费用之间的关系：设每单位人群的旅游人次为 V（在

本例中为每千人的旅游人数，即 $V/1\,000$）。对每次旅行的平均费用作图，或者用统计方法确定每千人的旅游人次与旅行费用之间的关系（表 6-1）。假设这个关系为一条直线，并由下式给出：

$$V/1\,000=500-100C$$

式中：V——旅游人次；

C——平均旅行费用，元。

这条曲线就称为“全经验曲线”。它表明旅游者到达自然保护区的实际支付部分。

表 6-1 某自然保护区的旅游人数与旅行费用的有关信息

区域	人口/人	平均旅行费用/元	总旅游人数/人	旅游率/人（1000 人）$^{-1}$
第 1 区域	1 000	1	400	400
第 2 区域	2 000	3	400	200
第 3 区域	4 000	4	400	100
远于第 3 区域			0	
总计			1 200	

②确定消费者剩余。把消费者剩余与旅行费用相加，就可以得到旅游者的支付意愿总和，此即通过旅行费用法计算的该保护区的价值（表 6-2，表 6-3，图 6-3）。

表 6-2 门票费为 1 元时，旅游人数与旅行费用的有关信息

区域	人口/人	旅行费用/元	旅游率/人（1000 人）$^{-1}$	总旅游人数/人
第 1 区域	1 000	2	300	300
第 2 区域	2 000	4	100	200
第 3 区域	4 000	5	0	0
远于第 3 区域			0	
总计			400	

表 6-3 门票费改变时，总旅游人数的变化

因门票费增加的费用/元	总旅游人数/人
0	1 200
1	500
2	200
3	100
4	0

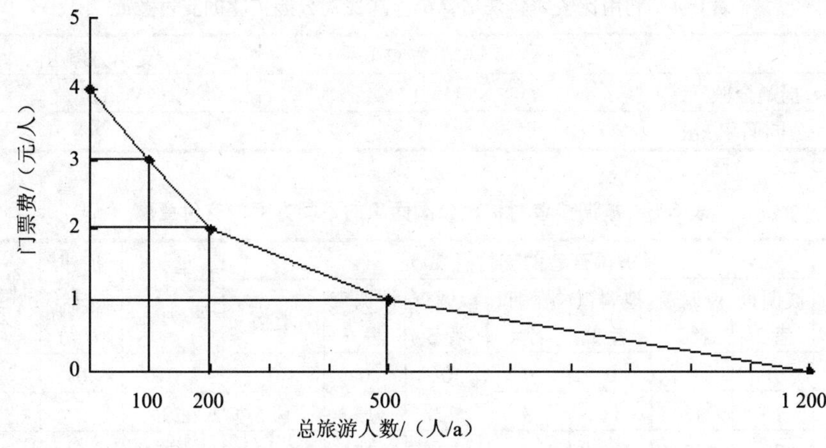

图 6-3　保护区的经验需求曲线

3. 意愿调查评估法

意愿调查评估法就是在环境状态的变化甚至连间接地观察市场行为都不能估价时，通过调查，推导出人们对环境状态变化的支付意愿或赔偿愿望的一种方法。它包括投标博弈法、比较博弈法、无费用选择法、优先评价法和德尔斐法。

（1）投标博弈法。投标博弈法是被询问者参加某项投标过程确定支付要求或补偿的愿望的方法。

例如，对某一公园的价值估算，可询问公园的使用者，为了维持公园的开放，是否愿意每年支付 10 元，如果回答是肯定的，所支付费用继续提高，每次增加 1 元，一直提高到回答否定时为止。如果对开始要求支付的 10 元就不同意，就采用相反的程序，直到肯定为止。从询问中找到愿意支付的准确数据。

（2）比较博弈法。又称权衡博弈法，它要求被调查者在不同的物品与相应数量的货币之间进行选择。

下面举例说明该方法的应用。假设就某一小区的公园扩建计划，调查小区居民对公园扩建计划的支付意愿。从对小区居民的调查中需要获得的信息是居民对公园面积边际增量的支付意愿（表 6-4 和表 6-5）。

假设公园的现有面积为 1 km^2，小区居民总数为 20 000 人。

第一步，选定被调查者。被调查者必须具有代表性。为了简化起见，假设选择 6 个具有代表性的人。

第二步，详细介绍要评价的环境物品或服务的属性，这里要介绍公园的属性。

第三步，向被调查者提供两套选择方案：① 公园仍然保持 1 km^2 的面积，因而居民也不需要付钱；② 扩大公园面积，同时支付若干数额的货币。

表 6-4 利用比较博弈法估算小区居民对公园扩建的支付意愿

	支出方案Ⅰ	支出方案Ⅱ
捐赠金额/元	0	10
公园面积/km^2	1	2

表 6-5 被调查者对扩大公园面积的不同方案的支付意愿

公园面积/km^2	被调查者的支付意愿/元							总支付意愿/万元	扩建成本/万元	净效益/万元
	被调查者 1	被调查者 2	被调查者 3	被调查者 4	被调查者 5	被调查者 6	平均			
1	0	0	0	0	0	0	0	0	0	0
2	15	18	11	8	22	13	14.5	29	2	27
3	22	27	15	12	33	20	21.5	43	4	39
4	26	32	18	15	40	26	26.2	52.4	6	46.4
5	30	36	20	17	45	31	29.7	59.4	8	51.4
6	31	39	21	18	48	34	31.8	63.6	10	53.6
7	32	40	21	18	50	35	32.7	65.4	12	53.4

（3）德尔斐法。德尔斐法通过分别函询专家们的方式，对环境资源确定价格，并用图或表的形式将初值列出。然后对其中偏离的数据请有关专家解释，再反馈并重新评校得到新值。这样连续校正几次取得较统一的估值。

偏差主要有以下几个方面：①策略偏差：回答者试图以不真实的方式来影响结果。②信息偏差：产生于回答者一方缺乏全面的信息。③起点偏差：报价范围偏差，思考时间偏差。④假想偏差。

三、实习地介绍

月牙潭公园位于昆明北市区，由五华区政府投资建设，于 2006 年 10 月开园使用。公园占地 16 万 m^2，其中水面积 5 万 m^2，绿化率达 70%，是一座以自然风光为主体的现代园林景观。

公园东枕盘龙江，西倚长虫山，南北是繁华的金色大道和市政府小区。整园设计精巧，独具匠心；园中葫芦岛把一水两分，形成上弦月牙和下弦月牙两湾湖水，水随岛转，岛因水活。园道曲折窈窕，迤逦延伸。道边绿草如茵，奇石嶙峋，花枝婀娜，杨柳婆娑。玲珑别致的邀月、追月、留月、揽月四桥如长虹凌空，与岛相连。岛上青树翠蔓，蒙络摇缀，禽鸟啁啾。拾级上丘，揽秀亭、瑶台翼然临顶，居高下望，湖水似美人明眸，秋波盈盈妩媚多姿；水上长廊如游龙戏水，蜿蜒清波里。话月亭、蓬莱阁、怀莲亭、揽月亭、芙蓉榭等水榭楼台依次坐落在廊端水畔，仿佛神女玉带上镶嵌的一颗颗璀璨明珠，令人赏心悦目。园中沙滩多处，渚青沙白，水浅鱼现，天光摇影，生态怡人。漫步在林荫小道，移步换景、临耳为声，触目成色，气象万千而又浑然一体。

四、实习内容

（一）月牙潭公园的效益分析

1. 经济效益

经济效益是指人们从事经济活动所获得的劳动成果（产出）与劳动消耗（投入）的比较。

对于一个公园来说，经济效益包括以下两方面的收入：

（1）游人在公园里的各种消费：购买鱼饲料的花费；游人食物和饮料的消费；照相的消费；小朋友在游乐场的消费；小朋友购买玩具的消费。

（2）游人在公园周边的各种消费：停车费用；饮食消费；购物消费等。

2. 环境效益

（1）旅游休闲。人们在繁忙的工作之余，需要到优美的环境中休闲和放松，而城市里的公园是人们最好的选择。城市公园旅游休闲价值量的衡量需要通过投标博弈法来确定，投标博弈法是被询问者参加某项投标过程确定支付要求或补偿的愿望的方法。

（2）保健疗养。据俄罗斯和日本的科学家研究发现，植物的叶、秆、花、果等会散发一种“芳多精”的挥发性物质，能杀死空气中的病原微生物，因此，公园环境可大大减少人们致病的机会。植物还会产生一种含有多种成分、带有特殊芳香的萜烯类气态物质，吸入人体后可刺激人体的一些器官功能，起到消炎、利尿、加速呼吸器官的纤毛运动和祛痰等作用。公园的健身作用体现在：①植物产生的芳多精（即精气和香气）有天然杀菌作用，可净化人体、排出废物，预防百病；②公园中丰富的阴离子可使人增强健康活力，消除都市文明病；③园中漫步能恢复身体韵律，有利于形成优美、健康的身体；④公园的自然景色美，使人心旷神怡，精神清爽。

由于公园具有这些保健作用，良好的公园环境减少游人的发病率，从而用节约的医疗费用估算公园的保健疗养价值。

（3）净化空气。据测定，郁闭度在 0.8 以上的每公顷森林每年可释放 O_2 2.025 t，吸收 CO_2 2.805 t，吸尘 9.75 t。茂密的植被净化空气的作用十分显著。公园的净化空气的价值通过测定公园绿色植物释放的氧气量和吸收的二氧化碳量来估计。

（4）湿润空气。昆明的空气比较干燥，而公园里有大面积的水体，可以作增加空气的湿润度，从而提高人们的舒适度。测定公园的空气湿度与其他地区做比较，以使用加湿器来增加空气湿度需要的费用，来估计湿润空气的价值量。

3. 社会效益

社会效益是指人类活动所产生的社会效果。

（1）促进精神文明建设。公园的作用，还在于其美化了人们的工作和生活环境，供人欣赏，令人愉快，有利于陶冶情操，振奋精神，促进身心健康和社会主义精神文明建设，提高全市、全省乃至中华民族的整体素质。

（2）提高知名度。公园开发建设，在全市具有典型示范作用和深远的意义，随着游人的不断增加，不仅使其知名度蒸蒸日上，同时向世界展示我国大好山川。通过各种摄像摄影、绘画和宣传，激发人民热爱祖国、热爱河山、热爱大自然的情感。

（3）扩大就业机会。公园开发建设，可为社会提供广泛的就业机会。由于公园开发建设吸引了大批人员就业，减少了城镇的待业青年和周围乡镇的剩余劳力，有利于下岗人员分流和社会安定。

（4）加快经济发展。公园建成后，不仅为人民提供了一个格调高雅的生态环境和休闲游览场所，而且能够为各外来投资经营者创造良好的投资环境，对昆明的经济腾飞具有重要的战略意义。

（二）月牙潭公园的费用分析

1. 建设费用

公园的建设费用包括土地的征用，水渠河流的修建，道路的修建，相关建筑物的修建，公园的树木、花卉、绿地等绿化费用等。

2. 维护费用

公园建成后，每年的维护费用包括公园秩序的维护管理，树木、花卉、绿地的维护和修剪、除虫、除草等，公园观赏鱼的保护、更新、喂养等，公园的卫生等产生的费用。

（三）月牙潭公园的费用与效益的比较

1. 把公园建成后产生的总效益现值和公园建设总费用的现值作比较，以确定该项目的建设是否可行。

2. 公园建成后，公园每年产生的净效益和净费用作比较，以明确公园每年的盈利情况。

五、方法

1．资料查阅

（1）通过仔细阅读实习指导书，明确实习目的、要求、对象、范围、深度、工作时间、所采用的方法及预期所获的成果。

（2）对调查研究地的建设费用、维护费用等相关资料进行收集。

2．询问调查

使用调查表进行询问调查。

3．仪器测定

使用仪器测定公园产生的氧气，吸收的二氧化碳，空气湿度等。

六、工具与仪器

测氧仪、二氧化碳测定仪、空气湿度计、调查表、记录本。

七、思考题

1．环境费用效益分析有哪些步骤？

2．什么叫直接市场法？具体包括哪些方法？应用时应具备哪些条件？

3．什么叫旅行费用法？使用时应该具备哪些条件？

4．什么叫意愿调查评估法？使用时应注意消除哪些偏差？

八、记录表

表 6-6　费用效益询问调查表

编号	性别	年龄	愿意付出的公园门票费/元	来到公园付出的往返车费/元
饮食消费	购物消费	儿童游乐场消费	照相费用	停车费用
可以减少的医疗费用	身体舒适	心理愉快	其他效益一	其他效益二

实习三　农村环境综合治理

一、目的

当前，农村普遍存在的问题主要表现为：一是农村贫困面大，基层环保机构的薄弱和缺失使农村环境保护工作监管滞后；二是农村环保基础工作薄弱，农村环保管理能力建设不到位，对农村环境现状、污染类型、产生的危害等基础情况不清，职责不明，制约着农村环境保护工作的深入开展；三是农村“脏、乱、差”问题突出；四是城市污染向农村转移，城市垃圾、固体废弃物向农村倾倒的现象普遍存在。农村生态环境建设是加强环境保护工作，改善人居环境的重大举措，只有进行农村的全面整治，着力抓好农村生活污水和垃圾、农村环境“脏、乱、差”问题、农村饮用水及食品安全、畜禽污染及面源污染防治、农村能源替代、开展生态创建、发展农村循环经济、加强农村生态经济及生态保护体系和生态文明体系的建设，才能够真正实现良好的社会效益、经济效益、生态效益。通过了解农村环境中存在的问题，提出解决问题的方案或对策。以云南省会泽县水城村为例，探讨农村环境的综合治理问题。

二、农村环境整治现状

农村环境综合整治指以科学发展观为指导，以净化、洁化、美化农村环境和提高农村群众生活质量为目标的环境治理与建设工程，同时实施长效的管理机制相结合。它主要包括饮用水卫生、卫生厕所、生活垃圾、生活污水、清洁能源、农膜、农作物秸秆、畜禽粪便、绿化覆盖率、农药化肥方面的整治工作。正确认识农村环境污染的状况和原因并提出相应的整治政策措施，是我国新农村建设取得实质性进展的关键。只有将农民生活从“脏乱差”的状态中解脱出来，才能从根本上改善农村面貌，提高农业发展水平和农民生活质量，实现农业的可持续发展。农村环境污染问题对农村社会发展和农民福利改善的阻碍也将日趋明显。农村生态环境、农产品安全问题以及农村环境污染防治已成为我国环境保护工作中新的重点和难点。

环境综合整治的最终目标不仅要解决农村生活污水、生活垃圾等面上的污染问题，改善农民的生产生活环境，还要着手建立垃圾处理、河道管护、秸秆综合利用、农业清洁生产等方面的长效管理机制，帮助农民制定一系列保护环境的村规民约，倡导文明生活方式，促进文明乡风的形成，促进农村的精神文明建设。

巩固和发展整治成果，突出水污染治理重点，突破控制污染总量难点。

早在20世纪60年代，欧美发达国家就开始重视农村环境保护，主要表现在水环境综合整治、长效机制的建设、环境意识的提高和基础设施的建设。

国外发达国家环境综合整治是以水环境综合整治为重点，非常注重工程措施与非工程性措施的相互结合，在国家相关法律、法规的强力保障下，科学地对水环境综合整治的一系列工程进行管理。目前，日本农村自来水和污水处理基本实现全国覆盖，韩国农村生活污水则有一半以上能够得到有效处理。韩国的“新村运动”和日本对农村污染治理投入加大都使农村的环境有了很大的变化。德国、日本、俄罗斯用引水的方法对河流进行稀释，改善水质。

在长效机制建设上，多数欧美发达国家环保部门是农村环境的统一管理机构，负责制定农村环境标准环境立法和执法，开展环境监测，发布环境信息等。美国在新农村建设中突出了环境保护的农业法规，在法律授权下管理农药，还建立农村污染治理技术从研发到推广服务的全程体系，农村的环境保护得到了重视，为新农村建设作出了贡献。多数国家建立了覆盖全国的农村环境监测体系，对环境执法能力建设十分重视。

此外，在20世纪60年代末期，发达国家就开始注重环境教育，为了提高公众的环境意识，美国率先把环境教育引入了学校教育。前苏联、日本和一些欧洲国家也提高了重视，环境教育对环境保护起着重要的作用。

发达国家重视对沼气、水源保护、污水和垃圾处理、养殖业污染防治等农村环境基础设施建设，通过直接投入、补贴、优惠贷款、税收减免等措施予以大力支持。对农村基础设施建设的投入大，效果比较明显，而发展中国家对农村基础设施建设的投入则相对较少，农村公共基础设施的建设总体上都是由政府主导，社会、市场和农民合作组织为辅进行投入。

我国环境综合整治的大量兴起始于党的十六届五中全会提出的建设社会主义新农村村容整洁的描述。早在1996年福建省开始开展农村环境综合整治，通过现状分析提出了整治对策，农业生态环境保护取得了一定成效。

在国内，江浙地区区位优越，经济发展水平和市场化程度相对较高，是中国城镇化和工业化最为迅速的地区。近年来，江浙地区以城乡一体化发展作为解决农村环境问题的主线，环境综合整治取得了较好成效。浙江编制了城乡垃圾处理和污水处理设施专项规划，探索实施“户集、村收、镇转运、县市处理”城乡一体化垃圾处置模式。因地制宜地开展农村污水治理，对城市污水处理厂邻近的村镇，延伸截污纳管，实施统一处理；在欠发达交通不便的乡镇、村，实施分散与集中相结合的污水治理模式。提出了“三生统筹”理念下的农村环境综合整治，国家实行“以奖促治”的政策，不断推进农村环境综合整治的步伐。从2007年起，江苏省政府每年安排 3000 万元用于农村环境综合整治。对涉及农村环境综合整治工程的税费，采取减免措施。垃圾处理厂由政府与环保企业出资共建，各乡镇设中转站，各村按规模大小设 1 个以上垃圾收集站，每村配备保洁员，建立起乡镇和村两级垃圾清扫、收集、运输系统。在中西部地区，甘肃省平凉市在全省率先开展农村重点乡镇环保机构建设工作，湖南省长沙市探索建立了“村民环保自治模式”，开办了全省第一所农民环保学校，推出了“环保乡规民约”，农村环保转变为农民的自觉行动和自治行为。四川省成都市依托农村生态资源优势，大力发展乡村生态旅游和农业循环经济，涌现了花楸村、三圣乡“五朵金花”等以生态产业带动农村环保的典型，广西、四川等山区农村探索建立了分散式人工湿地污水处理模式，治理成本大为降低。

截至 2009 年，我国共建生态拦截沟 1.79 万 m、农村废弃物发酵处理池 1507 个、生活污水净化处理池 2653 个、村内管网建设 20.6 万 m、道路建设 213767m，农村“四改”配套建设 8784 户，垃圾分类收集设施购置 14557 户，建设农村物业服务站 123 个，无机垃圾中转设施 411 个。但依然存在点源污染与面源污染共存，生活污染和工业污染叠加，新、老污染交织，工业及城市污染向农村转移，危及农村饮用水安全和农产品安全，农村面临环境污染和生态破坏的双重威胁。

三、实习地介绍

水城村位于云南省会泽县城以北，距会泽县城 3 km。全村辖 14 个村民小组，共有农户 1705 户，6488 人。全村国土面积 9.16 km^2，海拔 2110 m，年平均气温 12.7℃，年降水量 820.7 mm，适合种植水稻、玉米等农作物。有耕地面积 3780 亩（实际有 6000 亩），人均耕地 0.52 亩，林地 1274 亩。农民收入主要以畜牧、第二、第三产业为主。水城村以构建文化生态旅游村为发展目标，2009 年开始实施小康示范村的建设，硬件设施建设已经基本完成，但依然存在着严重的污染问题。

四、实习内容

1．对村内水环境的监测

根据村内水环境的布局和对生产生活的影响共监测 16 个点，主要设在水源地、河流、村内沟渠，对整个村水污染情况可以全面概括。对水体总氮、总磷、氨氮、COD_{Cr} 进行监测。

2．农村环境调查

为了全面了解水城村整个农村环境的现状，对人粪便、生活垃圾、生活污水、畜禽粪便、农业废弃物的产生量和农用化肥的施用量进行数据的收集总结，通过换算，了解排入环境中的负荷量，判断污染情况，并采取相应的对策。

3．村民环境意识调查

通过调查问卷的形式，发放100份调查问卷，内容包括个人基本情况和环境意识评价两部分，最后进行统计，了解水城村村民的环境意识状况。

4．对水城村环境综合整治考核

通过制定的农村环境综合整治评价体系，对水城村各个指标进行评价来判定水城村现在环境情况，也为今后环境整治工作完成后环境保护的持久性打下坚实的基础。

5．提出相应实际可行的对策

通过对水城村环境现状的分析，找出水城村环境存在的问题，针对水城村环境存在的问题提出相应实际可行的对策。

五、方法

（一）调查

调查分为环境意识调查和基本情况调查两部分。环境意识调查采用的是走访农户、观察村庄的同时随机发放调查问卷的形式进行调查，同时在村小学发放问卷，避免了单一的问卷调查结果。内容包括个人基本情况、受访者对环境的认知情况、本地环境状况及民众的环境行为和受访者环境参与意愿、法律意识等四个方面的情况，最后进行统计，了解水城村村民的环境意识状况。采用随机抽取调查的方式，共发放调查问卷110份，其中60份发放到村小学五年级和六年级学生手中带回家由家人填写，其余50份包括随机调查的老师、学生、小产业个体户、特殊个体和随机抽取的居民。

一方面对农村饮用水、人粪便、生活垃圾、生活污水、畜禽粪便、农业废弃物的产生量、村庄绿化、卫生厕所普及、清洁能源、化肥农药和薄膜的情况随机对农民进行调查和实地走访调查，在会泽县环保局、金钟镇政府和水城村村委会的协助下，在相关部门收集村委会农村基本情况统计表和农林牧渔业综合统计年报。

（二）计算

农村污染源主要包括生活污水、生活垃圾、人粪便、畜禽粪便、农田固体废弃物和农田回水所产生的污染。调查和计算方法采用农业面源污染调查实习方法。

（三）评价标准

根据水城村的基本情况，参照原国家环境保护总局颁布的《国家级生态村创建标准（西部）》和《昆明市农村环境综合整治考核细则》，综合考虑其环境敏感度、污染程度、村内可利用空间、村民对改善村庄环境及卫生状况的愿望等因素。

六、思考题

1. 农村环境污染主要包括哪些方面？
2. 如何进行农村环境的综合整治？

实习四　环境意识调查与环境教育对策分析

一、目的

大学生群体作为未来社会的行为主体，是未来的决策者、建设者和创造者，是社会中最为活跃的群体，也是环境保护的生力军。青年是环境保护和可持续发展的重要推动力。提高大学生的环境意识应成为全社会的一项长期的战略任务，因此，研究大学生的环境意识，已具备了时代紧迫性。

二、原理

（一）环境意识

环境意识（Environmental Awareness）是人与自然环境关系所反映的社会思想、理论、情感、意志、知觉等观念形态的总和，是人类思想深层对人类与自然关系的科学认识，环境意识包括环境认识观、环境价值观、环境伦理观、环境法制观和环境参与观 5 部分，分为感性认识、知识、态度、评价和行为 5 个层次。

（二）公众环境意识调查

1. 国外公众环境意识调查研究

早在 20 世纪 70—80 年代国外就开展了关于环境意识的调查，如 Maloney 和 Ward 在 1973 年开展的对具有不同教育背景的公众的调查；Arcury 和 Johnson 在 1987 年对美国肯塔基州居民的调查。大量的调查结果表明：影响环境意识的因素有很多，既包括个人因素，如年龄、文化程度，也包括社会因素，如居住地区、学校类型等。公众的环境意识正在环境保护中起到越来越重要的作用。

从环境意识调查的方法和对象方面来看，不仅有问卷调查，也有电话访问、实地观测等方式；不仅开展了对公众环境意识的调查，也开展了对特定社会层面的研究，并且开展了特定群体的国际间比较研究，对环境意识的组成部分进行了探讨。

着重对环境关注意识与环境行为之间关系的研究，表明国际社会充分认识到环境保护最终要通过公众的环境行为来实现。值得注意的是，在这一类研究中，有的学者发现对于环境的关注意识与环境行为之间关系并不密切，建议未来的研究不应当再将环境关注作为直接因素，而是作为特定环境行为的重要间接决定因素；而有的学者却发现对环境的态度与预期环境行为是相关的。

2．国内公众环境意识调查研究现状

我国关于环境意识的研究起步相对比较晚，大约开始于20世纪80年代末。从20世纪90年代开始，我国相继在一些省、市（主要在城市）、学校开展了不同规模层次的公众环境意识调查活动。这对了解所辖区域公众环境意识状况，把握公众环境意识总体水平，起到了重要作用。

调查方法以问卷调查为主，占90%以上，辅以广播征答、入户访问、征稿及检索等其他方法；调查机构不仅包括环保局、高校、科研院所，还包括各种环保组织机构、新闻媒介和调查公司等；调查对象覆盖面广，包括幼儿园小朋友、中小学生、高校学生、政府官员、工业企业职工等社会各个层面的有关人士；调查对象的居住地以城市或城郊为主，而且多集中在发达地区；调查问卷内容多为环境意识的基本内容，问卷的选项偏重于“知道不知道”“同意不同意”的一般了解；调查结果分析的方法以对某些问题的描述统计为主，仅有少数调查进行了比较深入的定量分析。

（三）环境教育

环境教育（Environmental Education）是指借助于教育手段使人们认识环境，了解环境问题，培养环境意识，并获得治理环境污染和防止新的环境问题产生的知识和技能的教育活动；在人与环境的关系上树立正确的态度，以便通过社会成员的共同努力保护人类环境。

（四）环境教育的目的与目标

1975年，《贝尔格莱德宪章》详细论述了环境教育的目的和目标，1977年，第比利斯政府间环境教育大会充分肯定了《贝尔格莱德宪章》中的论断，并在此基础上进一步对环境教育的目的和目标进行了系统地论述。《第比利斯政府间环境教育宣言和建议》明确了环境教育两项基本目的，即①“使个人和社团理解自然环境和人工环境的复杂性，以及造成这种复杂性的原因”；②“要清楚地揭示当代世界在经济、政治和生态上的相互依存性”。在这两个基本目的的基础上《第比利斯政府间环境教育宣言和建议》进一步提出了环境教育的三项具体目的：①促使人们清楚地认识并关注城乡地区经济、社会、政治和生态方面的相互依赖性；②为每个人提供获取保护和改善环境所必需的知识、价值观、态度、义务和技能的机会；③建立个人、群体和社会对待环境的新的行为模式。同时明确了环境教育的五个目标：①意识：帮助社会群体和个人获得对待整个环境及其有关问题的意识和敏感；②知识：帮助社会群体和个人获得对待环境及其有关问题的各种经验和基本理解；③态度：帮助社会群体和个人获得一系列有关环境的价值观念和态度，培养主动参与环境改善和保护所需动机；④技能：帮助社会群体和个人获得认识和解决环境问题所需技能；⑤参与：为社会群体和个人提供各层次积极参与解决环境问题的机会。

环境教育的目的和目标为各国环境教育的发展提供指导。但随着人们对环境问题认识的不断深入，再加上环境问题的地域性，环境教育的目的与目标也在不断调整和完善。

（五）亚瑟·卢卡斯的环境教育模式

英国教授亚瑟·卢卡斯在其 1979 年出版的博士学位论文“环境与环境教育：概念问题与课程含义”中提出了对环境教育理论和实践都有深远影响意义的“三个线索”环境教育模式：关于环境的教育（education about the environment）、为了环境的教育（education for the environment）以及在环境中的教育（education in the environment），“关于环境的教育”偏重于环境科学知识的传授，是学校环境教育最基本的形式；“在环境中的教育”就是把环境作为学习的资源，将理论学习与现实生活体验紧密结合，它强调学生的参与和体验；“为了环境的教育”是环境教育的最根本目标，其主要任务是发展学生的环境情感，帮助其逐步树立起关于环境的正确道德观、价值观和伦理观，最终形成有利于环境的行为和生活方式。

卢卡斯十分强调三个层面的综合，他认为只有三个层面结合起来，才能实现环境教育的总体目标，实现个人在环境素质上的综合发展。卢卡斯所构建的这一清晰而简单的环境教育模式具有很强的实用性，30 多年来一直都是环境教育的理论和实践依据，它为环境教育确定了一个框架，在培养人们环境知识和技能的基础上，通过“在环境中的教育”来实现“为了环境的教育”目的。它强调了受教育者知识、技能、意识、态度等综合环境素质与能力（图 6-4）。

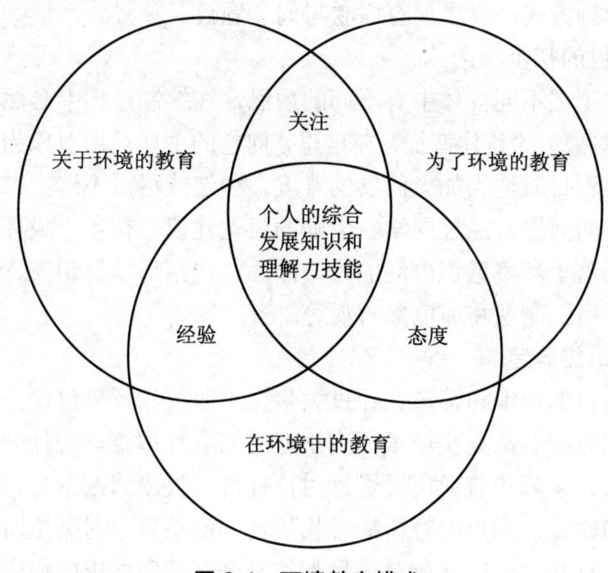

图 6-4　环境教育模式

三、实习地云南农业大学简介

云南农业大学位于春城昆明，北依龙泉山、东傍盘龙江，毗邻著名风景名胜昆明黑龙潭公园，是云南省省属重点大学。在校全日制本专科学生 12213 人，硕士研究生 1483 人，博士研究生 123 人，留学生 118 人，成人教育学生 8351 人。校园占地 2156 亩。学校现设 17 个学院，涵盖了种植业、养殖业、水利水电、农业工程、农业经济管理等涉农学科以及部分人文社会科学学科。

四、实习内容

（一）环境调查问卷设计

调查问卷根据研究模式、环境意识的层次结构和环境意识的内涵对环境意识调查问卷做了初步设计，经过了以下几个过程。

1. 问卷题目的收集

收集问卷题目主要通过如下途径进行：

（1）通过图书馆中的“中国期刊网”“维普中文期刊”及“中国学位论文网”搜索与环境意识有关的文章，确立不同部分的内涵；同时搜索与环境意识调查问卷有关的文章，参看一般调查问卷的题型、题量设计；

（2）通过“百度”搜索引擎在线查找与环境意识调查有关的问卷题目。

通过上述两种方式，收集调查问卷与问卷题目。

2. 问卷题目的初步筛选

根据环境意识在不同群体中有不同的内涵，在编制过程中必然要考虑其群体（即问卷的适用对象）的具体特征，在这里，问卷的主要适用对象为农科院校大学生，在筛选问卷题目时适当加大问卷的难度，少选或尽量不选大部分资料中显示人们都知道答案的问题。经过同学、老师的讨论建议，初步形成环境意识调查问卷，问卷内容涵盖了环境意识内涵的方方面面，包括环境认识观、环境价值观、环境伦理观、环境法制观和环境参与观等。

3. 问卷的最终确定

调查问卷题目的选编和筛选在经过大量文献研究和反复讨论后做出了初选。利用初编制的调查问卷，先实施了一次小型的问卷预调查。统计分析预调查的结果，请一些专家、老师和普通市民进行讨论评价，提出修改意见，包括对题目进行必要的增删和修改，删除内容模糊、相关性差的条目，对某些可能引起歧义或者误解的用语进行修改。确定所有条目都能准确表达所要求的内容，同时又能覆盖环境意识的几个方面，达到本次问卷调查的目的。

4. 问卷的结构

最终确定的调查问卷分为四个部分。

第一部分：遵循一般调查问卷的设计方法，在问卷的开头设计了说明词；

第二部分：对调查者的个人基本情况进行调查，包括居住地、年龄、性别、文化程度、职业、家庭收入等内容；

第三部分：环境意识调查。通过对环境基础知识问题的了解，及“环境是什么，人与环境的关系怎样”等问题的回答，了解公众环境意识中“环境认识观”的情况。通过对环境的理性思考和价值判断，解决的是如何看待环境以及主观上“该做什么，不该做什么”问题回答的调查，了解“环境价值观”的情况。通过对“应该怎么做”的回答调查，了解“环境伦理观”的情况。通过对“能做什么，不能做什么”问题的回答，了解“环境法制观”的情况。通过对“怎么做”和“怎样做得好”问题的回答，了解“环境参与观”的情况。

第四部分：环境教育调查。从环境教育现状、获取环境知识的途径、环境教育手段、教育教学内容、教学方式等方面设计问题，调查公众环境教育现状及其环境教育的需求。

（二）环境意识调查的实施

1. 预调查

进行了一次小型的问卷预调查，发放调查问卷 150 份。通过对调查数据进行初步处理和应用 SPSS 13.0 软件进行统计分析找出问卷的不足之处，然后在原有调查问卷的基础之上，编制了更有效的问卷。

2．正式调查

调查采用非概率抽样中的配额抽样法，即在确定调查地点和每个地点调查样本数的前提下，由生源地为调查地点的学生（调查员）将确定数量的问卷带回家就近进行调查。为保证调查的客观、有效，调查采用不记名形式进行。在调查之前对调查员进行了相应的培训，提出了具体要求。

（三）调查问卷的预处理及问卷的检验

1．调查问卷的预处理

问卷回收之后首先进行预处理，经过审阅问卷和询问调查员，发现有部分问卷并未下发至公众进行调查，而是调查员自行填写或请同学代答的。为保证问卷调查结果的客观真实，将这一类问卷全部剔除，只保留确实由公众填写的问卷进行数据处理和分析。

2．问卷的检验

（1）问卷的统计分析工具。采用 SPSS 13.0 统计分析软件对数据进行统计分析。

（2）样本的构成。在调查过程中，不可避免地会有被调查者对某些问题漏选、拒选或多选，为保证数据的客观、真实，本文保留数据的原有概貌，对此不做归一化处理。并在样本结构中将缺失值列于表中，以备参考。

（四）环境意识调查结果及评价分析

环境意识水平的级别界定，根据所用问卷的难度、题目类型的不同，其级别界定也有所不同。在参照以往环境意识调查级别界定的基础上，根据问卷的难度作适当修正。

五、方法

1．资料查阅

（1）通过图书馆中的“中国期刊网”“维普中文期刊”及“中国学位论文网”搜索环境意识调查问卷题目；（2）通过“百度”搜索引擎在线查找与环境意识调查有关的问卷题目。

2．设计调查问卷

3．实施问卷调查

4．问卷调查收集与数据统计

5．调查结果分析与建议

六、工具

记录本。

七、思考题

1. 分析评价农科院校大学生的环境意识状况。
2. 分析农科院校大学生环境意识的影响因素有哪些？
3. 分析农科院校不同专业大学生环境意识的差异与原因。

八、记录表

表 6-7 调查问卷样本

云南农业大学在校学生环境意识调查问卷

尊敬的同学，您好！

我们是我校资源与环境学院环境科学专业的学生，为了了解我校在校学生的环境意识状况，制订了这份调查表，希望您从百忙中抽出一点时间来配合我们的调查。这次调查以不记名的形式，请您如实填写。

真诚谢谢您的合作！

指导语：此问卷由 3 部分组成，共 52 道题，仔细阅读每一道题目，根据自己的实际与认识进行选择和填写，标记所选选项。我们将会根据您的选项，进行汇总，以期了解我校在校学生的环境意识状况。

一、背景

1. 您的性别：A. 男　B. 女　（　）
2. 您的年级：A. 大一　B. 大二　C. 大三　D. 大四　（　）
3. 您的专业：________________________
4. 您的生源：A. 农村　B. 城镇　（　）

二、环境意识

（一）单选题

1. 您和家人、朋友及同学谈论环境和环境问题吗？　（　）

A. 经常　B. 有时候　C. 很少　D. 从不

2. 对于“环境保护”这个词，您熟悉吗？　（　）

A. 很熟悉　B. 熟悉　C. 比较熟悉　D. 不熟悉

3. 您如何看待自然环境？　（　）

A. 我们是自然之子，我热爱并敬畏大自然，非常关心　B. 比较重视
C. 我只关心我身边的环境，其他地方的环境我并不关心　D. 完全不关心

4．对环境保护的迫切程度，您如何看待？　（　）
A. 环境保护是一件很紧迫的事，人人应该参与进来
B. 应先把生活水平提高到一定程度，再谈环境保护
C. 我们的环境还没到非要刻意去保护的地步
D. 确实很紧迫，但那是国家的事

5．您认为环境保护的目的是什么？　（　）
A. 爱惜每一个生命　B. 保护生物多样性
C. 与动植物和睦相处　D. 改善人类的生存环境满足人类发展的需要

6．您认为“世界环境日”是什么时间？　（　）
A. 4 月 22 日　B. 6 月 5 日　C. 3 月 22 日　D. 10 月 16 日

7．您认为云南省当前最大的环境问题是什么？　（　）
A. 水污染问题严重，尤其是 9 大高原湖泊的污染
B. 大气污染问题严重，二氧化硫排放量大
C. 城市污水和垃圾大量排放
D. 森林植被破坏，水土流失严重，生物多样性减少
E. 农村生态环境退化
F. 其他环境问题

8．您认为我校校园最大的环境问题是什么？　（　）
A. 污水问题　B. 噪声问题
C. 生活垃圾问题　D. 空气污染问题
E. 绿化问题　F. 其他环境问题（可填写：＿＿＿＿＿＿＿＿）

9．在全国范围内禁止生产、销售和使用厚度小于 0.025 mm 的超薄塑料购物袋，是从 2008 年哪一天起开始实施的？　（　）
A. 5 月 1 日　B. 6 月 1 日　C. 7 月 1 日　D. 8 月 1 日

10.《京都协议书》旨在限制哪种污染物质排放量？　（　）
A. 全球温室气体排放量　B. 全球生活污水排放量
C. 全球固体废弃物排放量　D. 全球工业废水排放量

11．旧报纸不能用来包食品是因为含有病菌和什么？　（　）
A. 碳　B. 汞　C. 铬　D. 铅

12．造成地球温暖化的气体中，影响最大的是什么？　（　）
A. 臭氧　B. 一氧化碳　C. 氧化亚氮　D. 二氧化碳

13．您最赞成下列哪种观点？　（　）

A. 人类的生存和发展是最高目标

B. 人与其他自然物都是自然的一员，享有平等的权利，均应服从生态平衡的最高利益

C. 动物像人一样具有道德地位，有资格获得人类的道德关怀

D. 人类的道德关怀不仅应该包括有感觉能力的高级动物，还应该扩展到低等动物、植物以及所有有生命的存在物身上

14. 您最赞成下列哪个观点？（ ）

A. 保护环境不是为了环境本身，而是因为环境对于人类有价值，离开了人的需要，环境不具有价值和意义

B. 动物也拥有值得人类予以尊重的天赋价值，人类不能把它们当做一种仅仅能促进人类自身福利的工具来对待

C. 所有的生物只要是生命就应该是平等的，即使是人也并不比其他生命体更优越

D. 不应该把自然环境仅仅看做是供人类享用的资源，而应当把它看做是价值的中心

15. 我国为了经济的发展，付出很大的环境代价，您认为值得吗？（ ）

A. 值得　　B. 不值得　　C. 无所谓

16. 为了保护环境，需要购买的物品价格升高，您情愿出更多的钱吗？（ ）

A. 非常愿意　B. 很愿意　C. 愿意　D. 不太愿意　E. 不愿意　F. 反对

17. 您认为人与环境的关系应该怎样？（ ）

A. 人与自然和谐　B. 认识自然、征服自然、改造自然　C. 臣服自然　D. 依赖自然

18. 您认可下列哪种观点？（ ）

A. 各地区、各国家的发展权利平等　B. 条件优越的地区、国家发展可以优先

C. 条件差的地区、国家发展应优先　D. 各地区、国家依当前格局发展下去即可

19. 您认可下列哪种观点？（ ）

A. 为了当代人的发展，可以损害后代人的利益

B. 当代人的发展不能以损害后代人的发展能力为代价

C. 为了后代人的利益，需要以当代人的发展为代价

D. 当代人和后代人的发展不可能兼顾

20. 当环境污染直接侵害到私人利益时，受害人应该怎么办？（ ）

A. 就自己的受损提起民事诉讼　B. 没有办法，自认倒霉

C. 就自己的受损向政府要求补偿　D. 就自己的受损向污染责任人要求补偿

21. 假如您是某一企业负责人，生产过程中产生污水，而处理污水费用很大，如果处理污水，将导致生产成本增加，降低产品竞争力，您会如何处理？（ ）

A. 为了环境，处理后排放　B. 为了企业利润，偷偷排放

C. 为了环境，停止生产　　D. 兼顾环境和企业，处理部分，偷排部分

22．您认为谁有权对造成环境污染的单位和个人进行检举和控告？（　）

A. 任何单位和个人　B. 政府　C. 社会公益组织　D. 环保机构

23．您认为在中国对环保起最重要作用的应该是谁？（　）

A. 政府　B. 商业机构、公司　C. 非政府组织、非营利组织　D. 媒体　E. 个人

24．假如您是某一落后地区招商引资负责人，面对一项大型投资，可以大力地带动当地经济发展，但同时也会产生严重污染，您将如何处理？（　）

A. 为了环境，不同意引资　B. 为了当地经济，发展才是硬道理，马上引资

C. 难以取舍，征询上级领导意见　D. 马上引资，但把工厂建在远离居民的地方

25．您认为环境保护与您关系如何？（　）

A. 离自己很遥远　B. 与自己没多大关系

C. 与自己有一点关系　D. 与自己关系密切

26．您认为个人在环境保护中的作用：（　）

A. 非常大　B. 比较大　C. 一般　D. 小　E. 很小　F. 几乎没有作用

27．您带食物进教室享用吗？（　）

A. 从不　B. 经常　C. 偶尔

28．您平时在不随地吐痰方面做得怎么样？（　）

A. 很好　B. 没注意　C. 随便

29．您出去参加野营、郊游等野外活动时，是否会将产生的垃圾带回？（　）

A. 肯定会　B. 经常会　C. 偶尔会　D. 从未带回

30．校园内看见乱丢冷饮包装纸、易拉罐、废纸，随地吐痰等行为时，您的态度是：（　）

A. 当场出来劝阻　B. 虽然觉得不好，但不好意思出来劝阻　C. 无所谓，只要自己不乱丢就行了

31．您在购物时偏好带有绿色环保标志的产品吗？（　）

A. 只购买带有绿色环保标志的产品　B. 价格合适会优先考虑

C. 不知道什么是绿色环保标志　D. 有无绿色环保标志不是重要因素

32．生活中您是否注意节水节能？（　）

A. 非常注意　B. 很注意　C. 注意　D. 不太注意　E. 不注意　F. 与我无关

33．您如何看待带食物进教室享用的行为？（　）

A. 很痛恨，并出来劝阻　B. 虽然觉得不好，但不好意思出来劝阻

C. 无所谓，只要自己不带就行了 D. 可以理解，毕竟上课与就餐可以兼得

（二）多选题

1．您认为全球环境问题主要有哪些？（　）

A. 全球气候变暖　B. 臭氧层破坏　C. 生物多样性减少
D. 酸雨污染　E. 土地荒漠化　F. 水资源危机和海洋环境破坏
G. 森林植被破坏　H. 其他环境问题

2. 下列哪些说法与您自己的认识及意愿相符合？（　）
A. 环境保护的重要性并不亚于经济建设
B. 我们应当先提高生活水平再谈环境保护
C. 我国当前比环境问题更重要的问题还有很多
D. 科学技术总有办法解决所有的环境问题
E. 大自然完全有自我修复的能力
F. 我国环境尚未到非要刻意保护的地步
G. 我国环境污染与破坏状况已经令人触目惊心
H. 环境保护与我们个人无关
I. 为了环保，我愿意降低生活享受的标准
J. 我愿意接受国家为环保而征税的做法

3. 您认为环境价值构成有哪些？（　）
A. 直接事物价值　B. 直接服务价值　C. 生态功能价值
D. 选择价值　E. 遗产价值　F. 存在价值

4. 您认为森林有哪些环境价值？（　）
A. 提供氧气　B. 吸收二氧化碳，减缓温室效应　C. 净化空气
D. 增加淡水资源　E. 调节气候　F. 保护生物多样性
G. 使地球免遭风暴和沙漠化

5. 您认为水污染引起的经济损失包括哪些？（　）
A. 水资源短缺导致的经济损失　B. 增加水处理费用产生的经济损失
C. 污灌农田引起污染的经济损失　D. 渔业经济损失
E. 人体健康损失　F. 恶臭、景观的损失

6. 您认为下列哪些因素对我国当前环境问题的影响程度较大？（　）
A. 有关环保的法律法规不健全　B. 政府环保执法不严
C. 政府决策时对环境问题重视程度不够　D. 环保执法人员专业素质较差
E. 环保执法人员不秉公执法　F. 环保信息不够公开
G. 环保资金投入不够　H. 企业只注重经济效益而忽视环保
I. 环保宣传教育力度不够　J. 公众的环保意识差
K. 没有充分发挥民间环保组织的作用　L. 人口增长过快
M. 国家经济发展速度过快　N. 消费快速增长

7. 公民有在良好、适宜、健康的环境中生活的权利，也是保障公民身体健康的

首要条件。公民的环境权具体包括：（　）

A. 宁静权　B. 日照权　C. 通风权　D. 眺望权

E. 清洁水权　F. 清洁空气权　G. 优美环境享受权

8．您最近两年进行过下列活动吗？（　）

A. 关注国内外环境保护事件　B. 参加环境公益活动

C. 做环保志愿者　D. 环保宣传（如撰文、绘画、表演等）

E. 阻止别人的环境破坏行为　F. 为解决日常环境污染问题投诉、上访

G. 未参加上述任何活动

三、环境教育

1．您认为自己环保方面的知识：（　）

A. 非常丰富　B. 比较丰富　C. 可以　D. 不丰富　E. 较贫乏　F. 非常贫乏

2．您阅读过下列哪些书籍？（　）

A. 《寂静的春天》　B. 《增长的极限》

C. 《我们共同的未来》　D. 上述书籍均没有阅读过

3．环境方面的信息和知识您是通过下列哪种方式获得的[可多选题]：（　）

A. 通过书和杂志　B. 观看环保电视节目　C. 网上新闻

D. 环保网站　E. 订阅电子杂志　F. 网络搜索

G. 从环保组织收到宣传册　H. 单位的普及教育活动

I. 政府部门的宣传工作　J. 学校教育

4．您认为什么是环保教育最有效的方法？（　）

A. 在学校中推行环保教育　B. 在社区中推行环保教育

C. 在家庭中推行环保教育

D. 运用传媒力量（如电视、广播和网络等）推行环保教育

E. 通过活动（如植树）推行环保教育　F. 在公共场所张贴布告、标语等

5．您认为有没有必要在我校开设环保教育课？（　）

A. 极其有必要　B. 有必要　C. 无所谓　D. 没有必要

6．如果前道题选择了肯定答案，请您推荐在我校开设环保教育课的形式：（　）

A. 公共必修课（如大学语文）　B. 学科公共课（如农科专业的有机化学）

C. 公共选修课

7．您在大学学习过哪些环境保护类课程？

答：____。

表 6-8　调查问卷发放及回收情况表

调查对象	发放/份	回收/份	回收率/%	有效问卷/份	有效回收率/%

第七章　实习报告的写作要求

实习报告的写作是实习的一个重要组成部分，不仅可以对实习的内容进行进一步的分析和讨论，而且有助于提高理论和实践相结合的能力和对研究项目进行深入认识的能力，还能提高学生资料的查阅、归纳和总结的能力，因此，实习的过程和实习报告的写作是提高课堂教学效率和理论联系实际的重要环节。

实习报告的写作需要注意以下三方面的内容。

一、根据调查笔记、现场资料和收集的资料，按实习报告格式撰写

指导教师布置实习项目和内容后，应该先对实习内容的相关理论知识进行认真的学习和理解。了解实习地周围的环境和有关的基础条件，包括地理位置、自然条件、社会环境和发展动态等。准备好现场调查相关的表格和需要的工具。最后根据实习报告格式的要求进行认真的写作和分析讨论。

实习报告格式：

（一）封面

包括年级、班级、学号、姓名、指导教师、实习地点和实习时间。

（二）正文

（1）实习的目的：言简意赅，点明主题。

（2）实习项目的基本技术原理。

（3）实习的时间和地点。

（4）实习的内容：要求字数不低于3000字，要求内容翔实、层次清楚。

（5）实习总结：不少于300字。要求条理清楚、逻辑性强。着重写出对实习内容的总结、体会和感受，特别是自己所学的专业理论与实践的差距和今后应努力的方向。对主客观条件、有利和不利条件以及环境和基础等进行分析，分析取得的成绩、缺点、经验和教训，明确努力方向，提出改进措施等。

（三）附

指导教师评语：
实习报告成绩：

指导老师签名：
年　月　日
××大学××学院

二、独立完成实习报告

课程实习常常是全班同学或分组完成，全班同学或几位同学一起合作完成调查内容，大家分工合作，不仅锻炼了大家的合作精神，也体现了各自的独立思考能力。因此，在实习报告的写作过程中，大家应该共同分析实习的数据和查阅的资料，对查阅的资料进行分析和讨论，并独立完成各自的实习报告，严禁大量抄录资料。

三、实事求是地完成实习报告

课程实习过程中获得的数据和调查内容，受到许多条件的影响，可能与理论学习过程中的某些内容不完全一致，应该对结果进行分析和讨论，切忌对数据进行修改和不实的改变，这是进行科学研究的基本要求，实事求是是最重要的保证。

参考文献

[1] Butt K R，Redericdson J F，Morris R M. An earthworm cultivation and soil inoculation technique foreland restoration. Ecological Engineering，1995（4）：1-9.

[2] Curry J P. The ecology of earthworms in reclaimed soils and their influence on soil fertility// Edwards C A. Earthworm Ecology. St. Lucie Press，1998：253-261.

[3] Dixon J A，Hufschmidt M M. Economic Valuation techniques for the environment a case study workbook. Johns Hopkins University Press，1986.

[4] Vimmerstedt J P，Finney J H. Impact of earthworm introduction on litter burial land nutrient distribution in Ohio strip mine spoil banks. Soil Sci. Soc.Am. Proc. 1973，37：388-391.

[5] 中国环境状况公报，2009.

[6] 陈红，魏风虎. 公路生态系统评价指标体系构建方法研究. 中国公路学报，2004，4：89-92.

[7] 陈怀满. 土壤-植物系统中的重金属污染. 北京：科学出版社，1996.

[8] 陈雨人，朱照宏. 道路环境影响评价指标体系的研究. 同济大学学报：自然科学版，1997，6：640-664.

[9] 程念政. 农药残留快速检测——酶抑制法. 安徽化工，2004（5）：49，42.

[10] 迟占东，钱建平. 浅析中国铅锌矿的污染//第五届中国矿山地质学术会议暨振兴东北生产矿山资源高层论坛论文集. 2005：250-255.

[11] 仇荣亮. 环境土壤学. 广州：中山大学，1998.

[12] 崔德杰，张玉龙. 土壤重金属污染现状与修复技术研究进展. 土壤通报，2004，25（3）：366-370.

[13] 但德忠. 环境监测. 北京：高等教育出版社， 2007.

[14] 范俊君，孟伟，赫英臣，等. 固体废物环境管理技术应用与实践. 北京：中国环境科学出版社，2006.

[15] 冯书泉. 国外农村建设的基本经验. 科学社会主义，2006：13-15.

[16] 高廷耀，顾国维. 水污染控制工程. 北京：高等教育出版社，1999.

[17] 高艳玲. 固体废物处理处置与工程实例. 北京：中国建材工业出版社，2002.

[18] 工业部电力机械局，等. 火力发电厂设备手册. 北京：中国电力出版社，1998.

[19] 龚子同. 中国土壤系统分类——理论·方法·实践. 北京：科学出版社，1999.

[20] 国电太原第一热电厂. 锅炉及辅助设备. 北京：中国电力出版社，2005.

[21] 国家环境保护局计划司《环境规划指南》编写组. 环境规划指南. 北京：清华大学出版社，1994.

[22] 国家环境保护总局. 2005 年中国环境状况公报. 中国环境报，2005，6-15.

[23] 国家环境保护总局. 2006 年全国环境统计公报. 中国环境报，2007，9-21.

[24] 国家环境保护总局. 关于加强农村环境保护工作意见. 中国环境报，2007，5-21.

[25] 国家环境保护总局《水和废水监测分析方法》编委会. 水和废水监测分析方法. 北京：中国环境科学出版社，2002.

[26] 国庆喜. 植物生态学实验实习方法. 哈尔滨：东北林业大学出版社，2004.

[27] 何增耀. 环境监测. 北京：中国农业出版社，1995.

[28] 贺黎明，沈召军. 甲烷的转化和利用. 北京：化学工业出版社，2005.

[29] 黄铭洪，骆永明. 矿区土地修复与生态恢复. 土壤学报，2003，40（2）：161-169.

[30] 蒋展鹏. 环境工程学. 北京：高等教育出版社，2002.

[31] 解海卫，张艳，张于峰. 城市生活垃圾焚烧处理工艺的研究. 可再生能源，2010，28（5）：20-24.

[32] 荆春燕，曾广权. 异龙湖流域生态功能区划分析. 云南环境科学，2003，22（4）：49-51.

[33] 李刚，张乃明，毛昆明，等. 大棚土壤盐分累积特征与调控措施研究. 农业工程学报，2004，20（3）：44-47.

[34] 顾馨梅. 关于社会主义新农村环境综合整治问题初探. 青岛职业技术学院学报，2008：53-55.

[35] 李沈丽. 异龙湖流域生态环境的综合治理. 农林调查规划，2009，34（2）：108-111.

[36] 李温雯，焦一之，关铁. 滇池流域水土流失造成的农业面源污染及治理对策. 安徽农业科学，2009，37（26）：12679-12680，12694.

[37] 李文学，陈同斌. 超富集植物吸收富集重金属的生理和分子生物学机制. 应用生态学报，2003，14（4）：627-631.

[38] 李旭东. 废水处理技术及工程应用. 北京：机械工业出版社，2003.

[39] 李艳霞，王敏健. 固体废弃物的堆肥化处理技术. 环境污染治理技术与设备，2000，8（4）：39-45.

[40] 李元. 环境科学实验教程. 北京：中国环境科学出版社，2007.

[41] 廖允成，车将. 国外农村建设对我国新农村建设的启示. 安徽农业科学，2007，9381-9382.

[42] 林大仪. 土壤学实验指导. 北京：中国林业出版社，2004.

[43] 林强. 我国的土壤污染现状及其防治对策. 福建水土保持，2004（3）：25-28.

[44] 林玉锁. 农药环境污染调查与诊断技术. 北京：化学工业出版社，2003.

[45] 刘德友，褚才全，徐长香. 烟气氨法脱硫技术在石化热电厂的应用. 中国环保产业，2008，11：28-31.

[46] 刘天齐. 区域环境规划方法指南. 北京：化学工业出版社，2001.

[47] 刘阳，吴钢，高正文. 云南省抚仙湖和杞麓湖流域土地利用变化对水质的影响. 生态学杂志，2008，27（3）：447-453.

[48] 刘玉铭. 火电厂设备概论. 北京：水利电力出版社，1995.

[49] 栾智慧，王树国. 垃圾卫生填埋实用技术. 北京：化学工业出版社，2005.

[50] 马生伟，杨文龙，方建华，等. 杞麓湖主要污染物的动态变化特征研究. 云南环境科学，1999，18（1）：20-22.

[51] 农田土壤环境质量监测技术规范（NY/T 395—2000）.

[52] 苏杨. 新农村建设应关注农村现代化进程中的环境污染问题. 中国发展，2006：17-21.

[53] 苏杨. 浙江经验"三生统筹"理念下的农村环境综合整治. 环境保护，2006：79-84.

[54] 苏杨. 中国农村环境污染调查. 经济参考报，2006：1-16.

[55] 苏有波，李刚，毛昆明，等. 昆明地区主要花卉蔬菜基地设施栽培土壤养分变化特点. 土壤，2004，36（3）：303-306.

[56] 孙进杰，赵丽兰. 沼气正常发酵的工艺条件. 农村能源，2000（4）：20-21.

[57] 唐晓龙. 低温选择性催化还原 NO_x 技术及反应机理. 北京：冶金工业出版社，2007.

[58] 田晓东，强健，陆军. 大中型沼气工程技术讲座（六），吉林省大中型沼气工程实例. 可再生能源，2003，4：57.

[59] 田晓东，强健，陆军. 大中型沼气工程技术讲座（四），沼气工程的前处理与输配系统. 可再生能源，2003，3：53.

[60] 土壤环境监测技术规范（HJ/T 166—2004）.

[61] 王鸿飞. 浅谈国内外环境教育. 中国环境管理，2002：35-36.

[62] 王建云，王云华. 星云湖、杞麓湖磷污染来源比较. 环境科学导刊，2007，26（3）：8-10.

[63] 王洁，孙石，和晓荣，等. 液相催化氧化净化烟气中 SO_2 和 NO_x 的研究. 云南大学学报：自然科学版，2006，28（6）：526-529.

[64] 奚旦立. 环境监测. 第四版. 北京：高等教育出版社，2010.

[65] 肖文德. 二氧化硫脱除与回收. 北京：化学工业出版社，2001.

[66] 徐长香，傅国光. 氨-硫铵法在锅炉烟气脱硫中的应用. 化肥设计，2004，42（6）：40-41，51.

[67] 徐长香，傅国光. 氨法烟气脱硫技术综述. 电力环境保护，2005，21（2）：17-20.

[68] 徐启刚，黄润华. 土壤地理学教程. 北京：高等教育出版社，1990.

[69] 徐肇忠. 城市环境规划. 武汉：武汉测绘科技大学出版社，1999.

[70] 薛钰，吴兆明. 构建农村环境整治长效机制. 江西农业经济，2010：59-60.

[71] 杨持. 生态学实验与实习. 北京：高等教育出版社，2003.

[72] 杨智明. 2005年河北省环境状况公报. 河北环境保护，2006，7（2）：1-23.
[73] 姚刚. 德国的污泥利用与处置（I）. 城市环境与城市生态，2000，13（1）：43-47.
[74] 余瑞先. 欧盟的农业环保措施. 世界农业，2000：11-13.
[75] 岳永德. 农药残留分析. 北京：中国农业出版社，2004：201-209.
[76] 张凤荣. 土壤发生发育分类学. 北京：北京大学出版社，1992.
[77] 张慧勤，过孝民. 环境经济系统分析——规划方法与模型. 北京：清华大学出版社，1993.
[78] 张乃明，常晓冰，秦太峰. 设施农业土壤特性与改良. 北京：化学工业出版社，2008.
[79] 张乃明，段永蕙，毛昆明. 土壤环境保护. 北京：中国农业科学技术出版社，2002.
[80] 张小平. 固体废物污染控制工程. 北京：化学工业出版社，2004.
[81] 张秀敏. 异龙湖退田还湖及其对策. 云南环境科学，2003，8：51-54.
[82] 张绪美. 中国畜禽养殖及其粪便污染与治理现状. 环境科学与管理，2009，34（12）：35-39.
[83] 张学英. 晋宁县蔬菜产业发展现状及对策. 长江蔬菜，2011（2）：75-77.
[84] 张自杰. 废水处理理论与设计. 北京：中国建筑工业出版社，2003.
[85] 赵魁义. 地球之肾——湿地. 北京：化学工业出版社，2002.
[86] 赵毅，赵音，刘凤，等. 液相同时脱硫脱硝技术. 中国电力，2007，40（12）：99-102.
[87] 赵由才，朱青山. 城市生活垃圾卫生填埋场技术与管理手册. 北京：化学工业出版社，2003.
[88] 智明. 电力系统. 重庆：重庆大学出版社，2005.
[89] 国务院第508号令. 全国污染源普查条例. 中国环境报，2007：10-18.
[90] 中华人民共和国国家标准. 蔬菜瓜果中有机磷和氨基甲酸酯农药残留快速检测方法（GB/T 5009. 199-2002）.
[91] 周生贤.《水污染防治法》修订说明. 中国环境报，2007：8-28.
[92] 周至祥. 火电厂湿法烟气脱硫技术手册. 北京：中国电力出版社，2006.
[93] 朱发庆. 环境规划. 武汉：武汉大学出版社，1995.
[94] 朱世勇. 环境与工业气体净化技术. 北京：化学工业出版社，2001.
[95] 邹家庆. 工业废水处理技术. 北京：化学工业出版社，2003.